Klaus-Georg Wey

Umweltpolitik in Deutschland

Klaus-Georg Wey

Umweltpolitik in Deutschland

Kurze Geschichte des Umweltschutzes in Deutschland seit 1900

Westdeutscher Verlag

CIP-Kurztitelaufnahme der Deutschen Bibliothek

Wey, Klaus-Georg:
Umweltpolitik in Deutschland: kurze Geschichte
d. Umweltschutzes in Deutschland seit 1900/
Klaus-Georg Wey. – Opladen: Westdeutscher Verlag,
1982.
ISBN 3-531-11578-2

Umschlaggestaltung: Horst Dieter Bürkle, Darmstadt
Satz: Lengericher Handelsdruckerei, Lengerich/Westf.
Druck: E. Hunold, Braunschweig
Buchbinderische Verarbeitung: W. Langelüddecke, Braunschweig

Printed in Germany

ISBN 3-531-11578-2

Inhalt

Wenn sich die gegenwärtigen Entwicklungstrends fortsetzen, wird die Welt im Jahre 2000 noch überbevölkerter, verschmutzter, ökologisch noch weniger stabil und für Störungen anfälliger sein als die Welt, in der wir heute leben. Ein starker Bevölkerungsdruck, ein starker Druck auf Ressourcen und Umwelt lassen sich deutlich voraussehen. Trotz eines größeren materiellen Outputs werden die Menschen auf der Welt in vieler Hinsicht ärmer sein, als sie es heute sind.

(Global 2000, Bericht an den Präsidenten, 1980)

Der Zustand in der Bundesrepublik Deutschland ist zum Teil besorgniserregend, obwohl hier zum Beispiel Naturschutz und Landschaftspflege, Luft- und Wasserreinhaltung, Abfallbeseitigung und Lärmbekämpfung sowie Reinhaltung von Lebensmitteln teilweise auf langer, guter Tradition beruhen.

(Umweltprogramm der Bundesregierung, 1971)

Nach Abschluß der zehn Jahre der „Feuerwehrgesetze" können wir uns jetzt endlich der Sache zuwenden, der wir uns immer zuwenden wollten, nämlich der Frage: Wie bekommen wir das ökologische Gleichgewicht zurück, wie verhindern wir den weiteren sinnlosen Landschaftsverbrauch, wie schaffen wir es, daß diese Landschaft nicht weiter zubetoniert wird?

(Staatssekretär *Hartkopf*, Bundesinnenministerium, in einem Interview mit „Bild der Wissenschaft", 1980)

1. Einführung

1.1. Grundfragen einer Geschichte der Umweltpolitik

1.1.1. Begründung einer Geschichte der Umweltpolitik

„Ein großer Teil der heutigen Umweltschäden ist entstanden", so zitierte Georg Picht 1972 aus einem Gutachten für das Bundesinnenministerium, „obwohl es längst Gesetze und Verordnungen gab, mit denen sie hätten verhindert werden können . . . Die Ursachen für das Versagen dieser Kontrollmechanismen sind nicht weniger komplexer Natur als die Ursachen der Umweltschäden selbst . . . (Deswegen) ist die wissenschaftliche Erforschung der Durchführung des Umweltschutzes ein bisher vernachlässigter, aber wesentlicher Teil der Umwelt-Forschung und der wissenschaftlichen Politikberatung."[1] Was Picht für die gegenwartsbezogenen Sozialwissenschaften feststellte, gibt uneingeschränkt auch für die historische Sozialwissenschaft Geschichte: Historische Werke über die Umweltschutzbemühungen wurden, wenn überhaupt, überwiegend von Nicht-Historikern verfaßt, oft von Personen, die in der einen oder anderen Form selbst intensiv in die Bemühungen um einen besseren Umweltschutz eingeschaltet waren.

Dabei liegen die Vorteile einer intensiven Auseinandersetzung mit der Geschichte der Umweltschutzpolitik auf der Hand. Wie alles historische Fragen ermöglicht uns das Fragen nach Ursprung, Art, Erfolgen, Widerständen und Scheitern von Umweltschutzpolitik eine genauere Bestimmung unseres heutigen Standortes. Wie entstanden die Probleme, mit denen wir heute kämpfen, die uns bedrohen und viele unter uns ängstigen? Konnte man nicht früher etwas gegen die Bedrohung und Gefährdung der Umwelt tun, wenn ja, wodurch ist es verhindert worden? Solche Fragen mögen uns erkennen lassen, wie und welche früheren Entscheidungen unsere heutige Umwelt mitbestimmen und prägen.

Vertiefte man sich ein wenig in die Geschichte der Umweltschutzbemühungen, so kann man sehr bald feststellen, daß die früheren menschlichen Gesellschaften ebenso wie unsere unmittelbaren Vorfahren bereits mit ähnlichen Umweltproblemen konfrontiert wurden wie wir, aber aufgrund ihrer konkreten Lage die Bedeutung dieser Probleme völlig anders einschätzten, ja einschätzen mußten. Warum sahen Menschen früherer Zeiten Umweltprobleme anders, warum setzten sie sich über diese größtenteils bedenkenlos hinweg, warum können wir uns diese Sichtweise heute nicht mehr leisten? Warum konnten sich diejenigen nicht durchsetzen, die, ähnlich wie viele von uns heute, die Umwelt schonen und erhalten wollten? Eine einigermaßen zufriedenstellende Antwort auf diese Fragen ermöglicht es vielleicht, die Probleme der Umweltpolitik in unserem Staat und Gesellschaft in Zukunft kritischer zu sehen; kritischer insofern, als wir abschätzen lernen, wieviel vergebliche Arbeit und Initiative oft aufzubringen, wieviel Widerstand zu überwinden sein wird, aber auch welche Erfolge möglich sind und an welchen Stellen intensiver als bisher das Bemühen um eine lebensfähige und lebenswerte Umwelt einsetzen muß. Dies ist insbesondere auch deswegen nötig, weil die Sorge um die Umwelt bei vielen von uns die herkömmlichen Formen demokratischer Verfahrensweisen fragwürdig gemacht hat: Die Frage, ob unsere politischen Institutionen überhaupt in der Lage sind, angemessen die gegenwärtigen Probleme zu lösen oder überhaupt nur angemessen auf sie zu reagieren, haben viele bereits mit einem Nein beantwortet und alternative Formen politischer Aktion gesucht. Vielleicht mag auch hier ein Blick in die Vergangenheit dem einen oder anderen Zuversicht geben oder neue Wege weisen.

1.1.2. Grundsätzliche Überlegungen: der Begriff „Umwelt"

Nicht nur die Notwendigkeit einer Geschichte des Umweltschutzes erscheint begründungsbedürftig. Erklärt werden müssen auch die Überlegungen, die zur Identifizierung und Erschließung des Materials und der Art der Fragen und der Darstellung geführt haben. Gerade weil in der gegenwärtigen Situation eine solche Darstellung dem Verdacht der Ideologisierung ausgesetzt ist und kaum „sine ira et studio" geleistet werden kann, ist eine Offenlegung der Vorüberlegungen unerläßlich.

1. Zunächst ist zu bedenken, daß die Begriffe „Umwelt" und „Umwelt(schutz)politik" historisch sehr neu sind. Umweltpolitik – verstanden als Gesamtheit aller Maßnahmen, die eine gesunde, menschenwürdige Umwelt sichern, die Naturgrundlagen vor nachteiligen Eingriffen schützen und die Folgen schädlicher Eingriffe beseitigen,[2] setzte erst das Wissen von den komplexen Wechselwirkungsprozessen in der Umwelt voraus. Bevor die Wissenschaft hierfür die Voraussetzungen geschaffen hatte, fehlte ein Bewußtsein davon, daß verschiedenste, anscheinend nicht miteinander verbundene menschliche Tätigkeiten sich gegenseitig verstärkende nachteilige Wirkungen für die Umwelt herbeiführen können. Daß Ruß- und Rauchemissionen durch industrielle Tätigkeit und das gleichzeitige Zurückdrängen der Baumvegetation in Ballungsgebieten miteinander verstärkte Verminderung der Luftqualität bewirkten, mußte erst auf einer sehr hohen Stufe geistiger Arbeit erkannt und dann für andere nachvollziehbar gemacht werden. Dieses Wissen, daß sich heute für uns im Begriff der Ökologie und der Umwelt konzentriert darbietet, war in früheren Zeiten nicht vorhanden; deswegen besaßen die Menschen auch keine Begriffe, die unseren heutigen Wahrnehmungskonzepten entsprechen. Nur sehr begrenzt gibt der Begriff der Natur, der früher in ähnlicher Weise für die Bezeichnung von Zusammenhängen in der Umwelt verwendet wurde, das wieder, was wir heute als Einzelaspekte unter den Begriffen „Ökologie" und „Umwelt" zusammenfassen. Dementsprechend ist in unserer weiteren Betrachtung die Verwendung der Begriffe Umwelt/Umweltpolitik für Denken und Handeln der Menschen früherer Zeiten zunächst fragwürdig. Wenn wir diesen Begriff doch in der weiteren Darstellung verwenden, geschieht dies in der bewußten Absicht, für uns Heutige zur besseren Vergegenwärtigung etwas zusammenzufassen, was den Zeitgenossen damals als Zusammenhang nicht einsehbar sein konnte.

Wenn wir also im folgenden sagen, daß in Deutschland für planmäßige Umweltschutzmaßnahmen recht günstige rechtliche Voraussetzungen bestanden, so bedeutet dies, daß wir uns nicht in erster Linie mit *der* Bedeutung von Rechten und Gesetzen befassen, die sie für die *Zeitgenossen* hatte, sondern daß wir darauf achten, welche Bedeutung gesetzliche Vorschriften aus *unserem heutigen* Verständnis heraus für die Ökologie hatten.

2. Die westlichen Industriegesellschaften sind seit hundertfünfzig Jahren von der Entfaltung der privatkapitalistischen Wirtschaftsordnung geprägt. Dabei herrschten zwei grundsätzliche Möglichkeiten der politischen Steuerung dieser Gesellschaften vor: autoritäre oder liberaldemokratische Regierungsformen. Deutschland hat in den vergangenen 80 Jahren beide Formen in unterschiedlichen Spielarten kennengelernt. Gleichwohl gibt es eine beachtlich starke Kontinuität verschiedener Steuerungsfaktoren. Erstens änderte sich das Rechtssystem, soweit es den Umweltschutz angeht, kaum oder jedenfalls ohne starke Sprünge und Brüche. Zweitens haben sich Macht und Einflußmöglichkeiten von Bürokratie und Verbänden nicht wesentlich verändert. Beides ist als Folge der Komplexität des Gesellschaftssystems und seiner bestimmenden Wirtschaftsordnung anzusehen.

Selbst wenn heute die demokratische Regierungsform in der Bundesrepublik gesichert scheint, kann nicht ohne Einschränkungen gesagt werden, daß die Entscheidungen der Repräsentanten dieser Demokratie immer unverzerrt die Interessen der Mehrheit der Bevölkerung widerspiegeln. Wie auch unter autoritären Regierungen der Vergangenheit, sind die heutigen politischen Aktionsformen geeignet, a) die staatlichen Bürokratien und Spitzen und b) aktive Minoritäten (Industrie-, aber auch andere Verbände, Gruppierungen, die Parteien insgesamt und ihre Gremien) in den Erfolgschancen zu begünstigen, c) durch Kompromißnotwendigkeiten „ursprüngliche" Ziele der „Basis" auf dem Weg zur verbindlichen Zielfestlegung durch Gesetz und Verordnung zu verzerren. Hinzu kommt heute, daß oft nur kurz- oder mittelfristige Entscheidungen und Maßnahmen angestrebt werden, da aus Angst um die Bewahrung der Machtposition und Entscheidungsfunktion (z. B. Wiederwahl) langfristige Entscheidungsengagements abgelehnt werden.

3. Darüber hinaus unterliegen Umweltschutzmaßnahmen, da weitgehend technologisch bedingt, in hervorragender Weise technologischen Problemlösungskriterien. Anders als politische Willensbildung in vorindustriellen Gesellschaften, die in erster Linie Machtfragen (ökonomisch, gesellschaftlich, kulturell) betraf, handelt es sich beim Umweltschutz zwar auch um Machtfragen, aber um solche, die eigentlich die wissenschaftlich-technische Abklärung voraussetzen. Daher verlagert sich die entscheidende Diskussion immer stärker in die Studierzimmer und Konferenzräume der Wissenschaftler und Techniker. Nur

noch auf indirekte Weise, in der Form von Anhörungsverfahren, sind Politikern und speziell Interessierten die Ergebnisse dieser Diskussionen oder ihrer offenen Fragen zugänglich. Nur auf einer Metaebene kann ein wissenschaftlich geschulter Mensch die Erkenntnisprinzipien dieser Spezialwissenschaften untersuchen und kritisieren.

Es ist komplizierter geworden zu untersuchen und nachzuweisen, daß die Spezialwissenschaften (z. B. Atomtechnik, Chemische Forschung) sich keineswegs immer – wie häufig vorausgesetzt – den strengen methodischen Regeln unterwerfen, die für alle Wissenschaften gelten sollen, sobald die „reine" Forschung sich der praktischen Anwendung nähert. Die Probleme der Auswahl von Forschungsobjekten, und -richtungen, der Verteilung von Finanzmitteln (Größenordnungen/Kriterien der Bedeutsamkeit einzelner Forschungen) und der Öffentlichkeit der wissenschaftlichen Diskussion und der persönlichen Unabhängigkeit der Forscher (Identifikation mit Forschungsrichtung und -ergebnis) sind selbst wiederum weitgehend nur Experten deutlich und nur mit Reibungsverlusten einer interessierten Öffentlichkeit zu übersetzen.

4. Umweltpolitik wird durch eine besondere Art der „Öffentlichkeit" geprägt. Da bislang nur relativ wenige Menschen durch Umweltschädigungen einen plötzlichen Gifttod sterben, nur wenige durch Smogluft geplagt um Atem ringen, ist der Problemdruck gering. Erst in schwierigen, langsamen Kommunikations- und Lernprozessen erhalten Umweltprobleme politisches Gewicht im Sinne einer breiten, zumindest vernunftmäßigen Beteiligung einer großen Zahl von Menschen. Gruppen direkt Betroffener, auf wirkungsvolle Unterstützung bedachte Experten und altruistische Idealisten scheinen eine wichtige Rolle dabei zu spielen, wenn schon nicht Beteiligung durch aktives Handeln, so doch ideelle Billigung und Unterstützung für die Anliegen des Umweltschutzes zu mobilisieren. Wie groß der Teil der Bevölkerung ist, der über eine zwar wichtige, aber letztlich weithin folgenlose ideelle Unterstützung hinaus zu tatsächlichen Opfern und Einschränkungen für Ziele des Umweltschutzes bereit ist, konnte bisher noch niemals annähernd ermittelt werden. Entsprechende Umfragen lassen Zweifel an der Relevanz ihrer Ergebnisse aufkommen, wenn die geäußerte Unterstützungsbereitschaft der tatsächlichen Lage der Umwelt allgemein und dem diesbezüglichen Kenntnisstand gegenübergestellt wird.[3]

1.1.3. Umweltschutzkonzepte: ökologisches und technisches Prinzip

Da es gerade zu den Eigentümlichkeiten der Umweltschäden und des Umweltschutzes gehört, daß zunächst scheinbar nur sehr wenige Menschen davon betroffen sind bzw. sich dafür interessieren, gab es kein durchgehendes Konzept für umweltpolitische Maßnahmen, bis wissenschaftliche und publizistische Bemühungen das allgemeine Problembewußtsein genügend geschärft hatten. Dies ist jedoch erst in unseren Tagen in einigermaßen zufriedenstellender Weise gelungen. So standen also am Beginn der Schutzbestrebungen bis in die heutige Zeit hinein verschiedenste Umweltschutzbewegungen und -maßnahmen nebeneinander, die selbst sich noch gar nicht als Teil einer umfassenderen Problematik und ihrer Lösungsansätze begreifen konnten, weil Umwelt von ihnen noch nicht als Wirkungsgefüge vieler physikalischer, chemischer, biologischer und sozialer Faktoren verstanden wurde. Zwei Hauptentwicklungslinien liefen bei diesen Umweltschutzbestrebungen trotz ihrer jeweiligen Singularität parallel nebeneinander: die erste Richtung konzentrierte ihre Bemühungen auf solche Maßnahmen, die ohne technische bzw. technologische Hilfe auskamen. Die Ursachen der zu lösenden Probleme erschienen den Befürwortern nämlich meist als nicht technischer Art. Heimatschutz, Naturschutz und Landschaftspflege gehören zu diesem Entwicklungsstrang, der sich auf die *Schonung* und *Konservierung* der Natur, ihrer Ressourcen und ihres Haushaltes konzentrierte. Die zweite Richtung beschäftigte sich von Anbeginn stärker mit technologischem Umweltschutz; denn die Umweltschädigungen, die als Nachteile und Belästigungen für Nachbarn und Allgemeinheit auftraten, waren meist unmittelbar auf die Anwendung von Technik in Industrie oder Haushalt zurückzuführen. Schutzbestrebungen, die sich häufig auf ein bestimmtes Umweltmedium wie Luft, Boden, Wasser bezogen bzw. beziehen, können hier im technologischen Bereich allerdings wiederum zwei Richtungen einschlagen. Erstens kann die „Entsorgung“ von schädlichen Wirkungen technischer Prozesse wie Emissionen und Abfälle betrieben werden: Wasserwirtschaft, Immissions- und Lärmschutz und Müllbeseitigung sind Formen dieser Schutzbestrebungen. Zweitens können Veränderungen an den technischen Produktionsverfahren in der Weise vorgenommen werden, daß weniger oder keine Belästigungen und Schäden durch den Produktionsprozeß selbst oder durch die Produkte auftreten.

Obwohl es auch für diese Form des Schutzes vielerlei Beispiele gibt, hat diese Richtung des Umweltschutzes es oft aus betriebswirtschaftlichen Kostengründen schwerer, sich durchzusetzen.

Da die beiden Hauptrichtungen der Umweltschutzbestrebungen sich auch bis heute noch nicht problemlos zu einem einheitlichen Konzept zusammenführen ließen, sind Umweltschutzmaßnahmen nach wie vor viel weniger systematisch aufeinander bezogen, als die Systematik des Wirkungsgefüges der Umwelt dies erforderlich macht. Politisch und als dessen Niederschlag rechtlich sind nach wie vor eher die additiven als die integrierten Bestrebungen und Maßnahmen typisch.

Selbst wenn politische Mehrheiten die Durchsetzung solcher Maßnahmen prinzipiell wünschen und vertreten, bleiben dennoch viele weitere Entscheidungsfragen offen.

1. Wer setzt das Niveau der jeweiligen Bedürfnisse einer Gesellschaft und damit auch das Ausmaß der auftretenden Umweltbelastungen und entsprechender Gegenmaßnahmen fest? Das schließt die Fragen danach ein, welche Art der Energiegewinnung und welche Art der Produktpalette die Gesellschaft zulassen will. Welchen Gebrauchswert besitzen die Produkte im Verhältnis a) zum Umfang des Risikos, das bei der Produktion entsteht, b) zum Umfang der eingesetzten und möglicherweise *für immer verbrauchten* Rohstoffe. Wer koordiniert das Niveau der verschiedenen Bedürfnisgruppen so, daß die Risiken und der Rohstoffverbrauch in einer unschädlichen bzw. ausgewogenen Umweltbilanz als begründbare Gesamtbelastung verbleiben.
2. Wer kontrolliert, wenn einmal ein bestimmtes Niveau der Bedürfnisbefriedigung und Ressourcenbelastung feststeht, ob keine zunächst unvorhersehbaren Unzuträglichkeiten auftreten; wer bestimmt, welche Schutzbestimmungen notwendig sind? Nach welchen Maßstäben soll der Schutz und die Entsorgung stattfinden, welche Kosten dürfen dabei einzelnen oder der gesamten Volkswirtschaft zugemutet werden?
3. Wer kontrolliert einmal gegebene und gesetzte Schutzbestimmungen (Immissionsbegrenzungen etc.) hinsichtlich ihrer Wirksamkeit bzw. wie wird die Einhaltung der Bestimmungen und der Vollzug der gesetzten Normen kontrolliert?

1.1.4. Methodische Probleme der Untersuchung

Dieses Buch versucht, einen Einblick in die Probleme und Zusammenhänge zu geben, die die Entwicklung der Umweltpolitik in Deutschland begleiteten und kennzeichneten. Da es aus praktischen Gründen kaum möglich ist, die Fülle der oben angeschnittenen Fragen immer wieder im einzelnen zu stellen, sollte der Leser sich gelegentlich an die Komplexität einer politisch-historischen Analyse der Umweltpolitik erinnern, wenn die Darstellung zuweilen zu stark den Charakter einer Erzählung annimmt.

Die Darstellung bemüht sich, die beiden oben skizzierten Hauptentwicklungslinien der Umweltschutzbemühungen nachzuzeichnen, wobei trotz ihres bis in die jüngste Vergangenheit andauernden Nebeneinanders die Bedeutung beider für das ökologische Gefüge erinnert werden sollte. Die Schwierigkeiten und Widernisse der Umweltschutzbestrebungen, die unterschiedlichen Konzepte und Durchsetzungschancen werden dadurch nur um so deutlicher. Dennoch sind aus praktischen Gründen gewisse thematische Begrenzungen nicht zu vermeiden gewesen.[4] Da für die Geschichte und Geschichtsschreibung des Umweltschutzes im allgemeinen nur wenig geeignete Vorarbeiten existieren, kann hier nur der Versuch gemacht werden, neben einem Überblick und Orientierung über den Entwicklungsgang an einzelnen Stellen die Probleme exemplarisch zu vertiefen. Wegen seiner großen Bedeutsamkeit für viele Aspekte des technologischen Umweltschutzes und der häufigen zeitlichen Priorität bei Problemlösungsversuchen wird das Ruhrgebiet als regionaler Schwerpunkt in der Darstellung bevorzugt.

Beschränkungen mußten auch hinsichtlich der ökologischen und technischen Informationen sowie bezüglich des allgemeinen Entwicklungsganges der komplizierten deutschen Geschichte vorgenommen werden, um die Darstellung nicht zu überladen. Für die oftmals sicherlich wünschenswerte Vertiefung beider Komplexe kann an dieser Stelle nur auf die reichliche Spezialliteratur verwiesen werden.

Auch von der historischen Methode her bieten sich eine Reihe von Schwierigkeiten. Es gibt kaum Quellen, die einigermaßen verläßlich das ganze Ausmaß der Umweltschäden in früheren Zeiten bestimmbar machen könnten. Meist finden sich, besonders für die Anfänge des Umweltschutzes, nur beschreibende, qualifizierende Berichte von manchmal fragwürdigem Quellenwert. Gegner und Befürworter von

Umweltschutzmaßnahmen pflegten bereits sehr früh ihre Standpunkte emphatisch und einseitig interessenorientiert zu vertreten. Darüber hinaus ist lediglich das Material über die politischen Willensbildungsprozesse, also die Zielfestlegungen, einigermaßen leicht zugänglich. Quellen, die etwas über die Art und das Ausmaß des Vollzugs solcher Zielbestimmungen aussagen könnten, sind entweder nur sehr verstreut in Behörden- oder Firmenarchiven oder überhaupt nicht vorhanden bzw. nicht aussagekräftig. Schließlich haben sich die Aktivitäten von Gruppen und Verbänden zugunsten des Umweltschutzes häufig nicht in Schriftgut und Archivmaterial niedergeschlagen. Die Presseberichterstattung über solche Aktivitäten war oft einseitig. Somit besteht die Gefahr, daß (auch) in dieser Arbeit die so wichtige Seite der betroffenen Bürger zu kurz und die Bürgerbeteiligung in ihrer Bedeutung zu wenig zur Geltung kommt.

1.2. Das Verhältnis von Natur und Gesellschaft

1.2.1. Das Konzept der Ökologie

Das Wort „Umweltbelastung“ oder die Diskussionen um „Umweltkrise“, „Umweltrevolution“ und „Umweltschutz“ dürften heute zu den bekanntesten Schlagwörtern in den westlichen Industriegesellschaften gehören. Dabei ist vielen, die sie benutzen, weder bekannt, welche umfassende Dimension die Umwelt für unser individuelles und gesellschaftliches Leben darstellt, noch ist ihnen bekannt, wie lange es bereits Störungen in der Umwelt durch menschliche Tätigkeiten und planmäßige Maßnahmen zur Behebung oder Milderung solcher Störungen gibt. Ohne hier im einzelnen eine Darstellung dessen geben zu können oder zu wollen, was Wissenschaftler als Sichtweise und Definition zu „Umwelt“ oder „Ökosystem“ entwickelt haben, sei zunächst an einige grundlegende Zusammenhänge erinnert, die mit den Begriffen „Umwelt“ oder „Ökosystem“ verbunden sind.[5]

Unter Umwelt ist das gesamte Gefüge der äußeren Lebensbedingungen zu verstehen, die auf ein Individuum oder eine Lebensgemeinschaft einwirken. Da diese Lebensbedingungen miteinander verschränkt sind und mit den Lebewesen in Wechselbeziehungen stehen, spricht man auch von Ökosystem bzw. Ökosystemen.

Seit es auf der Erde organisches Leben gibt, befinden sich die Lebewesen in einem wechselseitigen Austausch und in Beziehungen 1. mit anderen Lebewesen (bilden also eine Lebensgemeinschaft/Biozönose) und 2. mit der anorganischen Natur in ihrem Lebensraum (Biotop). Im Verlauf von meist langen Zeiträumen haben sich bestimmte mehr oder minder scharf voneinander abgrenzbare Ökosysteme herausgebildet, sich aber auch verändert, wenn etwa andere Umweltverhältnisse durch Wechsel in physikalischen oder chemischen Umweltbedingungen oder durch die Einwirkung „überlegener" Lebewesen eintraten. In der Regel hat sich eine als Kreislauf beschreibbare Austauschbeziehung zwischen den verschiedenen Umweltfaktoren und den Lebewesen herausgebildet, die sich allerdings in einer Art fließendem Gleichgewicht befindet. Da das Bild eines Kreislaufs die Gefahr in sich birgt, daß man sich die Austauschbeziehungen zu sehr statisch vorstellt, zu sehr unantastbar, scheint das Bild einer langgestreckten Spirale angemessener. Auf diese Weise kann sowohl dem Aspekt des Gleichgewichts der Natur bei gegebener Umweltkapazität, dem Aspekt der Zirkulation der anorganischen Bestandteile der Lebensprozesse als auch dem Aspekt der historischen Veränderung und Veränderbarkeit (z. B. Evolution) Rechnung getragen werden.

Seit seiner frühesten Entwicklung tritt dem Menschen Umwelt nicht nur als natürliche, sondern als genutzte, gestaltete, beeinflußte Umwelt gegenüber. Darüber hinaus schufen Menschen künstliche Umwelt (z. B. Gebäude, Straßen, Maschinen usw.) und lebten in sehr verschiedenartigen sozialen Umwelten. Das komplexe und vielschichtige Wirkungsgefüge der natürlichen, künstlichen und sozialen Faktoren befindet sich in einem äußerst labilen Gleichgewicht: Die natürliche Umwelt des Menschen ist räumlich begrenzt, sein gestalterischer und sein sozialer Expansionsdrang sind in ihren Grenzen hingegen nur schwer zu ermessen.

Die Entstehung von Umweltproblemen hängt eng mit den Tätigkeiten zusammen, die die Natur des Menschen als ein gesellschaftliches Lebewesen ausmachen und sie gerade von anderen Organismen abhebt. Menschliche Gesellschaften sind fähig, durch gemeinsame Anstrengungen Bedürfnisse zu entwickeln, die weit über das Niveau einer grundlegenden individuellen und gesellschaftlichen Selbsterhaltung hinausreichen. Da gleichzeitig die natürlichen Ressourcen des Planeten Erde, aus denen diese Bedürfnisse gedeckt werden müssen, und die Belastbarkeit der Teilräume begrenzt sind, muß es zu Konflikten zwischen menschlichen Bedürfnissen und ökologischen Möglichkeiten ihrer Erfüllung kommen, wenn

a) entweder die Zahl der Menschen mit einem bestimmten Bedürfnisniveau oder

b) die Bedürfnisse einer bestimmten Zahl ständig wachsen.

Erst recht aber gibt es Konflikte, wenn beide Faktoren gleichzeitig wachsen, wie es in unserer gegenwärtigen Weltsituation der Fall ist.

Die Schaffung und Befriedigung immer neuer Bedürfnisse über das Niveau einer befriedigenden Grundversorgung hinaus ist keineswegs alleiniges Merkmal westlicher Hochkulturen, etwa insbesondere der privatwirtschaftlich orientierten Industriekultur, sondern ein charakteristisches Merkmal aller entwickelten Kulturen, d. h. aller Kulturen, die in irgendeiner Weise eine quantitative oder qualitative Ausdehnung der wirtschaftlichen Produktion anstreben. Zwar stellt jede Form der

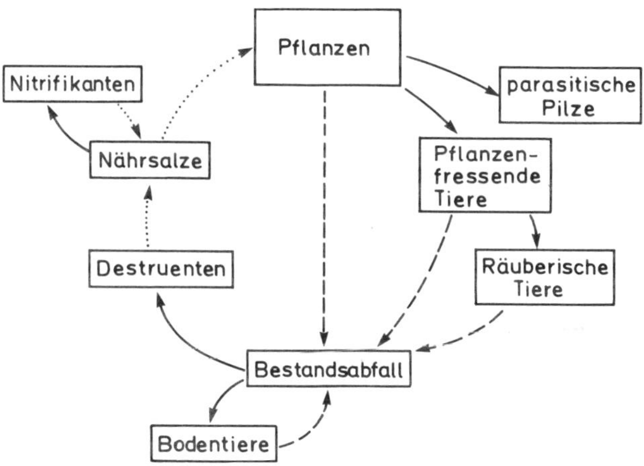

——→ Energiefluß zu Organismen

– – → totes organisches Material

··········→ Nährsatzströme

Abbildung 1: Vereinfachte Darstellung des Wirkungsgefüges in der Naturlandschaft

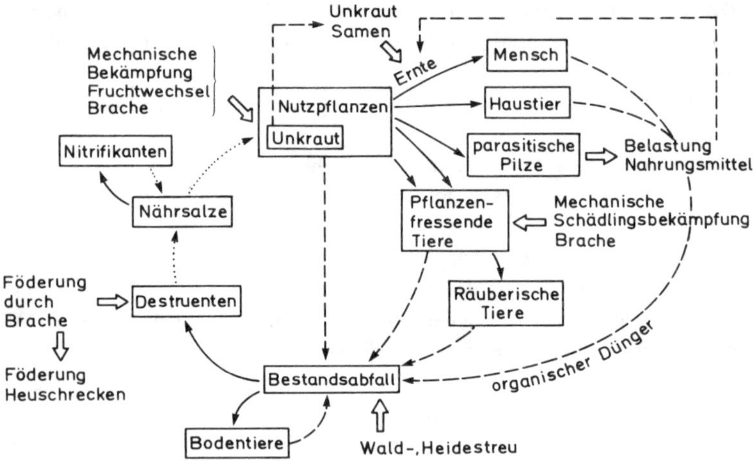

——→ Energiefluß zu Organismen
– – → totes organisches Material
·········→ Nährsatzströme

Abbildung 2: Wirkungsgefüge im Agrarökosystem der Dreifelderwirtschaft (vereinfacht). Diese Wirtschaftsweise herrschte in Europa von 800 bis ca. 1800 vor

Herstellung von Gebrauchsgütern durch Menschenhand einen Eingriff in die natürliche Umwelt dar, doch nicht jeder dieser Eingriffe muß als Umweltschaden gewertet werden. Allerdings können, wie ein Vergleich der Abbildungen[6] 1 und 2 zeigt, bereits Gesellschaften ohne besonderen Technisierungsgrad erhebliche Einflüsse auf die ökologischen Zusammenhänge ausüben.

1.2.2. Historische Phasen des menschlichen Gebrauchs der Umwelt

1. Phase: In gewissem Umfang kann die natürliche Umwelt Eingriffe selbsttätig ausgleichen; dadurch bleiben z. B. die meisten Jäger- und Sammlerkulturen, aber auch ausgesprochen ökologisch gesinnte Kulturen wie Teile der Indianer Nordamerikas, möglicherweise auch andere Viehzüchter- und Bauernkulturen in ihrer negativen Wirkung, d. h. andauernd schädlichen und nachteiligen Veränderung für den ökologischen Haushalt begrenzt (siehe Tabelle 1).

2. Phase: Seit der neolithischen Revolution, d. h. der Entwicklung und Verbreitung von Ackerbau und Viehzucht an festen Siedlungsplätzen wuchs die Einflußnahme der Menschen auf die Natur. Mit dem Wachstum der Bevölkerung seit der Begründung der westlichen Kultur in der Antike werden auch erste Nachrichten über umweltschädigende Einflüsse der Menschen überliefert.

Seit dem Mittelalter nahmen die Eingriffe in den Naturhaushalt in bedrohlichem Maße zu. Insbesondere die Erweiterung der landwirtschaftlichen Nutzfläche, der zunehmende Holzeinschlag für technische Zwecke und die Jagd führten zu tiefgreifenden Störungen in der Natur, die allerdings in der Regel räumlich begrenzt blieben.

Da Ausmaß und Art der Bedürfnisexpansion an die jeweilige Gesellschaftsstruktur gebunden sind, trat das Problem unwiderruflich schädigender und – wenn überhaupt – dann nur sehr langfristig ausgleichbarer Umwelteinflüsse also erst recht spät im Verlauf der Entwicklung der Menschheit auf. Noch später allerdings wurde einsehbar, daß dagegen einzelne Schutzmaßnahmen notwendig wurden.

Tabelle 1: Phasen des Umweltwandels (G = Gesellschaft, L = Landschaft)[7]

Vorneolithische Phase	G: Jäger und Sammler
	L: Naturlandschaft
Neolithische Revolution	(ca. 3000 v. u. Z.)
Vorindustrielle Phase	G: Agrargesellschaft
	L: Naturlandschaft —— Naturnahe Kulturlandschaft
Industrielle Revolution	(in Mitteleuropa seit Mitte des 19. Jahrhunderts)
Industrielle Phase	G: Industriegesellschaft
	L: Naturferne Kulturlandschaft mit Resten naturnaher Kulturlandschaft, Gefährdung wichtiger natürlicher Lebensgrundlagen (Luft und Wasser)

Wesentliche Bereiche der Umwelt, die uns heute selbstverständlich als schützenswert erscheinen, unterlagen seit alters her in Deutschland (und anderen europäischen Ländern) entweder landesherrlichen oder gemeingebrauchsrechtlichen Rechtsvorschriften. Weithin bestimmten vom Mittelalter bis ins 19. Jahrhundert hinein in Wäldern und Fluren, bei Wasserläufen und Bergwerken staatliche Obrigkeiten, wieweit Nutzung, Gebrauch und Schonung zu gehen hatten. Dabei stand nicht die Bewahrung vor (Umwelt)schäden, sondern vielmehr das Interesse an einer möglichst wirtschaftlichen Verwendung der Naturgüter zum eigenen finanziellen oder politischen Nutzen oder auch zur eigenen Erbauung etwa durch die Jagd im Vordergrund. Neben ihren eigenen Interessen bedachten die Landesherren und Obrigkeiten aus der Tradition der ständerechtlichen Treue und Fürsorgepflicht auch die berechtigten Anliegen und eventuellen Klagen der Untertanen.

Beispiele für diese Art von Eingriffen und Regelungen sind die mittelalterlichen und frühneuzeitlichen Forstgesetze, die dem König oder Landesherren ein exclusives Jagdrecht in bestimmten Wäldern vorbehielten, aber auch die wirtschaftliche Nutzung des Waldes verbessern sollten. Aufgrund der territorialen Zersplitterung Deutschlands differierten die Gesetze allerdings erheblich von Land zu Land und Provinz zu Provinz. In Süddeutschland entwickelten sich Forstordnungen bereits im 16. Jahrhundert, erst später im mittleren Deutschland und erst im 18. Jahrhundert in Preußen. Die zeitlichen Unterschiede der Entstehung lassen sich aus der andersartigen Besitzstruktur und Bevölkerungsdichte erklären. Die Mark- und Allmendwälder des südlichen und westlichen Deutschland waren besonders hohen Nutzungsanforderungen der Bevölkerung ausgesetzt, so daß ein regelndes und schützendes Eingreifen der Landesherren sich frühzeitig als nötig erwies. Die gesetzlichen Eingriffe in den Privatbesitz stellten den Zwang zu einer durchgehenden geordneten Waldbewirtschaftung her, während man sich im Osten Deutschlands darauf beschränken konnte, die Verwüstung des Waldes zu verbieten. Die Forstgesetzgebung wurde mit zunehmender Stärke der Landesherrschaft im Absolutismus und mit der wachsenden Intensität der Nutzung strenger und perfekter; parallell dazu entwickelten sich Grundzüge einer Forstwissenschaft und eine verbesserte Auswahl der Forstbediensteten. Nach den Forstgesetzen war etwa nach 1753 im Magdeburgischen verboten, Gehölze auf Äckern ohne ausdrückliche Genehmigung der Forstbeamten abzuholen, oder im Raum Minden mußte eine ausdrückliche Genehmigung für das Fällen größerer Buchen- oder Eichenbestände eingeholt werden. Solche Beispiele ließen sich vermehren.

Einen gewissen Höhepunkt der gesetzgeberischen Entwicklung stellt das preußische Allgemeine Landrecht von 1794 dar, das ein

Verbot der Waldverwüstung für das ganze Königreich festlegte. Die bis dahin existierenden provinzialen Sonderrechte fanden eine gewisse Fortsetzung in den Provinzialforstordnungen, die jeweils der Lage in einer Provinz angemessen den Begriff der „Waldverwüstung“ zu definieren versuchten. So war z. B. für an sich holzreiche Gegenden bestimmt, daß die Waldnutzung eingeschränkt werden konnte, falls der Holzeinschlag einmal soweit gegangen sein sollte, daß die fortlaufenden Bedürfnisse der Bewohner nicht mehr gedeckt werden konnten. Zudem mußte u. a. der Betrieb von Glas- und Eisenhütten, die ja damals Holz bzw. Holzkohle als Brennstoff benutzten, ausdrücklich genehmigt werden.

Diese weitgehenden staatlichen Eingriffe in die private Waldnutzung blieben im Prinzip auch im 19. Jahrhundert möglich, obwohl sich die Besitzstrukturen durch die Bauernbefreiung erheblich änderten. Als mit der Bauernbefreiung die Aufteilung der Mark- und Genossenschaftswälder in einzelne Privatgrundstücke stattfand und die eher auf gleichmäßige langfristige Nutzung angelegte ländliche Wirtschaftsverfassung des Feudalzeitalters aufhob, brachte der Übergang zu einer auf persönliche Gewinnmaximierung gerichteten Wirtschaftsgesinnung für die Ökologie des Waldes erhebliche Nachteile mit sich. Die nunmehr größere Zahl der Privatwald-Besitzer wollte natürlich entsprechend ihren eigenen wirtschaftlichen Überlegungen den Wald nutzen, Holz einschlagen usw. und unter Umständen nur wenig in die erneute Aufforstung investieren. Verbreitet entstanden so ökologische Degenerationserscheinungen, die der preußische Staat dadurch zu begrenzen versuchte, daß durch Gesetz erneut die Möglichkeit zur Bildung von Waldgenossenschaften geschaffen wurde, um in größeren Waldflächen einen verstärkten Schutz bzw. eine „forstmäßige Bewirtschaftung des Genossenschaftswaldes nach einem einheitlich aufgestellten Wirtschaftsplan“ zu ermöglichen.[8]

Solche Gesetze, die einerseits dem Wunsch, landesherrliche und staatswirtschaftliche Interessen zu fördern, entsprangen, andererseits aber auch die empirische Erfahrung des von der Natur sehr abhängigen Menschen früherer Zeiten reflektierten, sind neben der Forstgesetzgebung auch für Bergbau, die Nutzung der Wasserläufe und den Vogelschutz bekannt. Das weitgefaßte Verständnis der landesherrlichen Polizeigewalt bot darüber hinaus lange Zeit eine Generalklausel, die selbstbewußten Beamten eine Handhabe für sanitäre und hygienische

Vorsorgemaßnahmen lieferte. Vielfältige Stadtordnungen, die sich zum Beispiel mit Müll- oder Rauchproblemen befaßten, sind dafür Belege. Wie auch beim Forstrecht vollzog sich im 19. Jahrhundert ein Ausbau der Kodifizierung und Detaillierung umweltrelevanter Bestimmungen, die ursprünglich zur polizeilichen Generalkompetenz gehört hatten.

3. Phase: Die kapitalistische industrielle Revolution, die vor ca. 200 Jahren in England begann und Mitte des 19. Jahrhunderts Mitteleuropa voll erfaßte, brachte einen qualitativen Sprung im Konflikt zwischen menschlicher Bedürfnisexpansion und stabilem Naturhaushalt. Die kommunistischen industriellen Staaten und die in industrieller Entwicklung begriffenen Länder folgten den westlichen Industriestaaten auf diesem Wege. Spätestens seitdem muß eine weltweite Gefährdung des ökologischen Gleichgewichts befürchtet werden.

Verschärft wurde der Gegensatz zwischen Bedürfnisausweitung und ökologischer Begrenztheit der Ressourcen durch vier Faktoren. Die Entwicklung der Technik und der Wissenschaft schuf die stetige Möglichkeit weiterer Bedürfnisexpansion, da die Befriedigung von immer neuen Bedürfnissen durch die technische Entwicklung tatsächlich möglich erschien. War z. B. einmal die revolutionäre Entdeckung von Kraftmaschinen, z. B. der Dampfmaschine erfolgt, schien es nur noch eine Frage der Zeit, bis sich ihr Anwendungsbereich auf alle Bereiche angedehnt hatte, die eine große stetige Energieanlieferung benötigten. Zweitens wurde der Gegensatz durch das langfristig stetige, wenngleich oft gehemmte Bevölkerungswachstum verschärft. Selbst bei gleichbleibendem Niveau der Bedürfnisse würde bei gleichmäßiger Versorgung einer wachsenden Bevölkerung die Umweltbelastung durch den Abbau von Ressourcen und die Störung der ökologischen Kreisläufe ständig zunehmen. Drittens entdeckten die kapitalistischen Industriegesellschaften des Westens besondere „Entlohnungsformen" für die weitere Entwicklung und Entdeckung neuer Bedürfnisse. Wo weitgehend dezentrale Entscheidungsträger, d. h. viele einzelne Unternehmen für die Einführung und den Absatz neuer Produkte durch Gewinne belohnt werden, auch wenn der Gebrauchswert der Produkte zweifelhaft sein mag, wird die Weckung neuer Bedürnisse geradezu zum Lebensgesetz einer Wirtschaftsordnung, die sich ein ausgeglichenes Wirtschaften auf hohem Niveau nicht vorstellen kann oder nicht akzeptieren mag. Dies führte zur planmäßigen Organisation der Bedürfnisforschung und -weckung durch besondere Institutionen wie

Marktforschung und Werbung. Mit dieser besonderen Organisationsweise entfiel noch stärker als bis dahin die Notwendigkeit, jeweils zu begründen, warum diese und nicht jene Bedürfnisse befriedigt werden sollten, z. B. PKWs mit 15 l per 100 km und nicht solche mit nur 5 l Durchschnittsverbrauch produziert werden sollten. Marktforschung und Werbung konnten sich statt dessen auf den mündigen Konsumbürger berufen; Fehlentwicklungen waren dadurch mit vorprogrammiert, daß systematisches Gegengewicht oder Kontrolle demokratisch nicht vertretbar schien. Viertens, last but not least, erschien Systemanhängern wie -gegnern die ständige Produktionsausweitung als die angemessene Form, die gesellschaftlichen Kosten des Systems annehmbar und so das System langfristig stabil zu machen.

Diese dritte Phase im menschlichen Gebrauch der Umwelt führte in Deutschland besonders rasch zu erheblichen Veränderungen, obwohl von Anfang an Bemühungen um Umweltschutz erkennbar waren. Binnen weniger Jahrzehnte wurde Deutschland vom Agrar- zum Industrieland, entstand aus 39 halbfeudalen und frühkapitalistischen Territorialstaaten das Deutsche Reich als Flächenstaat mit einheitlichen politischen und gesetzlichen Lenkungsformen.

Machte um 1800 der Gesamtwert der gewerblichen Produktion in Deutschland nur ein Viertel der englischen aus, so stellte sich am Ende des Jahrhunderts ein Verhältnis von ca. 70 : 100 (1888) ein. Gab es am Anfang des Jahrhunderts in Preußen nur 2 Dampfmaschinen, so waren es 1849 bereits 1444 mit 29 000 PS, und 1890 waren in Deutschland mehr als acht Millionen PS Dampfmaschinenleistung installiert. Zu diesem Zeitpunkt begann auch allmählich der Siegeslauf anderer Antriebsmaschinen (Otto-, Diesel-, Elektromotoren). Allein zwischen 1871 und 1913 wurde die deutsche Roheisenproduktion von 1,5 auf ca. 19 Mio. Tonnen gesteigert, der Kohleverbrauch stieg von ca. 14 Mio. Tonnen 1861 auf mehr als 187 Mio. 1913 und erreichte damit fast den britischen (189 Mio.).

Die Industrialisierung wurde begleitet von einem starken Bevölkerungswachstum und brachte eine Konzentration der Menschen in den industriellen Kernräumen Ruhr-, Saargebiet, Oberschlesien und Sachsen und den Städten mit sich. Zahllose bauliche, hygienische und soziale Probleme überforderten die vorhandenen Infrastruktureinrichtungen und die staatlich-politischen Fähigkeiten, lenkend und mildernd zu wirken, wenn Städte wie Essen von 4 000 (1800) auf 443 000 Einwohner (1910), München von 40 000 auf 596 000, Frankfurt/Main von

49000 auf 415000, Berlin von 800000 (1870) auf 3000000 (1900) wuchsen.[9]

Die daraus folgenden Umweltveränderungen betrafen allerdings zunächst noch flächenmäßig begrenzte Teile Deutschlands. In erster Linie handelte es sich um eine Konzentration und Verstärkung

- der Raumansprüche für Gewerbe-, Verkehrs- und Siedlungsflächen, die die agrarisch geprägte Landschaft in die Industrielandschaft mit erheblich reduzierter ökologischer Vielfalt verwandelte. So wuchs etwa die größtenteils bebaute Fläche Berlins von ca. 12,5 km^2 (1800) auf 147 km^2 (1900); in Dortmund war 1838 von dem ca. 1 km^2 großen Stadtkern nur etwa ein Drittel bebaut, 1875 war dieser Kern so gut wie gänzlich ohne Grünflächen.
- der Belastung der Gewässer. Gewerbliche Prozesse wie Kohlebergwerke, Textil-, chemische und metallurgische Industrien, Schlachthäuser, Zucker- und Papierfabriken und Haushaltsabwässer trugen durch leicht bis schwer abbaubare Stoffe, durch Salze, Schwermetallverbindungen und Abwärme zur Gefährdung der Gewässernutzung bei (Trinkwasser, Brauchwasser, Fischerei, Erholung, landwirtschaftliche Zwecke).
- der Abfälle aus Haushalten, Gewerbebetrieben und Landwirtschaft, die u. a. Gesundheitsgefährdungen, Wasserverunreinigungen, Beeinträchtigungen der Bodenfruchtbarkeit und Verunstaltungen der Landschaft bewirken können.
- der Luftverschmutzung durch Schwefel-, Stickstoff-, Kohlenstoff- und Kohlenwasserstoffverbindungen, Stäube, Schwebstoffe und riechende Stoffe. Schädlich für Mensch und Tier sind besonders Stickoxide und Stäube, für die Vegetation besonders Schwefeldioxid.
- des Lärms, verursacht damals vor allem durch Bautätigkeit, Gewerbebetriebe und zunehmenden Verkehr. Lärm ruft unterschiedlich starke negative Reaktionen in psychischer und physischer Hinsicht hervor.

Wenn auch das genaue Ausmaß der entstandenen Umweltschädigungen kaum jemals ermittelt werden kann, so steht doch fest, daß die Menschen zunehmend unter diesen Schädigungen litten und Abhilfe verlangten.

Begünstigt wurde die wirtschaftliche Entwicklung mit ihren positiven wie negativen Folgen durch den zum Teil erzwungenen politischen Zusammenschluß der deutschen Bundesstaaten unter preußischer Führung. 1869 und 1871 wurden für den gesamten Norddeutschen

Bund, dann für das Deutsche Reich Gewerbefreiheit, Freizügigkeit, Vertrags- und Koalitionsfreiheit einheitlich geregelt. Unter dem Vorzeichen der aristokratischen, agrarischen und militärischen Kräfteentfaltung gegen den republikanischen Volksstaat, der 1848/49 und zuletzt 1871 verhindert worden war, entwickelte sich die bürgerlich-industrielle Gesellschaft.

In diesem Reich wurde die Gesetzgebung von dem Bundesrat, der Vertretung der 25 Bundesmitglieder, und dem Reichstag ausgeübt; Kaiser und Reichskanzler wirkten durch Ausfertigung und Verkündigung und Vorsitz im Bundesrat wesentlich mit. Die formal stärkste Stellung besaß der Bundesrat, da er außer über die Gesetzgebung auch noch über die Verwaltungsvorschriften und ausführenden Behörden befand. Ebenso beschloß er allein über Mängel bei der Ausführung der Gesetze und entsprechende Abhilfe. Für die Umweltpolitik war es von entscheidender Bedeutung, daß das Reich die Gesetzgebungskompetenz für Gewerbebetriebe, bürgerliches und Strafrecht, Gerichtsverfahren und Medizinalpolizei besaß, nicht jedoch für Bau-, Wasser-, Forst-, Bergbau- und sonstige landwirtschaftliche Rechtsbelange. Wo neben der Reichsgesetzgebung Lücken blieben und Kompetenzen nicht ausgeschöpft wurden, konnten individuelle Regelungen der Bundesstaaten Platz greifen.[10]

1.2.3. Erste Umweltschutzmaßnahmen im 19. Jahrhundert

Nachdem sich aufgrund der wissenschaftlich-technischen Entwicklung die Eingriffs*möglichkeiten* qualitativ gesteigert hatten, wuchs die wissenschaftlich absicherbare Erkenntnis und das Verständnis dafür, daß menschliche Eingriffe in die natürliche Umwelt, die dem berechtigten Interesse an einer verbesserten Versorgung mit Gütern entsprangen, Eingriffe in ein sich selbst steuerndes System darstellen. Neben den ideologisch begründeten Naturschutzbemühungen[11] entstanden um die Mitte des 19. Jahrhunderts zunehmend biologisch-wissenschaftliche Begründungen für vermehrten Naturschutz. Die Biologen A. E. Brehm, C. Koch, G. Giebel und Friedrich von Tschudi wiesen auf die Gefährdungen bestimmter Tierarten und ihren Nutzen für die Ökotope hin. V. Tschudi, Mitglied der Schweizerischen naturforschenden Gesellschaft, schrieb 1854:

„Wie gelichtet und stets begangen sind unsere Wälder; wie rücken die Hütten der Menschen immer weiter in die Ödungen und Wildnisse; wie dringen Jäger und Sennen, Wurzelsammler und Geißbuben in die einsamsten Bergmulden und Felsenlabyrinthe! Und wo der Mensch hinkommt mit seiner ‚Qual', da hört nicht nur die Natur auf, neue Thierformen zu erzeugen; die längst erzeugten verschwinden teils, teils schmelzen sie in hohem Grade zusammen."

Solche deutlich von ökologischen Konzepten geleiteten Überlegungen führte dann Ernst Haeckel zusammen, ein wegen seiner populären Darstellung der darwinistischen Theorie vielgelesener Autor. 1866 verwendete er den Begriff „Ökologie" erstmals im heutigen Sinn. Weitere Forschungen schufen wenige Jahre später die Voraussetzungen für die Einführung des Begriffs der „Biozönose" durch Moebius (1877).[12]

Umweltpoliitisch wurde der Beitrag der Biologen jedoch kaum wirksam. Vielfach waren sich die deutschen Professoren wohl zu schade für die Niederungen des alltäglichen praktischen Ringens um eine naturnahe Umwelt für die Menschen.

Neben der Weiterentwicklung der Agrar- und der auf langer Tradition beruhenden Forstwissenschaft, die in der zweiten Jahrhunderthälfte Weltgeltung hatte, waren vor allem die Chemie und z. T. in ihrem Gefolge die bakteriologisch orientierte Medizin für umweltrelevante Belange von großer Bedeutung. Der internationale Erfahrungsaustausch, besonders mit dem industriell entwickelteren England, förderte die Geschwindigkeit, mit der sich Erkenntnisse über schädliche Entwicklungen und ihre Gegenmaßnahmen verbreiteten. Forschungen mit hoher Umweltrelevanz entsprangen aus den beiden Motiven Schutz der Gesundheit und der Volkswirtschaft. Besonders wichtig war es, Vorurteilen, die als Augenscheinurteile zustande gekommen waren, durch wissenschaftliche Beweisführung die Grundlage zu entziehen und auch in der Öffentlichkeit auf diesem Wege Interesse und Einsicht in wichtige Umweltbelange zu vermitteln. Verdienste erwarben sich dabei in Deutschland sowohl einzelne, meist Universitätsforscher, als auch staatliche Stellen wie die Königliche Chemische Centralstelle für öffentliche Gesundheitspflege in Sachsen oder die Wissenschaftliche Deputation für das Medizinalwesen in Preußen.

Als beispielhaft mag die Entwicklung der Forschung in der Wasserwirtschaft gelten. Noch in den 1860er Jahren war die Ansicht verbreitet, klares Wasser sei gleichbedeutend mit gutem, reinem Wasser oder bakteriologisch reines Wasser sei unschädlich, ungeachtet etwaiger chemischer Verunreinigungen. Schwere Choleraepidemien, so in Essen 1866, führten zu einem Umdenken. Obwohl bereits 1836 Experimente des Wissenschaftlers Bronner nachgewiesen hatten, daß Schmutzwasser durch Bodenfiltration biologisch gereinigt werden konnte, hatte man für die Praxis bis dahin keinen Gebrauch von dieser Erkenntnis gemacht. Doch gefördert durch das Auftreten der Epidemien und angeregt durch die wissenschaftlichen Publikationen der englischen Flußreinigungskommission, kam es auch in Deutschland zu einer verstärkten Forschung in diesem Bereich. Pionierleistungen vollbrachten dabei der Münsteraner Professor König und der Münchener v. Pettenkofer. Wie dicht beieinander damals aber Wahrheit und Täuschung liegen konnten, erhellt sich aus der Wirkungsgeschichte der Pettenkoferschen Theorie von der Selbstreinigungskraft der Gewässer. Pettenkofers an sich richtige Theorie, daß (fließende) Gewässer über eine biologische Selbstreinigungskraft verfügen, d. h. Mikroorganismen unter Verbrauch des im Wasser gebundenen Sauerstoffs eine Fülle von biologischen Verunreinigungen abbauen und unschädlich machen können, wurde oftmals dazu benutzt, jegliche Form der Reinigung von Abwässern abzulehnen, soweit dies biologische Verunreinigungen betraf. Die Überschätzung der biologischen Selbstreinigungskraft des Wassers konnte nur deshalb relativ lange als ein Argument zur Verhinderung von Kostenbelastungen dienen, weil die Forschung damals eben weniger als organisierter Prozeß stattfand, sondern viel eher an einzelne Persönlichkeiten und ihre Fähigkeiten, Forschungsergebnisse zu vermarkten, geknüpft war.

Als förderlich für die Verbreitung von Umweltschutzüberlegungen in der Öffentlichkeit erwiesen sich Tagungen und Vereinigungen von Wissenschaftlern wie der „Deutsche Verein für öffentliche Gesundheitspflege" oder die „Versammlung Deutscher Naturforscher und Ärzte". Wissenschaftlicher Streit konnte zu Vereinsgründungen führen: 1878 bildeten Wissenschaftler und Praktiker in Köln den „Internationalen Verein gegen Verunreinigung der Flüsse, des Bodens und der Luft". Wetterten die Mitglieder des Vereins, was heute kaum glaublich erscheint, auch gegen die Errungenschaften der Zeit wie die Wasserspülung der Toiletten, da sie die Schwemmkanalisation z. T. mit Recht für die Verschmutzung der Gewässer verantwortlich machten, so kamen sie doch zu der bemerkenswerten Einsicht, daß aufgrund der begrenzten Möglichkeiten damaliger Wissenschaft und Technik Luft, Boden und Wasser nicht „willkürlich und binnen einer festgestellten

Frist zu reinigen" seien und man von daher sich besonders bemühen müsse „ferneren Beifügungen schädlicher Stoffe nach Kräften vorzubeugen". Leider verhallte dieser Ruf für den Moment weitgehend ungehört.[13]

Auch die Umweltschäden durch Rauch und Abgase, Luftimmissionen mit dem heute üblichen Wort, wurden bereits recht früh Gegenstand wissenschaftlicher Betrachtungen. In Sachsen hatte das intensive Nebeneinander von Forstwirtschaft und Hüttenindustrie die Regierung bereits in den 1840er Jahren veranlaßt, das Freiberger Hütten- und Bergamt und den Chemiker Prof. Stöckhardt von der Forstakademie in Tharandt mit Untersuchungen über Immissionsschäden zu beauftragen. Stöckhardt veröffentlichte seine Arbeitsergebnisse, die sich z. T. auf ältere Vorarbeiten stützen konnten, im Jahre 1849. Ein frühes Standardwerk zu dem Problem der Abgasschäden verfaßten J. v. Schröder und der Forstwissenschaftler C. Reuß, andere Forschungen in gleicher Richtung häuften sich gegen Ende des Jahrhunderts. Die meisten Forschungen dieser Art beschäftigten sich mit der Frage, bei welchen Grenzwerten Schadstoffe wie z. B. Schweflige Säure (SO_2) die Vegetation schädigen konnten. Die noch recht einfache Vorgehensweise mit Experimenten in geschlossenen Räumen berücksichtigte weder die komplizierten Bedingungen in der freien Atmosphäre (z. B. Luftfeuchtigkeit, Luftbewegungen), noch das Problem der Schädigung tierischen oder menschlichen Lebens.

Immerhin waren die Forschungen aber schon soweit gediehen, daß ihre Ergebnisse in Schadensklagen vor Gericht in der Form wissenschaftlicher Gutachten Berücksichtigung fanden. Daß über Umfang und Bedeutung der Immissionen von Abgasen natürlich noch keine einheitliche Auffassung zustande gekommen war, wird niemanden verwundern. Experten wie C. Reuß war aber bereits damals völlig klar, daß die fehlenden gesetzlichen Regelungen und die Fülle der Gefahren, die auch vom volkswirtschaftlichen Standpunkt her durch Rauch und Abgase entstehen, recht bald durchgreifende Maßnahmen erfordert hätten. Breitenwirkung scheint dieser Erkenntnis aber in viel größerem Maß versagt geblieben zu sein als den Erkenntnissen über die Abwässerfrage. Möglicherweise liegt die Erklärung dafür in der Tatsache, daß die Bedrohungen durch ungereinigte Abwässer in der Form von Epidemien viel besser empirisch, durch Lebenserfahrung abgeschätzt werden konnten, als dies bei den Folgen von Immissionen der Fall war. Zudem wirkten sich damals wie heute sicherlich allgemeine Wertvorstellungen der Industriegesellschaft, die den technischen Fortschritt als das prinzipiell Gute und den Kritiker der Begleiterscheinungen als den spinnerten Maschinenstürmer erscheinen ließen, hemmend auf die Verbreitung wissenschaftlicher Erkenntnisse in populärer Form aus.[14]

Eine indirekte und sehr beschränkte gesetzliche Schutzmöglichkeit gegen Umweltschädigungen boten die §§ 903 und 906 des Bürgerlichen Gesetzbuches von 1873, indem Geschädigte im Wege einer Schadenersatzklage gegen Beeinträchtigungen vorgehen konnten. Meist hatten aber nur Nachbarn überhaupt die Möglichkeit, Zusammenhänge zwischen Umweltschädigungen und Verursachern nachzuweisen. Die Beweislage war im allgemeinen äußerst schwierig. Wesentlich größere Bedeutung für den Umweltschutz kam den entsprechenden Bestimmungen der Reichsgewerbeordnung zu. Sie wurde mit der zunehmenden Industrialisierung und den sich daraus entwickelnden Umweltproblemen zum wichtigsten Kontrollinstrument über Umweltschädigungen.

Durch die Gewerbeordnung von 1867 war die Errichtung von Anlagen, „welche durch die örtliche Lage oder die Beschaffenheit der Betriebsstätte für die Besitzer oder Bewohner der benachbarten Grundstücke oder für das Publikum überhaupt erhebliche Nachteile, Gefahren oder Belästigungen“ herbeiführen konnten, genehmigungspflichtig. Obwohl einige Grundsätze für solche Genehmigungsverfahren reichsgesetzlich festgelegt wurden, blieb es im wesentlichen den Bundesstaaten des Deutschen Reiches von 1871 überlassen, wie sie die Genehmigungsverfahren handhaben wollten. Einmal erteilte Genehmigungen blieben so lange in Kraft, bis eine wesentliche Änderung in der Lage oder Beschaffenheit der Anlage vorgenommen wurde. Ungewöhnliche Geräuschemissionen waren der Ortspolizeibehörde anzuzeigen.[15] Auf dieser Rechtsgrundlage hätte sich die Verwaltungspraxis eigentlich recht frei zugunsten der Nachbarn von (umweltschädlichen) Betriebsstätten entwickeln können, doch in der Praxis zeigte sich bald, daß marktwirtschaftliche Auffassungen von der Freiheit des Unternehmers in Verbindung mit der Unwissenheit darüber, welche Emissionen erhebliche Nachteile, Gefahren oder Belästigungen mit sich brachten, den Betreiber einer Anlage in der Regel gegenüber Nachbarn und Öffentlichkeit bevorteilten. So nimmt es nicht wunder, wenn gewerbepolizeiliche Auflagen nur in mäßigem Umfang gemacht wurden. Die Chancen für Auflagen waren um so besser, je stärker die Geschädigten selbst waren oder je besser organisiert sie dem allzu freien Gebrauch des

Eigentums entgegentraten, d. h. bürgerliche Mittelschicht konnte sich eher durchsetzen als Unterschicht. Vergleichbar erfolgreich führte auch die ganz offensichtliche Gefährdung der Gesundheit größerer Gruppen der Bevölkerung zu energischen Gegenmaßnahmen, so z. B. aus Anlaß von Epidemien. Insgesamt aber wurde im Zweifelsfall dem betriebswirtschaftlichen Kalkül eher stattgegeben als in ihrem Ausmaß nicht genau bestimmbaren Schutzbedürfnissen und -notwendigkeiten von Publikum und Nachbarn.

2. Die Umweltpolitik bis 1945

2.1. Die Wasserreinhaltung

2.1.1. Die Entwicklung des Wasserrechts

2.1.1.1. Die Abwässerreinigung um die Jahrhundertwende

„Die oberrheinischen Städte von Basel bis nach Mannheim sind in diesem Augenblick im Begriff, ihre Fäkalien in den Rheinstrom einzuführen, und verwandeln dadurch das Mittelrheingebiet in eine Kloake. Es ist nicht mehr möglich, im Rheinstrom zu baden, es ist nicht möglich, in dem Rhein die Wäsche zu reinigen“,

beklagte der nationalliberale Abgeordnete Freiherr Heyl zu Hermsheim im Januar 1901 vor dem Reichstag den Verlust einer Idylle und der unbefangenen Nutzung natürlicher Ressourcen. Aber nicht nur die immer stärker in Ballungsräumen konzentrierte und durch die Einführung des Wasserclosets Ende des 19. Jahrhunderts direkt mit dem Gewässernetz verbundene Bevölkerung, sondern auch die wachsende industrielle Produktion trug – sowohl augen- als auch nasenfällig und dafür möglicherweise ökologisch umso gefährlicher – zur stetig zunehmenden Wasserverschmutzung bei.[16]

Da die Städte und Gemeinden, die zunächst einmal mit dem Problem der Abfallbeseitigung aller Art befaßt waren (und sind), vom Deutschen Reich und den Bundesstaaten bereits seit längerer Zeit weitgehend mit dem Abwässerproblem allein gelassen worden waren, ergab sich um die Jahrhundertwende ein besonderer Problemdruck in der Abwässerfrage. Nachdem die Städte seit den 1860er Jahren die Einführung der Schwemmkanalisation für die Haushaltsabfälle und Fäkalien erst als einen Sieg moderner Hygiene aufgenommen hatten, z. T. auch den Anschluß von Gewerbebetrieben an das Kanalnetz genehmigt hatten, wurde durch einfache Beobachtung, durch wissenschaftliche Untersuchungen und durch Epidemien den städtischen Verwaltungen und den Gesundheitsbehörden deutlich, daß die Abwässer aus der

Schwemmkanalisation nicht einfach in die Gewässer eingeleitet werden konnten, ohne Gefahren und Nachteile herbeizuführen. Die Reinigungsverfahren für Abwässer, die daraufhin im letzten Viertel des 19. Jahrhunderts entwickelt wurden, waren zunächst noch technisch recht primitiv, gleichwohl aber eine neue und ständig wachsende Kostenquelle für die Gemeinden.

Im wesentlichen waren damals drei Verfahren bekannt, die in der Abwässerbeseitigung angewendet wurden: das mechanische, das chemische und das biologische Verfahren.

1. Das mechanische Verfahren benutzte Rechen, Siebe und Absetzbekken, um die groben Verschmutzungen und Schlämme unschädlich zu machen, d. h. zu entfernen.
2. Das chemische Verfahren bestand im Zusetzen von Kalk, Eisensulfat oder Schwefelsäure, um die Schadstoffe aus den Abwässern auszufällen.
3. Das damals in der Entwicklung befindliche und heute wichtigste, das biologische Verfahren besteht in der Aufarbeitung von Abwässern und Schlämmen durch Bakterienstämme in eigens errichteten Behältern, den Tropfkörpern u. ä.

In der Frühphase der biologischen Reinigung machte man sich jedoch die sogenannte „natürliche" biologische Verfahrensweise zu eigen, indem man die Abwässer nach einer mechanischen Vorreinigung durch Berieselung auf ausgedehnten Flächen der natürlichen Zersetzung durch bakterielle Prozesse überließ. Da dieses Verfahren sehr weite Verbreitung fand, sei seine Wirkungsweise hier kurz dargestellt.

Durch die Berieselung wurden vor allem die suspendierten Schlammstoffe aus den Schmutzwässern entfernt, da der Boden der berieselten Flächen zunächst als ein zusätzlicher mechanischer Filter wirkte. Die im Wasser gelösten Verunreinigungen werden beim Versickern – soweit sie organischen Ursprungs sind – z. T. vom Boden absorbiert und durch Sauerstoffaufnahme oxydiert; gleichzeitig nimmt das Wasser neuen Sauerstoff auf. Schließlich werden gelöste mineralische Stoffe zu einem Teil von den Pflanzen, die auf den Rieselfeldern angebaut werden, und zu einem anderen Teil vom Boden absorbiert.

Nachteile dieses Verfahrens waren:

1. Die Reinigungskraft des Bodens war begrenzt, abhängig von dem Verhältnis Größe der Bodenfläche/Menge des Schmutzwassers.

2. Die unterschiedliche Durchlässigkeit der Böden machte z. T.aufwendige zusätzliche Drainagearbeiten notwendig.
3. Nicht überall war die notwendige Bodenfläche zu erschwinglichen Kosten für die Gemeinden zu beschaffen.[17]

Als Beispiel für die Probleme einer mittelgroßen Stadt des Reiches sei hier die Abwässerreinigung von Mannheim dargestellt. Nachdem bis in die zweite Hälfte des 19. Jahrhunderts die Abwässer größtenteils in die Stadtgräben eingeleitet worden waren, machte der rasche Bevölkerungsanstieg Mannheims die Einleitung von Industrie- und Hausabwässern in die Flüsse Rhein und Neckar erforderlich. Zunächst war geplant, die Fäkalien wie bisher in Gruben zu sammeln und abzufahren und die sonst anfallenden Abwässer in Absatzbecken und durch Rechen einer mechanischen Reinigung zu unterziehen. Die provisorische Einleitung der Abwässer wurde von den zuständigen Behörden des Großherzogtums Baden 1892 genehmigt. Die Folge war eine zunehmende Verschlammung der Neckarmündung, ohne daß die Beseitigung aller Abwässer grundlegend gelöst gewesen wäre.

Dementsprechend bemühte sich Mannheim ab 1895 um die Genehmigung der Abwässereinleitung in den Rhein, wobei dann auch die Fäkalien mit beseitigt werden sollten. Da die Abwässer nicht durch die Rieselmethode gereinigt werden konnten – einerseits fehlten entsprechende Gebiete für Rieselfelder, andererseits wäre die Trinkwasserversorgung gefährdet gewesen –, blieb allein die Möglichkeit, eine Kläranlage zu bauen, die die Abwässer der Schwemmkanalisation nach Grobreinigung für 40 Minuten bei einer Durchflußgeschwindigkeit von 2 cbm/sec aufnehmen und reinigen sollte.

Aufgrund einer Reihe von Einsprüchen, vor allem der Stadt Worms als Unteranlieger am Rhein, verzögerte sich der Baubeginn für diese Maßnahmen jahrelang. In Mannheim, dessen Einwohnerzahl am 1. 12. 1900 ca. 141000 betrug, mußten daher noch ca. 120000 cbm Fäkalien aus 5000 Gruben abgefahren werden. Das Material wurde in der Regel für landwirtschaftliche Zwecke verwendet. Obwohl die Fäkaliengruben nach der Genehmigung von 1892 nicht an das Kanalnetz angeschlossen sein durften, hatten aber tatsächlich viele Gruben einen Überlauf zu den Kanälen, so daß größtenteils ungeklärte Abwässer die Neckarmündung erreichen konnten. Besonders besorgniserregend waren die Zustände in einigen jüngst eingemeindeten Stadtteilen wie Waldhof und Käferthal, wo die Abwässer z. T. in Teichen oder der

Neckarau verfaulten. Erst nach der Erstellung verschiedener Gutachten konnte ab 1903 mit der Arbeit an der projektierten Kanalisation und Kläranlage begonnen werden.[18]

Wie dringend erforderlich praktische Maßnahmen zur Abwässerreinigung geworden waren, ergibt sich aus einem Blick in die Statistik der vorhandenen Abwasserkläranlagen. Obwohl um 1910 bereits einige Verbesserungen eingeleitet worden waren, ergab sich insgesamt ein beunruhigendes Bild. Zwar besaßen nur vier der 45 größten Städte Preußens gar keine Reinigungsanlage, doch ist der Wirkungsgrad der mechanischen Anlagen, mit denen die meisten ausgerüstet waren, damals nur sehr gering gewesen. Mehr als die Entfernung relativ grober Bestandteile der Abwässer konnte dadurch nicht erreicht werden. Dieser mechanischen Verfahren bedienten sich vor allem die Anliegerstädte großer Flüsse wie z. B. Köln, Düsseldorf, Hannover und Stettin, die ja in der Tat durch die relativ starke Wasserführung, wenigstens im Winter, und durch die relativ große Selbstreinigungskraft der Flüsse ihre Abwässer rasch und billig loswurden. Hingegen waren besonders die Anlieger langsam fließender Gewässer mit geringer Transportkraft und geringer Sauerstoffdurchmischung auf die Verwendung der etwas aufwendigeren Rieselfelder angewiesen.

Tabelle 2: Abwässerreinigungsverfahren in den 45 größten preußischen Städten (ca. 1910)[19]

Größenordnung der Städte in 1000 Einw.	Reinigungsverfahren					
	mechanische	chemische	biologische a)	biologische b)	gemischt c)	keine
> 200	6	–	–	7	2	–
200–100	8	–	3	3	1	4
< 100	6	1	–	2	2	–
insgesamt	20	1	3	12	5	4

a) Tropfkörper
b) Rieselfelder
c) mechanisch und biologisch

Einen wesentlichen Anteil an der Gewässerverschmutzung hatten damals wie heute die Industrien. Obwohl die Abwässerreinigung bzw. -einleitung durch die Gewerbekonzession geregelt wurde, konnten sich höchst bedenkliche Zustände entwickeln. Aufgrund der technischen Gegebenheiten waren an der Wasserverschmutzung Montan-, chemische Industrie, sowie Zucker- und Papierfabriken besonders stark beteiligt.

So ließ etwa die Badische Anilin- und Sodafabrik aus sechs Ausläufen maximal 870 l/sec in den Rhein bei Luwigshafen. Die rote Färbung der Abwässer ließ sich 1902 bis auf die Höhe von Worms, also etwa 15 km unterhalb des Einlasses verfolgen. Nach Angaben der Fabrik enthielten im Mittel 1 cbm Abwasser 4,41 kg Trockensubstanz, 1,03 kg Schwefelsäure und 0,14 kg Kalk, wobei jeweils alle enthaltenen Säuren und Basen auf Schwefelsäure bzw. Kalk umgerechnet waren. Da nach Meinung der BASF der Rhein 134 g Schwefelsäure pro cbm Wasser abstumpfen könne, wurde der Säuregehalt des Abwassers von der Werksleitung für unschädlich gehalten.

Eine rapide Verschlechterung des für organisches Leben so wichtigen Sauerstoffgehaltes im Rhein scheint sich bereits im ersten Jahrzehnt dieses Jahrhunderts in Gutachten niedergeschlagen zu haben. So kamen Sachverständige, die als Beauftragte der Bayerwerke Leverkusen mit der Absicht arbeiteten, die Firma vor Eingriffen der Gewerbeaufsicht zu schützen, zu folgender Feststellung: 1903 betrugen die Sauerstoffwerte 6,2 ccm/1 oder: „die rechtsrheinische Industrie (hat) am Unterrhein nicht nachweisbare Spuren hinterlassen", lautete die Gesamtbeurteilung für den Niederrhein. 1913 schwankte der Sauerstoffgehalt bereits um nur 5,6 ccm/l, was einer Verminderung um ca. 10% entspricht. Unterhalb der Wuppereinmündung, wo besonders viel Schmutzwasser u. a. von den Bayerwerken in Wuppertal in den Rhein gelangte, betrug der Sauerstoffgehalt gar nur 4,62 ccm/l. Für die Bayerwerke ergab sich daraus der Schluß: „Auf die biologischen Vorgänge der Selbstreinigung des Flusses haben die Leverkusener Abwässer nur einen minimalen hemmenden Effekt, der auch lokal eng begrenzt ist . . ."[20] Abhilfe gegen derartige Ansichten und ihre Folgen für den Zustand der Gewässer war vorerst nicht in Sicht.

2.1.1.2. Bemühungen um ein Reichswassergesetz

Diesen Zuständen bei der Abwässereinleitung in Flüsse und sonstige Gewässer stand das Deutsche Reich weitgehend machtlos gegenüber, da die politische Struktur des Reiches die gesetzgeberischen und verwaltungsmäßigen Zuständigkeiten in diesem Bereich den einzelnen Bundesstaaten überließ. Daraus erwuchsen besondere Nachteile für die Anlieger solcher Gewässer, die Abwässer aus mehreren Bundesstaaten aufnahmen. Petitionen aus der Bevölkerung, von Gemeinden und Verbänden sowie Mahnungen von Reichstagsabgeordneten, die auf Beseitigung der Umweltverschmutzungen drängten, häuften sich allmählich. Bereits 1878 hatte der Deutsche Landwirtschaftsrat, eine mächtige Organisation der Landwirtschaftskammern und Großgrundbesitzer, folgende Entschließung gefaßt:

„In Erwägung, daß die Ableitung der Fäkalien in die Flüsse, abgesehen von der Verschwendung der im Interesse einer gesunden Volkswirtschaft zu erhaltenden Dungstoffe, in einer die Gesundheit schädigenden Weise stattfindet, beschließt der Deutsche Landwirtschaftrat: An den Herrn Reichskanzler die Bitte zu richten, durch ein Reichsgesetz aufgrund der Reichsverfassung Art. 4 Nr. 15 Normativbestimmungen festsetzen zu wollen, unter denen die Einleitung des Kloakenwassers und schädlicher Abgänge aus Fabriken und technischen wie anderen Gewerben in die Flüsse gestattet werden kann."

Auf diese Initiative hin hatte die Reichsregierung eine Antwort formuliert, die auch in den folgenden Jahrzehnten die Reichspolitik in der Abwässerfrage bestimmte: Es sei unmöglich, ein Normmaß für alle Gewässer zu bestimmen, da überall die örtlichen Verhältnisse für das Ausmaß von Gefahren bestimmend seien. Demzufolge überließ die Regierung die Abwässerfrage sich selbst bzw. den Bundesstaaten.[21] Weitere Proteste aus der Öffentlichkeit bewirkten dann 1899 einen Reichstagsbeschluß, der die Reichsregierung aufforderte, eine Kommission für die Aufsicht über die zwischenstaatlichen Gewässer zu bilden. Dazu war die Reichsregierung jedoch nicht bereit. Staat dessen wollte sie – als vergleichsweise erheblich schwächere Maßnahme – den Versuch unternehmen, durch Koordination und Unterstützung gutachtlicher Tätigkeiten für die Reinhaltung der Gewässer zu wirken. Dazu wurde durch Beschluß des Bundesrates vom 25. 4. 1901 ein Reichsgesundheitsrat gebildet, von dessen Abteilungen sich eine gutachterlich mit Wasserversorgung und Abwässerbeseitigung befaßte.

Daß dies eine höchst unbefriedigende politische Handlungsgrundlage war, war den Kennern der Materie und den Verantwortlichen in einigen Städten völlig klar. Deswegen kam die Agitation für energischere Maßnahmen vorläufig nicht zur Ruhe.

Um gegen die sich verschlimmernden Zustände Abhilfe zu schaffen, verlangten die Städte Worms und Speyer in einer Petition an den Reichstag nochmals eine Reichskommission; der Internationale Verein zur Reinhaltung der deutschen Flüsse und Gewässer forderte wie der sozialdemokratische Reichstagsabgeordnete und spätere Kanzler der Weimarer Republik, Scheidemann, ein Reichsgesetz zur Regelung der Abwässerbeseitigung. Obwohl die Klagen jahrelang vorgetragen wurden und ihre Berechtigung auch von seiten der Reichsregierung zugegeben wurde, bestanden erhebliche politische Widerstände gegen durchgreifende Maßnahmen des Reiches. Die deutsche Industrie und ihre politische Interessenvertretung in der nationalliberalen und der freikonservativen Partei wollten eine Reichsregelung verhindern und trafen sich mit der abwartenden Haltung der Reichsregierung.

„Der Himmel bewahre uns ... vor einem Reichsabwässergesetz", so beschwor einer der angesehensten und einflußreichsten Männer der deutschen Industrie, Carl Duisberg von den Farbwerken Bayer, die höheren Mächte. Ganz deutlich warnte er die irdischen vor einer ernsthaften Aktivität gegen die Wasserverschmutzung, als er 1912 auf der Verbandstagung der chemischen Industrie das später noch so oft wiederholte „Konkurrenzargument" vorbrachte: „Man soll uns ... nicht mit einem Reichsabwässergesetz Schwierigkeiten bereiten, wo jeder Mann weiß, daß die chemische Industrie ohne Abwässer gar nicht leben kann, und wir doch zu denen gehören, die große wirtschaftliche Werte schaffen ..." Dem Argument, die wirtschaftliche Leistungsfähigkeit eines Wirtschaftszweiges müsse erhalten bleiben, haben sich bis heute die Regierungen selten verschlossen.

Die damalige Regierung des Deutschen Reiches hatte denn auch schon im Jahre 1904 durch den damaligen Innenminister Graf von Posadowsky-Wehner erklären lassen:

> „Die große Schwierigkeit der Frage ist nur, wie man die Interessen der Landeskultur, der allgemeinen Gesundheitspflege und die Interessen der Industrie miteinander in Einklang bringen kann. In dieser Frage wird sich deshalb so schnell eine feste Grundlage der Entschließung nicht finden lassen."

Mit der Feststellung, daß ja einige städtische Abwässerreinigungsanlagen bereits in Angriff genommen worden seien und damit „immerhin ein erfreulicher Anfang gemacht" sei, versuchte Posadowsky-Wehner gebotenen Entscheidungen und Aktivitäten auszuweichen.[22]

Andere hohe Behördenvertreter wie der Leiter des Reichsgesundheitsamtes Bumm bezeichneten es zwar als eine „Hauptaufgabe, welche dem Staate heutzutage auf dem Gebiete der Gesundheitsfürsorge obliegen“, die Flußläufe nach Möglichkeit von Verunreinigungen freizuhalten, aber die Abwässereinleitung müsse unter Bedingungen und Auflagen zum Gesundheitsschutz gestattet werden. Doch hielt es Bumm für unnötig und unmöglich, dazu allgemeine Regeln aufzustellen; auch sei wegen der Verschiedenartigkeit des Wasserrechts in den deutschen Bundesstaaten ein allgemein gültiges Reichsgesetz nicht angebracht. Statt dessen empfahl er abzuwarten, ob sich die Arbeit des Reichsgesundheitsrates bewähre, da zu hoffen sei, daß das Ansehen der „hervorragenden Sachverständigen“ der Arbeit des Rates die nötige Beachtung sichern werde.

Bumms Äußerungen basierten sicherlich auf höchstem Vertauen in die Überzeugungskraft wissenschaftlicher Argumente; für die letztlich politisch zu treffenden Entscheidungen über mehr oder weniger Abwässerreinigung war dieser Glaube irrelevant.[23]

Auch als neue Formen der Wasserverschmutzung zunahmen – so etwa die Chlormagnesium enthaltenden Endlaugen der sich rasch entwickelnden Kaliindustrie –, wodurch Trinkwasserversorgung, landwirtschaftliche Nutzung und industrielle Brauchwasserversorgung erheblich erschwert wurden, kam es nicht zu durchgreifenden Reichsmaßnahmen. Zwar forderte nun 1912 derselbe Posadowsky-Wehner als Reichstagsabgeordneter eine reichsgesetzliche Regelung mit der einsichtigen Begründung, selbst nützliche Industrien „dürfen sich nicht entwickeln zum Schaden der Gesundheit der beteiligten Bevölkerung und zum Schaden wohlerworbener älterer Rechte“; doch mußte er sich ebenso wie frühere Petenten von nunmehrigen Innenminister Delbrück mit Versprechen auf behördliche Prüfung und dem Verweis auf Absprachemöglichkeiten zwischen den Bundesstaaten vertrösten lassen.

Immerhin kann es 1912/13 wegen der zunehmenden Beschwerden zu Kontakten zwischen den verschiedenen Regierungen der deutschen Bundesstaaten; in diesen Vorgesprächen versuchten die Regierungen zu klären, wieweit überhaupt Interesse an einer reichsgesetzlichen Regelung und damit ja an einem Eingriff in die Rechte der Einzelstaaten vorhanden war. Für einen Augenblick schien es so, als habe ein Reichsabwässergesetz gewisse Chancen; denn der mächtigste Einzelstaat, Preußen, zeigte zu diesem Zeitpunkt auf verschiedenen Ebenen ein geschärftes Problembewußtsein in der Abwässerfrage. Preußen war

Unteranlieger aller wichtigen deutschen Flüsse und damit auch besonders stark mit der zunehmenden Verschmutzung konfrontiert.

Deshalb ergriff Preußen die Initiative. In einem Schreiben des preußischen Ministeriums für Handel und Gewerbe an den Reichskanzler wurde die Notwendigkeit kommissarischer Beratungen der Bürokratie über ein Reichsabwassergesetz dargelegt. Zum gegenwärtigen Zeitpunkt (1912) sei eine „Reinhaltung" der Flüsse in Deutschland letztlich undurchführbar, weil sich die verschiedenen Bundesstaaten nicht einigen könnten. Besonders die Verhältnisse am unteren Main und an der Elbe seien besorgniserregend. U. a. weigerten sich die damaligen vier thüringischen Bundesstaaten ihre Kaligrubenabwässer entsprechend den Vorschlägen des Reichsgesundheitsrates zu klären. „Angesichts der schlimmen Erfahrungen", die bei der Durchführung des Bundesratsbeschlusses vom 25. 4. 1901 gemacht worden seien, müsse zumindest eine Ergänzung zum § 16 der GWO für gewerbliche Abwässer, besser aber ein Reichswassergesetz verabschiedet werden. Das Ministerium hielt dafür auch die verfassungsmäßigen Voraussetzungen für gegeben. Unter Berufung auf Artikel 4 Nr. 15 der Reichsverfassung von 1871 stehe dem Reich die gesetzliche Regelung der Medizinal- und Veterinärpolizei zu, was eine ausreichende Grundlage für eine gesetzgeberische Maßnahme darstelle. In der Anlage wurde ein Gesetzentwurf beigelegt.

Diese Initiative führte zu entsprechenden Beratungen am 30. 11. 1912, an denen u. a. die interessierten preußischen Ministerien, die Reichsämter (Ministerien) des Inneren und der Justiz sowie das Reichsgesundheitsamt teilnahmen. Der vorgelegte Gesetzentwurf erfuhr zwar redaktionelle Änderungen, blieb aber im wesentlichen unverändert. Er sah gemeinsame Richtlinien der Bundesstaaten für die Belastung von Gewässern vor, nach denen Gewerbegenehmigungen bzw. Abwassereinleitungsgenehmigungen erteilt werden sollten, sowie ein Verfahren für die Regelung von Konflikten zwischen den Bundesstaaten vor. Der abgeänderte Entwurf wurde allen Staatsregierungen zur Stellungnahme vorgelegt; daher war erst Ende 1913 ein Fortgang der kommissarischen Beratungen möglich. Ein erneut (im Januar 1914) geänderter Entwurf ging den Regierungen im April 1914 zu. Im August ließ sich resümieren, daß nur zwei Staaten, Baden und Sachsen („Bedürfnis liegt nicht vor") starken Widerstand zeigten, während einige andere, so Hessen und Braunschweig in ihrem Urteil schwankten. Da angesichts der Kriegslage die föderalen Interessen nur schwer zu vereinen waren und die Reichsregierung auch keinerlei Druck auf die Einzelstaaten ausübte, scheiterten die Bemühungen. Erst nach dem Weltkrieg wurden die Vorarbeiten zu einem Reichsabwassergesetz wieder aus den Schubladen geholt.[24]

So wurde von der Reichsregierung vertagt, verschoben, verzögert, was als reichsgesetzliches „Eingreifen und Vorgehen gegen die Flußverseuchung und die Luftverpestung“ angebracht und angemessen gewesen wäre. Daß „die Macht des Kapitalismus . . . auf diesem Gebiet eine Grenze gesteckt bekommen“ müsse, daß das Reichsgesundheitsamt „viel mehr Initiative ergreifen sollte auf dem Gebiet der Gewässerreinhaltung“,[25] scheiterte vor dem Weltkrieg im wesentlichen an vier Umständen. Zum ersten stellte in der Tat die verfassungsmäßige Struktur des Reiches als Bündnis verschiedener Staaten ein erhebliches Hindernis für Kompetenzausweitungen der Zentrale dar. Zudem konnte die Reichsregierung darauf verweisen, daß die Bundesstaaten sich allmählich einzeln dieser Angelegenheit annahmen. Zweitens stützte sich die Reichsregierung in den Jahren vor dem Weltkrieg auf einen Block konservativer und rechtsliberaler Parteien, in denen die letztlich einer Abwässerreinigung zurückhaltend und ablehnend gegenüberstehende Industrie eine wichtige Einflußmöglichkeit und Durchsetzungskraft hatte. Drittens fehlte es an entsprechendem organisiertem Druck der Betroffenen. Bemerkenswert ist, daß die verschiedenen Vorstöße in bezug auf ein Reichsgesetz nur von einzelnen Abgeordneten, nie aber von Fraktionen unternommen wurden. Einzelne Abgeordnete konnten offensichtlich von ihrer lokalen Wählerschaft oder Gruppen der Wählerschaft gedrängt werden, im Reichstag für die Abwässerreinigung einzutreten; sonst hätte es möglicherweise bei Wahlen Nachteile geben können. Viertens erwies sich das allgemeine Problembewußtsein in dieser Frage als völlig unterentwickelt bzw. stand das Umweltbewußtsein oder auch Gesundheitsbewußtsein noch recht weit zurück in der Skala politisch-sozialer Prioritäten. Was eine sichere Wasserent- und damit auch -versorgung zur Qualität der Lebensführung oder auch nur zum volkswirtschaftlich günstigen Kosten-Nutzen-Verhältnis beitragen konnte, erschien damals angesichts der allgemeinen sozialen Unsicherheit und politischen Einschränkungen großer Teile der Bevölkerung als nachrangig. Schließlich ermöglichten die genannten Umstände, daß die Reichsregierung und ihre Behörden, preußisch deutschem Herrschaftsideal folgend, Ansätze parlamentarischer Einflußnahme ins Leere laufen lassen und dem verwaltenden Regieren durch Reglementierungen statt des Dienstleistens sich widmen konnte. Autonome Ineffizienz und arrogantes Non-Decion-Making war der Bürokratie lieber als gesetzlich verantwortetes, d. h. parlamentarisch mitbestimmtes Verwaltungshandeln.

Obwohl das Ende des Weltkrieges eine wesentliche Veränderung der politischen Rahmenordnung mit sich brachte, obwohl die Funktion und die Möglichkeiten des Reichstages und der Parteien entscheidend verbessert und die Exekutive schärferer Kontrolle unterzogen werden konnten, gelang keine Neuregelung der Wasserreinhaltung auf Reichsebene.

Nach Artikel 97 der Weimarer Verfassung gingen zwar die Wasserstraßen, die dem allgemeinen Verkehr dienten, in das Eigentum und die Verwaltung des Reiches über. Strom und Schiffahrtspolizei auf diesen Wasserstraßen standen damit dem Reich zu. Doch nachdem die Übertragung auf das Reich stattgefunden hatte, stellte sich die Frage, wer nun für die Reinhaltung der Reichswasserstraßen und damit die Kontrolle, aber auch Finanzierung und Planung von Reinhaltungsmaßnahmen zuständig sein sollte. Nach damaliger Auffassung schloß der Rechtsbegriff der „Strompolizei“ eigentlich diese Aufgaben ein; damit hätten sie wenigstens für die großen Flüsse im Kompetenzbereich der Reichsregierung gelegen. Die Länder, allen voran Preußen, stellten sich allerdings auf den Standpunkt, daß die Wasserreinhaltung in erster Linie eine gesundheitspolitische Frage sei und somit in den Zuständigkeitsbereich der Länder gehöre. Wenn diese Auffassung auch rechtlich nicht unbestritten bleiben konnte, so enthielt sie doch ein hohes Maß an praktischer Vernunft. Dem Reich fehlten nämlich eine geeignete Verwaltungsbehörde und geeignete Rechtsvorschriften, die eine zweckdienliche Reinhaltungspolitik ermöglicht hätten.

In der Praxis führte dies zu einem kuriosen Zustand. Die entstehende Reichswasserstraßenverwaltung übernahm, nachdem Preußen und andere beteiligte Länder eingelenkt hatten, die Aufgaben der Strompolizei und damit die Sorge für die Wassereinhaltung. Dabei wendete die Reichswasserstraßenverwaltung aber allgemein das jeweils gültige Landesrecht an. Dies bedeutet, daß nach wie vor an ein und demselben Wasserlauf verschiedenes Recht angewendet wurde. In Süddeutschland kam es noch zu verzwickteren Lagen. Hier wurde das Recht der Strompolizei nach wie vor von den Landesbehörden, in Bayern z. B. dem

Landrat in Anspruch genommen. Häufige Konflikte waren die notwendige Folge.

Seit 1923 versuchte das Reichsinnenministerium, diese unbefriedigende Lage durch ein Reichsgesetz zu ändern. Vor allem „zur Verhütung gesundheitlicher Schäden" – denn dazu besaß das Reich die notwendigen Kompetenzen – versuchte das Ministerium eine gesetzliche Regelung für die Reinhaltung der Reichswasserstraßen vorzubereiten. In einem entsprechenden Entwurf war vor allem die Aufstellung von Richtlinien für die Gewässerbelastung vorgesehen; diese Richtlinien sollten in Übereinstimmung beschlossen und ihre Anwendung durch eine Flußüberwachung kontrolliert werden. Im Kern wurden damit die Gedanken wieder aufgegriffen, die bereits im Gesetzentwurf von 1914 enthalten gewesen waren. Das Reichsinnenministerium sandte den Reichsländern diesen Entwurf im August 1923 zur Stellungnahme zu.

Die eingehenden Antworten ließen im Ministerium die Hoffnungen keimen, man könne vielleicht tatsächlich eine Lösung erreichen. Während nach einer Übersicht des RMdI Preußen, Mecklenburg, Braunschweig und Hessen für eine generelle Regelung bei allen größeren Flüssen und Gewässern plädierten, waren die Länder Bayern, Sachsen, Oldenburg und Hamburg nur mit einer Regelung einverstanden, die die mehreren Ländern gemeinsamen Flüsse erfaßt hätte. Ein hartes Nein kam von Baden, Württemberg und Thüringen. Diese Lage ermutigte die Verantwortlichen im RMdI dazu, eine gemeinsame Besprechung mit Vertretern der Länder abzuhalten, um noch bestehende Probleme zu diskutieren und Bedenken eventuell auszuräumen.

Wieder Erwarten endete die Konferenz am 5. 12. 1925 aber mit einem Fiasko. Ohne das RMdI vorab zu informieren, hatten sich die leitenden Beamten der preußischen Regierung – anscheinend ohne eine Beteiligung der Minister und Staatssekretäre – darauf geeinigt, das Ruder herumzuwerfen. In einer Konferenz am 2. 5. 1925 hatten sich die preußischen Ministerialbeamten unter dem Eindruck der Argumente, die vom preußischen Handelsministerium durch seinen Vertreter v. Meyeren vorgetragen wurden, dahingehend verständigt, daß Preußen nunmehr kein so großes praktisches Interesse an Verbesserungen in der Gesetzgebung habe wie vor dem Weltkrieg. Preußen habe nicht mehr den früheren entscheidenden Einfluß in der Länderkammer, da die Mehrheitsverhältnisse im Reichsrat gegenüber dem Bundesrat für Preußen ungünstiger waren. Dementsprechend wäre es für Preußen schwieriger gewesen, beim Erlaß von Reinhaltevorschriften durch den Reichsrat Bestimmungen zu seinen Gunsten durchzusetzen. Als die preußischen Vertreter in der Konferenz des RMdI diese neue Position Preußen in der Abwassergesetzfrage darlegten, war die Konferenz praktisch gescheitert. Dem leitenden Beamten aus dem RMdI blieb nicht mehr an Möglichkeiten, als auf die Inkonsistenz der preußischen Argumentation im Verlauf der Jahre 1923–25 hinzuweisen.

Bei dieser Haltung Preußens blieben auch die Versuche des Reichstags erfolglos, im Frühjahr 1926 durch Entschließungsanträge und Resolutionen die Ausarbeitung eines Abwassergesetzes zu fördern. In der Reichsbürokratie wurden weitere Bemühungen offensichtlich für aussichtslos erachtet und neue Initiativen nicht mehr unternommen.[26]

Die große Chance, die doch recht unverständliche Engstirnigkeit regionaler Autoritäten zu überwinden, bot sich der nationalsozialistischen Regierung. Durch das Gesetz über den Neuaufbau des Reiches vom 30. 1. 1934 wurden die alten Länder zerschlagen, und die Reichsregierung erhielt Gelegenheit, ihre umfassenden Vollmachten in der Gesetzgebung auch auf dem Gebiet des Wasserrechts einzusetzen. Vorarbeiten für ein Reichswassergesetz wurden sofort aufgenommen. 1936 wurde ein Ausschuß der Akademie für deutsches Recht mit der Erarbeitung eines umfassenden Gesetzeswerkes beauftragt, die in Absprache mit Sachbearbeitern des Reichsministeriums für Ernährung und Landwirtschaft erfolgte. Ungeachtet der Tatsache, daß auch andere Ministerien und Behörden des nationalsozialistischen Staatsgebildes Beteiligung hätten fordern können, wurde der Reichskanzlei am 25. 8. 1941 von der Deutschen Akademie ein Entwurf eines umfassenden Reichswassergesetzes übersandt. Dieser Entwurf ging von der Voraussetzung aus, daß alle Gewässer der Verfügung des Reiches unterstünden – dies, obwohl formal gesehen die Kompetenzteilungen zwischen Reich und Ländern weiterbestehen geblieben waren. Für die Abwassereinleitung sah der Entwurf in seinem § 44 vor, daß das zuständige Reichsministerium die Einleitung aus eigener Haushaltung und Wirtschaft im Rahmen des Gemeingebrauchs genehmigen könne. Für die Einleitung aus gemeinschaftlichen Anlagen und für allen sonstigen „Sondergebrauch“ war jeweils die ausdrückliche behördliche Genehmigung nach einem ordentlichen Planfeststellungsverfahren vorgesehen. Im Planfeststellungsverfahren sollten die Genehmigungsunterlagen einen Monat lang ausgelegt werden, um hinreichend Zeit für die

Formulierung von Einwendungen zu geben. Ausdrücklich wurde in dem Entwurf die Möglichkeit nachträglicher Auflagen eingeräumt. Diese sollten sogar ohne Vorbehalt möglich sein, wenn sie im Interesse der „Volksgemeinschaft" lägen. Ebenso nachdrücklich wurde die Aufhebung von § 16 der GWO hinsichtlich solcher Anlagen verlangt, die Sondergebrauch von Gewässern in Anspruch nehmen wollten; dementsprechend hätten für gewerbliche Anlagen u. U. zwei Genehmigungsverfahren stattfinden müssen.

Daß die Verwirklichung der im Gesetzentwurf niedergelegten Intentionen die bisherige Rechtslage ganz wesentlich im Sinne des Gewässerschutzes verbessert hätte, muß ungeachtet der ideologischen Herkunft der leitenden Gedanken zugestanden werden. Wegen seiner scharfen Formulierungen für die Genehmigungsverfahren, die noch durch Vorschläge für verschärfte Strafen bei Verstößen ergänzt wurden, stieß dieser Gesetzentwurf auf heftigen Widerstand der deutschen Industrie und der Wasserwirtschaft. Die Wasserwirtschaft nahm eine Neubearbeitung in eigener Regie vor; das 1944 vorgelegte Ergebnis dieser Bemühungen konnte aufgrund der Kriegsereignisse ebenso wenig wie der Entwurf der Deutschen Akademie für die Zukunft bedeutsam werden.[27]

2.1.1.3. Das preußische Wasserrecht

Obwohl die Wasserreinhaltung in Preußen auf einer langen gesetzgeberischen Tradition beruhte, mußte um die Jahrhundertwende konstatiert werden, daß diese Gesetzgebung weitgehend unzureichend und wirkungslos geblieben war.

Zunächst gab es nur eine landeseinheitliche Regelung in Preußen, nämlich das Verbot solcher Verunreinigungen, die fremde Fischerrechte schädigen konnten (Fischereigesetz vom 30. 5. 1874). Die wichtigsten übrigen Regelungen (a) Kabinettsorder vom 24. 2. 1816 und (b) Privatflußgesetz von 1843 untersagten lediglich (a) Gewerbetreibenden/(b) gewerblichen Anlagen (a) das Hineinwerfen fester Stoffe in schiffbare und flößbare Flüsse und Kanäle, (b) Verunreinigungen, die sich auf die Wasserversorgung auswirken konnten oder eine Belästigung für das Publikum darstellten. Letztlich erwuchsen noch indirekt Gebote zur Vermeidung von Verunreinigungen aus dem

Zivilrecht, hier jedoch nur soweit, wie das Gemeinübliche überschritten wurde. Der Rückgriff auf das Allg. Landrecht (II,17 § 10) ermöglichte allerdings zur „Erhaltung der allgemeinen Sicherheit und Ordnung und zur Abwendung von Gefahren“ Eingriffe der Polizei.

Die Problematik solcher allgemein gefaßten Bestimmungen leuchtet unmittelbat ein. Nur in kleinem Umkreis, ohne nur den Zusammenhang der Gewässerläufe untereinander zu beachten, waren mehr oder weniger willkürliche Einschränkungen und Eingriffe möglich, die der in Preußen verankerten Tradition der Rechtsgleichheit widersprachen, und letztlich dem Unverfrorenen oder wirtschaftlich und politisch Einflußreichsten kaum Beschränkungen auferlegten. Weder Art noch Menge der wasserverunreinigenden Stoffe waren in irgendeiner Weise festgelegt, noch gab es einheitliche Regelungen etwa darüber, wie Städte ihre Abwässer zu reinigen hätten.

Verschärft wurde das Problem durch die Tatsache, daß reichseinheitliche Regelungen weitgehend fehlten und die Bundesstaaten in der Frage der Abwässerbeseitigung kaum zusammenarbeiteten. Wie bereits gesagt, betraf dies Preußen als Unteranlieger aller wichtigen deutschen Flüsse in besonderem Maße negativ. Außerdem hinkte die preußische Wassergesetzgebung um 1900 deutlich hinter der Entwicklung in anderen wichtigen Staaten des Reiches her. Hessen, Baden und Würtemberg verabschiedeten ihre Wassergesetze jeweils 1887, 1899 und 1900, Sachsen folgte 1909.

Dieser Zustand der gesetzlichen Regelungen in Preußen war völlig ungeeignet, den durch Industrialisierung und Verstädterung anfallenden Berg von Abfall- und Schadstoffen in geordneten Bahnen zu beseitigen, ohne Gefährdungen und Belästigungen hohen Ausmaßes herbeizuführen. Insbesondere die Typhusepidemie in Preußen (1866) und die Choleraepidemien 1892/1901 machten die Öffentlichkeit auf das Problem hygienisher Wasserversorgung und folgerichtig später auch auf die Wasserreinhaltung aufmerksam, da ja damals wie heute vielerorts das Trinkwasser der einen aus dem gebrauchten Wasser der anderen aufbereitet wurde bzw. wird.[28]

Nachdem bereits in den Jahren vor 1900 sehr häufig von einzelnen Abgeordneten des Preußischen Landtags das Problem der Verunreinigung der Gewässer angesprochen worden war, hatte der Landwirtschaftsminister diesbezüglich bereits 1897 eine baldige inhaltliche Verbesserung des Wasserrechts in Aussicht gestellt. Da die Regierung jedoch untätig blieb, brachte der Abgeordnete v. Eynatten bei der

Haushaltsberatung 1901 den Antrag ein, die Regierung um eine baldige Vorlage eines Wassergesetzentwurfes zu ersuchen, „Das Haus der Abgeordneten wolle beschließen: Die königliche Staatsregierung zu ersuchen, alsbald einen Gesetzentwurf über das Wasserrecht vorzulegen, welcher insbesondere die Beseitigung der zunehmenden Verunreinigung der Flüsse und Bäche durch die Abwässer industrieller Werke ermöglicht.“ Mit der Debatte, welche sich aus diesem Antrag ergab, wurde ein Anstoß gegeben, der Jahre später in einer vergleichsweise modernen Lösung der Wassereinhaltungsgesetzgebung endete. Diejenigen, die wie Eynatten eine solche gesetzliche Regelung befürworteten, konzentrierten ihre Argumentation auf folgende sachliche Schwerpunkte:

1. Fischerei und Landwirtschaft würden durch die zunehmende Wasserverschmutzung unerträglich beeinträchtigt und
2. Gefahren für Gesundheit und Leben würden immer akuter.

Im Gegensatz zur Naturerhaltung (etwa des Siebengebirges), die aus „Schönheitsrücksichten“ erfolge, handele es sich hier um wachsende reale Gefahren und Schäden. Obwohl man die Schwierigkeiten einer einheitlichen gesetzlichen Regelung nicht verkenne, gehe es nicht länger an, daß Kommunen und Industrien sich weiter hinter Einwänden verschanzten, daß Verfahren und Kosten der Wassereinhaltung nicht genau bestimmt werden könnten. Wenn die Regierung nicht bald eingreife, werde das Land die Schäden und Unannehmlichkeiten, die Stadt den Nutzen der Abwässerbeseitigung und Kostenersparnis haben.[29] Durch eine deutliche Betonung eines Stadt-Land-Gegensatzes wurde von den Befürwortern einer gesetzlichen Regelung zwar eine gewisse romantische, industrie- und entwicklungsfeindliche Haltung geäußert, die sich hier aber als starker Antrieb für eine wichtige Problematik der gesamten Gesellschaft erwies. Konservative Vertreter agrarischer Interessen wie v. Eynatten waren daher führend in den Bestrebungen um verbesserte Wasserreinhaltung; allerdings wurden sie von städtischen Interessenvertretern von Zentrums- und liberaler Provenienz tatkräftig unterstützt. Weniger einig als in der Ablehnung weiterer Verunreinigungen der Gewässer waren sich Zentrums- und liberale Abgeordnete hinsichtlich der Ursachen der Verschmutzung: einzelne versuchten, die Industrie gegen die Städte bzw. deren abfallerzeugenden Wohnbevölkerung in Schutz zu nehmen.[30] Dies beleuchtet, wie wenig damals über den Kreis relativ weniger Experten hinaus über Art und Umfang der Wasserverschmutzung in der Öffentlichkeit bekannt war. So beriefen sich auch die Befürworter energischer Maßnahmen eher auf die Erfahrungswerte, die Augen und Nasen liefern konnten, als auf empirische naturwissenschaftliche Untersuchungen.

Insgesamt wurde aber im Preußischen Abgeordnetenhaus zu diesem Zeitpunkt über die Notwendigkeit von Maßnahmen kaum mehr gestritten; deswegen wurde die Frage nach der Art der Gegenmaßnahmen zur eigentlichen Streitfrage, hinter der sich vielleicht auch prinzipieller Widerstand verbergen ließ. Strittig war erstens, welche staatlichen Maßnahmen ergriffen werden sollten, und zweitens, welche Art der Reinigungsverfahren zu treffen waren. Obwohl die preußische Staatsregierung den Entwurf eines enheitlichen Wasserrechtsgesetzes nicht rundheraus ablehnte, vertrat sie in der Tendenz eine autoritäre Auffassung: sie wollte das Problem durch Polizeiverfügungen und organisatorische Veränderungen innerhalb der Behörde in den Griff bekommen. Ein neues Gesetz sei dann überflüssig und könne den Einzelfällen ohnehin nicht gerecht werden.

Hier widersprachen der Antragsteller v. Eynatten und die Zentrumspartei mit dem berechtigten Hinweis, daß die bisherigen Gesetze und Verordnungen sich ja gerade als wenig wirksam erwiesen hätten und daß Polizeiverfügungen von den Behörden einseitig zugunsten der Industrie angewendet würden, so daß ein Schutz der Betroffenen nicht zureichend gewährleistet sei.[31] Dennoch setzte die preußische Staatsregierung die Erarbeitung eines Runderlasses fort, die bereits im Vorjahr begonnen worden war. In diesem Erlaß, der kurz nach der Debatte im Abgeordnetenhaus veröffentlicht wurde (20. 2. 1901), waren die Grundsätze festgelegt, nach denen die Verwaltung die Beseitigung von Mißständen, d. h. von unzuträglichen Wasserverunreinigungen einleiten sollte. Dabei wurde von der geltenden Rechtslage ausgegangen.

Der Erlaß setzte den Bemühungen um Wassereinhaltung in Preußen folgende Ziele:

„1. Vermeidung der Verbreitung ansteckender Krankheiten oder sonstiger gesundheitsschädlicher Folgen, auch im Hinblick auf die Schiffahrt treibende Bevölkerung;
2. Reinhaltung des für eine Gegend oder Ortschaft zum Trinken, zum Haus- und Wirtschaftsgebrauch oder zum Tränken des Viehes sowie zum Betriebe der Landwirtschaft oder zum Gewerbebetriebe erforderlichen Wassers;
3. Schutz gegen erhebliche Belästigungen des Publikums;
4. Schutz des Fischbestandes.“

Der Erlaß stellte es den Landespolizeibehörden, also vor allem den Oberpräsidien der Provinzen frei, die bestehenden Polizeiverordnungen im Interesse eines besseren Gewässerschutzes zu ändern. In der optimistischen Annahme, daß wegen des allgemeinen Bedarfs an sauberem Wasser die Bemühungen der Behörden „auch bei den betheiligten Erwerbskreisen im Allgemeinen auf Verständnis und Unterstützung rechnen“ dürfe, wurden die Polizeibehörden aufgefordert, von sich aus nicht nur mit Sanktionen, sondern auch durch positive Anregungen für die Wasserreinhaltung tätig zu werden. Als wesentliche Einzelmaßnahmen wurden angeordnet

- schriftliche Berichte der Exekutivbeamten (Gendarmen, Ortspolizei-, Strompolizei-, Fischereibeamten) über wahrgenommene gelegentliche Verunreinigungen,
- Begehungen der bereits stark verunreinigten oder bedrohten Gewässer im Abstand von 2–3 Jahren, an denen Baubeamte, Gewerbe- und Medizinalbeamte teilnehmen sollten; die Begehungen sollten Informationen für angemessene Gegenmaßnahmen liefern.

Gegen Mißstände sollte nach Möglichkeit von Amts wegen eingeschritten und nicht erst die Beschwerde eines Geschädigten abgewartet werden.[32]

Bei der alles entscheidenden Frage aber, nach welchen Kriterien und Regeln Entscheidungen für oder gegen mehr Wassereinhaltung zu treffen seien, gab der Erlaß den Behörden völlig freie Hand bzw. überließ die Behörden sich selbst, und das hieß sicherlich oftmals in der Praxis: ohne Hilfestellung. Wohl sollten „die praktischen Erfahrungen und der jeweilige Stand von Wissenschaft und Technik“ berücksichtigt werden und „die verschiedenen wirtschaftlichen Interessen, insbesondere der Landwirtschaft und der Industrie im Grundsatz als gleichwertig“ behandelt werden; was aber eine „erhebliche Belästigung des Publikums“ sei oder wo die „Vermeidung gesundheitsschädlicher Folgen“ beginnen sollte, mußte für den Beamten vor Ort eine schwierige Entscheidung werden und unter Umständen erst gerichtlich geklärt werden. So wurde der Erlaß einerseits von dem Bemühen geprägt, durch eine aktive „mitdenkende“ Behörde den Verunreinigungen entgegenzusteuern, andererseits wurde mit Naivität festgestellt: „Wässer, welche trübe, gefärbt, mit Geruch behaftet und von schlechtem Geschmack sind, erregen ästhetische Bedenken; sie können zugleich wirtschaftliche Schädigungen verursachen . . . Sie führen zu hygienischen Unzuträglichkeiten . . .“ Diese weltfremd anmutende

Verniedlichung der Probleme war sicherlich bereits damals völlig fehl am Platze. Die Scheu, generelle Leitlinien für die Verwaltungspraxis zu erlassen, konnte zusammen mit der Beauftragung im Grunde nicht oder nur wenig vorgebildeter Vollzugsbeamter keinen aufmerksamen Beobachter zufriedenstellen.

„Verdünnung" der Abwässer hieß daher in der Praxis die Parole, weil die Selbstreinigungskraft der Gewässer überschätzt wurde. Nur dort, wo die Gewässer aufgrund der örtlichen Verhältnisse zu wenig Transportkraft besaßen, sollte die Art der künstlichen Reinigung „von Fall zu Fall unter eingehender Prüfung der Gesamtverhältnisse bestimmt werden", wobei der Methode der Berieselung der Vorzug gegeben werden sollte. Zu der wichtigen Frage der gewerblichen Abwässer hieß es gar lediglich, diese „können oder müssen unter Umständen einer besonderen Behandlung für sich unterzogen werden". Darüber, wie dies gegebenenfals zu geschehen habe, wurde ebenso wenig eine Erklärung abgegeben wie zu dem Problem des Bestandsschutzes, d. h. der Frage, wie mit den Abwässern bereits genehmigter Gewerbebetriebe zu verfahren sei; die Abwässereinleitung solcher Betriebe war ja durch die Genehmigungsurkunde des Betriebes rechtlich abgesichert.[33]

So wundert es nicht, wenn auf der Tagung des Deutschen Landwirtschaftsrates im Jahre 1905 der bekannte Abwasserforscher Prof. König urteilte: „sie (die Ministerialverfügungen) sind richtig und enthalten richtige wie wichtige Gesichtspunkte, aber sie sind auch wiederum zu allgemein und unbestimmt gehalten, als daß sie in den Händen der ausführenden Organe praktische Erfolge zeitigen könnten". Auch wenn es schwierig sei, meinte König, für alle Fälle bestimmte Vorschriften zu machen, könne aber für einige Fälle „schon jetzt ein bestimmtes ‚Veto'" ausgesprochen werden. Um einmal die Kluft zwischen wissenschaftlichem Kenntnisstand und bürokratischer Handlungsbereitschaft zu verdeutlichen, seien hier einige der Vorschläge Königs aufgeführt.

So forderte König, daß prinzipiell Abwässer, die auch nur zeitweise menschliche oder tierische Infektionskeime enthalten könnten, selbst bei günstigen Vorflutverhältnissen, also ausreichend starker und schneller Wasserführung, nicht ungereinigt eingeleitet werden dürften. Abwässer ohne Infektionskeime, aber mit organischen Stoffen belastet, sollten nur bis zu 70 km oberhalb von Trinkwasseraufbereitungsanlagen eingeleitet werden dürfen, wenn Grenzwerte von 500 mg/l nicht überschritten, dreißigfache Verdünnung bei einer Fließgeschwindigkeit von mindestens 0,8m/sec gegeben und die Unversehrtheit des organischen Lebens im Wasser gewährleistet werden könne.

König setzte seinen Forderungskatalog fort mit Grenzwerten für die Temperaturen von Abwässern, Anteile mineralischer Schwebstoffe aus Kohlenwäschereien usw., Chloriden und dem Verlangen nach Unschädlichmachung bzw. Entfernung aller Säuren, Schwermetallsalze und Destillationsrückstände von Raffinerien etc. Bescheiden meinte er, er sei weit davon entfernt anzunehmen, „schon das Richtige getroffen" zu haben; er habe nur „an einigen Beispielen zeigen wollen, wie Grundsätze für die Reinhaltung der Gewässer lauten sollen, damit sie in der Hand der ausführenden Beamten wirklich wirksam werden."[34]

Es erscheint einleuchtend, daß mit diesem Erlaß den vorgetragenen Klagen und Petitionen nicht genügend Rechnung getragen wurde und daher die politischen Bemühungen um eine bessere Rechtsgrundlage für die Wassereinhaltung noch auf Jahre hin Gegenstand heftiger Auseinandersetzungen bleiben mußten. Auch die Gründung der Versuchsanstalt für Wasser- und Bodenhygiene (siehe 2.1.2.2.) konnte kein Ersatz für ein verbessertes Wasserrecht sein.[35]

Einen weiteren Fortschritt in der gesetzlichen Regelung der Abwässerentsorgung in Preußen brachte das Gesetz über die Bildung der Emschergenossenschaft aus dem Jahre 1904. Dies war eine Maßnahme zur Bekämpfung der Wasserverschmutzung, welche Vorbildcharakter für weitere Projekte ähnlicher Art hatte. Die Entstehungsgeschichte dieses Gesetzes verdeutlicht, daß in der damaligen Zeit die lokalen und regionalen Interessen dem Umweltschutz entscheidendere Impulse geben konnten als die Politiker auf Landes- und Reichsebene.

Die Lage der Abwässerentsorgung im Emschergebiet wurde von den natürlichen und wirtschaftlichen Bedingungen her seit der Mitte des 19. Jahrhunderts zunehmend unerträglicher. Neben einem sehr geringen Flußgefälle und damit sehr niedriger Fließgeschwindigkeit des Wassers waren durch das Anwachsen des Bergbaus im Emschergebiet Bodenabsenkungen zustande gekommen, die zusammen mit den natürlichen Bedingungen Überschwemmungen und ständige Versumpfungen herbeiführten. Gleichzeitig wuchsen im Emschergebiet die Folgeindustrien und die Bevölkerung (1900 ca. 1,4 Millionen), die alle ihre Abwässer in die Emscher einleiteten und den Fluß zu einem stinkenden, Typhus- und Ruhrgefahren verbreitenden Gewässer machten.

Kläranlagen gab es um die Jahrhundertwende nur in Essen, Bochum und Dortmund. Durch Prozesse versuchten die Unteranlieger z. T. erfolgreich, die Einleitung von Abwässern der Oberanlieger verbieten zu lassen, ohne daß damit eine Lösung für deren Abwasserprobleme möglich geworden wäre. Zusätzlich kompliziert wurde die Lage durch die ungünstige Verwaltungsgliederung des Emschergebietes, das zu zwei verschiedenen preußischen Provinzen und zu drei Regierungsbezirken gehörte.

Schließlich konnte ein Assessor der Bezirksregierung in Arnsberg seinen Regierungspräsidenten dazu bewegen, in einer gemeinsamen Konferenz mit Vertretern der betroffenen Kommunen und Industriellen die Frage prüfen zu lassen, wie man Vorflut- und Abwasserfrage im Emschergebiet dauerhaft zufriedenstellend lösen könne. Nachdem eine entsprechende Versammlung die Dringlichkeit der Aufgabe betont und eine Planungskommission aus Kommunalpolitikern und Beamten berufen hatte, wurde unter Beteiligung der drei Bezirksregierungen und der Industrie sowohl ein technischer Plan für die erforderlichen Arbeiten als auch ein Organisationsplan für die Exekution und Verwaltung der Abwässerentsorgung ausgearbeitet. Da die Planungskommission zu der Meinung gekommen war, daß das preußische Wassergenossenschaftsgesetz vom 1. 4. 1879 die Durchführung der Maßnahmen nur unter Zeitverlust und mit organisatorischen Problemen belasten würde, erarbeitete die Kommission den Entwurf für ein Sondergesetz, welches insbesondere hinsichtlich der Beteiligung der Verursacher an Verwaltung und Kosten des Projekts neue Maßstäbe setzte. Es gelang, diesen Entwurf in recht kurzer Zeit durch den westfälischen und rheinischen Provinziallandtag zu bringen (1903), und bereits ein Jahr später stimmten auch die preußischen Landeslegislativen (Herrenhaus und Abgeordnetenhaus) zu.

Aufgabe der Genossenschaft, die durch das Gesetz geschaffen wurde, war die „Regelung der Vorflut nach Maßgabe eines einheitlichen Projekts und der Abwässerreinigung im Emschergeiet, sowie der Unterhaltung und des Betriebs der ausgeführten Anlagen". Mitglieder der Genossenschaft waren alle Land- und Stadtkreise, die ganz oder teilweise Abwässer in das Flußsystem der Emscher einleiteten; als Lenkungsorgane waren ein Vorstand und die Genossenschaftsversammlung vorgesehen, deren Vertreter durch den jeweiligen Kreis nach einem bestimmten Schlüssel bestimmt wurden.

Während 1904 der Zweck der Gemeinschaft unumstritten war, kam es in den parlamentarischen Beratungen bald zu Auseinandersetzungen um die Vertretung der verschiedenen, an der Abwässerreinigung interessierten Wirtschaftsgruppen, da vorgesehen war, die Kosten der Abwässerreinigung durch die Gemeinden, Bergwerke und andere Unternehmen – soweit sie Verursacher von Wasserverschmutzungen waren – aufbringen zu lassen. Entgegen der Regierungsvorlage schlug das preußische Herrenhaus als Vertretung überwiegend konservativ-landwirtschaftlicher Interessen vor, alle drei genannten Gruppen und die Landwirtschaft zusätzlich im Vorstand vertreten sein zu lassen, und in der Genossenschaftsversammlung nicht wie ursprünglich vorgesehen nur die Beitragszahler, sondern ebenfalls die Landwirtschaft zu berücksichtigen. Aufgrund des weitgehend grundsätzlichen Interessengegensatzes zwischen den Verschmutzern und den an sauberem Wasser Interessierten in der Landwirtschaft war diese Forderung des Herrenhauses recht vernünftig, insofern als durch die Repräsentation der Landwirtschaft ein recht starkes, gleichsam natürliches Gegengewicht gegen die letztlich ja an einer Minimierung der Kosten interessierten Wasserverschmutzer geschaffen wurde.[36]

Trotz der getroffenen Maßnahmen ließ der Druck verschiedener Interessentenkreise, vornehmlich der Landwirtschaft, auf die preußische Regierung nicht nach. Die schwierige gesetzgeberische Materie des Wasserrechts anzugehen, ließ sich darum nicht mehr lange aufschieben. 1907 legte die Regierung einen ersten Entwurf eines Wasserrechtsgesetzes vor, der aber die Frage der Abwässerbeseitigung angeblich aufgrund der ungeklärten wissenschaftlich-technologischen Fragen ausklammerte und damit der bereits bekannten Strategie der Regierung entsprach. Erstaunlicherweise stieß diese Auslassung nicht nur auf Widerspruch in Kreisen der Landwirtschaft, sondern diesmal auch der Industrie.

Da keine Aussicht bestand, die Zurückhaltung der Reichsbehörden bezüglich eines normativen Reichsgesetzes aufzubrechen, hatte der Deutsche Landwirtschaftsrat bereits 1903 sich darauf geeinigt, „der immer mehr um sich greifenden Verunreinigung der Gewässer im Deutschen Reich auf dem Wege der Landesgesetzgebung alsbald" entgegenzuwirken. In Anwesenheit höchster Behördenvertreter stellte der Rat auf seiner Jahrestagung auf Anregung von Prof. König Kriterien für die entsprechenden Maßnahmen auf; gefordert wurden

– Verbot einer Einleitung schädlicher Abwässer ohne genügende Reinigung und Kontrolle der Reinigungsverfahren,
– systematische Überwachung der Gewässer durch Sachverständige.

1905 bekräftigte der Rat diese Position durch einen weiteren Beschluß; der Rat sah „in der ständigen Kontrolle der verunreinigten Gewässer durch unabhängige für diesen Zweck besonders geschulte (biologisch und chemisch ausgebildete) sachverständige Staatsbeamte die beste Gewähr gegen eine mit den Fortschritten der Industrie zu erwartende Zunahme der Gewässerverunreinigung“. Diese Hinwendung zu besserer Implementierung bestehender Rechtsvorschriften fehlte in dem Gesetzentwurf der preußischen Regierung völlig.[37]

Angesichts der zunehmenden Diskussion um die Abwässerfrage und angesichts zu erwartender Verschärfung behördlicher oder gesetzlicher Auflagen für die Abwässerbeseitigung empfahl das Verbandsorgan des Wasserwirtschaftlichen Verbandes der westdeutschen Industrie die Flucht nach vor. Im „ureigensten Interesse“ müsse die Industrie „in positiver Weise an der Lösung der Abwässerfrage sich beteiligen. Wenn sie nur negiert und abwartend sich verhält, kann es leicht geschehen, daß ihr im entscheidenden Augenblick die Waffen für die Verteidigung ihrer Interessen fehlen.“ Zwar war die Industrie für solche Aktivitäten im wesentlichen genauso schlecht gerüstet wie die staatlichen Stellen. Allenthalben fehlte es an ausgebildeten Spezialisten, die sich der Probleme der Abwässerbeseitigung im einzelnen sachkundig von wissenschaftlicher, technischer und juristischer Seite nähern konnten. Doch setzte sich auch in Kreisen der Industrie allmählich die Erkenntnis durch, daß ein Interesse an einer möglichst klaren Rechtslage gerade von ihrer Seite bestand, um unternehmerische Entscheidungen auf langfristigen Rentabilitätsüberlegungen basieren zu lassen. Nicht so sehr Kostenbegrenzungen bei Abwässerklärungsanlagen als vielmehr Klarheit über die möglichen Kosten zu erreichen, war langfristig die bessere Interessenpolitik. Außerdem waren ja auch große Teile der Industrie auf sauberes Nutz- und Brauchwasser zum Betrieb ihrer Anlagen angewiesen, und von daher mußte eine genaue gesetzliche Regelung zum Ausgleich der widerstreitenden Industrieinteressen als wünschenswert erscheinen.[38]

So begannen denn die Industrieverbände, der erwähnte Wasserwirtschaftliche Verband, der Centralverband Deutscher Industrieller und der Verein zu Wahrung der Interessen der chemischen Industrie mit intensiver Lobbytätigkeit, als es galt, die Vorstellungen und Forderungen der Industrie in den Gesetzentwurf von 1907 einfließen zu lassen. Auf einer gemeinsamen Sitzung von Verbandsvertretern, Beamten der zuständigen preußischen Ministerien und Mitgliedern des Abgeordnetenhauses im November 1908 wurden diese Forderungen der Industrie in zwölf Resolutionen zusammengefaßt. Insbesondere wurde von den Verbänden der § 30 des Entwurfes abgelehnt, der in Übereinstimmung mit der Regierungspolitik seit 1900 den Behörden weitgehende Vollmachten in Fragen der Abwässerklärung und -einleitung in die Gewässer überlassen wollte.[39]

Da die Regierung es mit diesem Entwurf keiner der großen Interessengruppierungen recht gemacht hatte, zog sie den Entwurf zurück. Das Königliche Landesökonomiekollegium, das als gemeinsame Geschäftsstelle der Landwirtschaftskammern und als technischer Beirat des Landwirtschaftsministeriums fungierte, und die Deutsche Landwirtschaftsgesellschaft forderten daraufhin, bei der Neubearbeitung des Gesetzentwurfes das Bayerische Wassergesetz und seine Reinhaltungsbestimmungen als Vorbild zu verwenden. Dieses Gesetz aus dem Jahre 1907 machte in seinem Artikel 37 die „Erlaubnis" der Behörde zur Voraussetzung für Abwässereinleitungen, die eine negative Veränderung der Eigenschaften des Wassers zur Folge hatten. Änderungen in Art und Menge der erlaubten Abwässereinleitungen waren erneut zu beantragen. Vom Standpunkt der Industrie war besonders „bedenklich", daß die Erlaubnis widerrufen werden konnte oder gar versagt werden konnte, wenn die Einleitung gesundheitliche oder erhebliche wirtschaftliche Nachteile hervorzubringen drohte oder der zu erwartende Nachteil die zu erwartenden Vorteile übertraf.

Im Sinne des Gewässerschutzes zukunftsweisend waren die gesetzlichen Möglichkeiten, die den Behörden „jederzeit" weitere Auflagen gestatteten, selbst bei bestehenden Anlagen. So ist es verständlich, daß die industriellen Interessenvertreter in Preußen mit Empörung auf die Forderung der Landwirtschaft reagierten, sich auch in Preußen an den bayerischen Regelungen zu orientieren. Es sei nun „Pflicht der Industrie, sich im Interesse ihrer Selbsterhaltung um das Wasser rechtzeitig zu rühren, bevor es zu spät ist, und, wenn irgend angängig, heute noch zu verhindern, daß den Bestrebungen und Wünschen der Landwirtschaft gerade in bezug auf die Abwässerfrage bei Abfassung der Wassergesetzvorlage nachgegeben werde". Für die Industrie sollte nach Möglichkeit alles beim alten bleiben; für den schlimmsten Fall verlangte sie, daß wenigstens eine „einseitige Hervorhebung" der landwirtschaftlichen Interessen vermieden werden müsse.[40]

Diese öffentlichen Auseinandersetzungen setzten sich natürlich auch behördenintern fort. Durch den heftigen Streit bedingt, legte die Regierung erst im Jahre 1911 einen neuen Entwurf vor, nachdem bereits die Behörden vorab Gelegenheit für Lobbytätigkeit gegeben hatten. Dabei zeigten sich die Vertreter der Landwirtschaft besonders an der Festlegung der Art und Menge der zulässigen Verunreinigung, die Industrie im Gegenteil an der Verhinderung allgemeinverbindlicher und an der Zulassung individueller Regelungen interessiert.[41] Der Kampf um das Wassergesetz wurde noch heftiger, als die Parlamentarier Neigung zeigten, den vorgelegten Regierungsentwurf zu verschärfen.

Nach Jahren des Zögerns und Zauderns war die preußische Regierung nunmehr erstmals bereit gewesen zuzugeben:

„Die bestehende Behördenorganisation ist für die Verwaltung der Wasserwirtschaft verfehlt, weil sie den Grundsatz der Einheitlichkeit außer acht läßt. Fast alle Behörden, und zwar sowohl Einzelbeamte wie Kollegien, sind mit einzelnen wasserwirtschaftlichen Aufgaben betraut, ohne daß die Möglichkeit gegeben ist, die vorhandenen Interessengegensätze unter dem einheitlichen Gesichtspunkte der Förderung der Gesamtwirtschaft auszugleichen."

Der Regierungsentwurf[42] ging prinzipiell davon aus, daß jedermann flüssige Stoffe in die Gewässer einleiten dürfe, allerdings unter der Voraussetzung, daß dabei andere nicht geschädigt würden. Eine Einzelfallprüfung durch die Behörden sollte die Handhabung des Gesetzes flexibel machen.

Im einzelnen war vorgesehen, daß zur Vermeidung von Schädigungen anderer die Einleitung von Abwässern in die Gewässer einer Anzeigepflicht unterworfen sein sollte. Die Nichtbeachtung dieser Pflicht wurde unter Strafandrohung gestellt, wobei allerdings nichtanzeigepflichtige Mengen von der Verwaltung festgesetzt werden könnten. Bestimmte Arten der Verunreinigung, wie etwa die Eingabe fester Stoffe, waren prinzipiell verboten. Stärkere Abwässereinleitungen, die zu Nachteilen für andere führen konnten, sollten die Eigentümer Abwässer erzeugender Anlagen beantragen müssen. Auf diesem Wege sollte nach einem Prüfungsverfahren das Einleitungsrecht ausdrücklich „verliehen" werden. So sollte es der Wasserpolizeibehörde möglich sein, durch entsprechende Auflagen (Einrichtung von Kläranlagen etc.) die Schädigung möglichst gering zu halten. Gegebenenfalls sollte eine solche Verleihung auch rückgängig gemacht werden können, wenn das öffentliche Wohl es erfordere. Dabei war allerdings von vornherein das Bestreben der Ministerialbehörde offensichtlich, der Verunreinigung der Gewässer nur insoweit entgegentreten zu wollen, daß „durch die wirtschaftlichen Verhältnisse nicht gerechtfertigte(n) Verunreinigung“ verhindert werden könnte, d. h. also nur aus ökonomischen Rentabilitätsgründen vertretbare Abwässerreinigung zur Auflage gemacht werden sollte.

In den Vorgesprächen war es der Industrie gelungen, ihre Vorstellungen von einer sachgemäßen Verwaltungsorganisation für die Durchführung des Gesetzes in den Entwurf hineinzuschreiben. Je nach der Bedeutung der Gewässer wurden die Zuständigkeiten für die Verleihungen geteilt. Strom- oder Bezirksausschuß waren bei den Gewässern erster und zweiter Ordnung, Stadt- und Kreisausschüsse bei solchen dritter Ordnung zuständig. Die Zuordnung der Gewässer sollte durch entsprechende Auflistung bestimmt werden.

Insgesamt unterstrich und stärkte der vorgelegte Gesetzentwurf die behördliche Kontrolle der Abwässereinleitung. Auch in Zukunft sollte alles weitgehend vom Ausführungswillen und den Ausführungsbestimmungen einzelner Behörden abhängig sein. Da entgegen Forderungen aus Kreisen der Landwirtschaft Art und Menge verbotener Stoffe im Gesetz nicht festgelegt werden sollten, erhoben sich Zweifel an der Ernsthaftigkeit der Bemühungen, die Abwässerfrage entscheidend und grundlegend einer Lösung näher zu bringen.[43]

Bei den Beratungen der Kommission des Abgeordnetenhauses, die eigens zur Beratung der Vorlage eingesetzt wurde, machten die Parlamentarier deutlich, daß ihnen manche der Bestimmungen des Regierungsentwurfes viel zu zaghaft erschienen, um die vorhandene Verschmutzung zu mildern und weiterer vorzubeugen. In drei wichtigen Punkten wünschte der Berichterstatter der Kommission Verschärfungen: Da der Weg der Verleihung möglicherweise nur sehr selten genutzt werden würde, wurde empfohlen, die Nichtbeachtung der Anzeigepflicht mit einer höheren Maximalstrafe als 150 M zu belegen. Weiter sollte die zivilrechtliche Haftbarkeit für Wasserverunreinigungen im Gesetz geregelt werden, da die entsprechenden Vorschriften des Bürgerlichen Gesetzbuches Eigentümern zu leicht das Abschieben der Verantwortung auf Untergebene bzw. Beauftragte ermögliche. Schließlich sollte nicht eine damit überforderte Ortspolizeibehörde als unterste Instanz die Zulässigkeit bzw. Schädlichkeit von Abwässereinleitungen überprüfen, sondern das Landratsamt unterste Prüfungs- und Genehmigungsbehörde sein.

Obwohl die Staatsregierung durch ihren Vertreter die Kommission davon zu überzeugen versuchte, daß eine ausdrückliche Erklärung über die Haftung im Falle unerlaubter Verunreinigungen unnötig sei, setzte die Kommission sich mehrheitlich für eine ausdrückliche Erklärung im Gesetz ein. Der Berichterstatter wies nochmals darauf hin, daß „der durch einen Betrieb Geschädigte diesen Betrieb und die Schädigung in der Regel nicht hindern könne, so daß ihm der Entschädigungsanspruch in derselben Weise erleichtert werden müsse, wie dies im Bergrecht durch die §§ 148 ff. geschehen sei“.[44]

Angesichts solcher bürgerfreundlichen Auffassungen in der Kommission mußte sich die bewährte Lobby-Koalition aus Centralverband Deutscher Industrieller, Wasserwirtschaftlichem Verband, Verein zur Wahrung der Interessen der Chemischen Industrie und Deutscher Handelstag um so stärker bemühen, die Interessen der Industrie vor zu weitgehenden Forderungen zu schützen. Wiederum veranstalteten die Verbände eine gemeinsame Tagung mit Regierungsvertretern und Mitgliedern der Kommission. Dabei verlangten die Interessenvertreter:

1. das Verleihungsverfahren und das Genehmigungsverfahren nach der Reichsgewerbeordnung zu vereinigen, um die Bearbeitung der Anträge zu beschleunigen,
2. die Verpflichtung zum Schadenersatz bei Verunreinigung zu beschränken,
3. die Strafbestimmungen für Übertretung des Gesetzes zu mildern,
4. die Verleihung „auf Zeit“, die von der Kommission bei Abwässereinleitung in Flußläufe favorisiert wurde, wegen der daraus erwachsenden unternehmerischen Unsicherheiten zu begrenzen.

Die interessierte Industrie forderte den Haftungsausschluß für den Fall, daß der Unternehmer „die zur Verhütung der Verunreinigung im Verkehr erforderliche Sorgfalt beachtet“ habe. Mochten die Forderungen vom industriellen Standpunkt auch vielleicht folgerichtig erscheinen, so drängt sich bei einer Bewertung doch der Eindruck auf, daß Rechtsstreitigkeiten und Auslegungsdifferenzen in Zukunft kaum zu vermeiden sein würden und daß die Industrie tendenziell auf ein Unterlaufen der neuen Bestimmungen sich einrichtete. Durch intensive Gespräche und Besuche bei Regierung und Kommission gelang es aber den Verbänden, ihre Wünsche großenteils durchzusetzen, so daß zum Ende der parlamentarischen Beratungen der Geschäftsführer des

Wasserwirtschaftlichen Verbandes berichten konnte, daß der Verbandsausschuß mit Rücksicht darauf, „daß im Falle des Scheiterns dieser Vorlage in kurzer Zeit eine neue Vorlage zu erwarten sei, die der Industrie vielleicht noch größere Auflagen machen würde, und daß durch das neue Gesetz Klarheit in die bei der gegenwärtigen Rechtslage höchst widerspruchsvollen und zersplitterten Rechtsnormen der Wasserwirtschaft gebracht werde", dem Gesetz zugestimmt habe.[45]

Zufriedenheit herrschte bei der abschließenden Lesung des Entwurfs auch bei den Parteien im Abgeordnetenhaus. Man war sich einig, daß die Zusammenarbeit in der Kommission vorzüglich gewesen und ein erfreulicher Interessenausgleich gelungen sei. Während die Vertreter der konservativen Parteien dem Gesetz insgesamt sehr positiv gegenüberstanden, wenngleich einige Bestimmungen als „vielleicht auf den ersten Blick in manchen Beziehungen hart" bezeichnet wurden, bedauerten die Linksliberalen und Sozialdemokraten trotz insgesamt positiver Beurteilung die Grenzen des Gesetzes. Den Nationalliberalen als Vertreter industrieller Interessen verursachte die Zustimmung die meisten Skrupel, da ihrer Klientel sicherlich die größte Belastung auferlegt worden war.[46]

Insgesamt gesehen stellte das Gesetz von 1912 einen entscheidenden Fortschritt dar, obwohl einige offensichtliche Schwächen in seiner Struktur und Anlage die im wesentlichen doch noch unvollkommenen bzw. einseitigen Auffassungen der gesellschaftlich führenden Schichten über die Art des Wirtschaftens widerspiegelten.

Dreh- und Angelpunkt des Schutzes der Gewässer vor gewerblichen Abwässern war der Begriff des „Gemeinwohls". Die Verleihung des Rechts zur Abwässereinleitung konnte versagt werden, wenn „überwiegende Rücksichten des öffentlichen Wohls" entgegenstehen sollten. Gewerbliche Abwässereinleitung begrenzen konnte damit nur die Behörde, indem sie sich auf das „Gemeinwohl" berief. Wurden hingegen durch die Verleihung nur einzelne oder mehrere Personen bzw. Firmen etc. benachteiligt, konnte der Widerspruch der Benachteiligten gegen die Verleihung i. d. R. nach einer Kosten-Nutzen-Bewertung abgewiesen werden. Damit war die Position des voraussichtlich Geschädigten von vornherein sehr schwach, denn ihm blieb dann nur der ordentliche Rechtsweg.

An einer klaren Definition des Gemeinwohlbegriffes fehlte es jedoch im Gesetz. Eine solche Definition ist ja im allgemeinen auch schwer zu geben. Deshalb hätte man zumindest eine methodisch-formale Absicherung dieses Gemeinwohlschutzes durch Repräsentation möglichst aller Bevölkerungsschichten in Entscheidungs- bzw. Kontrollgremien erwarten müssen. Formen politisch legitimierter Kontrolle hätten verdeutlicht, daß mit dem Schutz der Gewässer ernst gemacht werden sollte. Statt dessen waren Entscheidungs- und Kontrollgremien höchst einseitig zusammengesetzt. Zunächst waren die im ganzen konservativen Behörden, die nach Möglichkeit ja den staatstragenden Kräften entgegenkamen, mit dem Genehmigungsverfahren befaßt. Hier mußte sich der Begriff des öffentlichen Wohls bei der Bewertung und Abwägung der jeweiligen Interessen in einen weiten Ermessensspielraum einfügen. Dabei war nicht auszuschließen, daß Behörden an verschiedenen Orten bei gleichen Sachverhalten unterschiedliche Entscheidungen trafen. Richtlinien und Weisungen konnten nur lenkend wirken. Hinzu kam, daß in den Kreisausschüssen etc. und in den Wassergenossenschaften, die nach dem Gesetz zur Betreibung von Kläranlagen gebildet werden konnten, einseitig orientierte Interessenvertreter saßen bzw. sitzen konnten. Die Interessenorientierung konnte sich entweder aus der Funktion als Verschmutzer oder auch als Kostenträger für Wasserreinhaltungsmaßnahmen ergeben. Zu erwarten, daß sozusagen als arithmetisches Mittel aller Einzelinteressen nun das Gemeinwohl definiert sei, mußte auch damals als politisch naiv einsehbar sein. So ist anzunehmen, daß die möglichen Nachteile von vornherein bewußt in Kauf genommen wurden, um ein kompromißfähiges Gesetz zustande zu bringen.

Um bei möglichen Interessenkollisionen und Vernachlässigung des Gemeinwohls dennoch ein Gegenmittel zur Verfügung zu haben, hatten die Sozialdemokraten beantragt, die Möglichkeit einer Popularklage zuzulassen. Zumindest sollte diese Möglichkeit für jene gelten, „die in irgendeiner Weise in ihren berechtigten Interessen durch Beschränkung des Gemeingebrauchs verletzt werden". Die übrigen Parteien hatten diesen Antrag in der Überzeugung zurückgewiesen, durch pflichtgemäße Verwaltungsarbeit, Kontrolle durch Presse und durch das Parlament sei das Gemeinwohl genügend geschützt. Daß die Sozialdemokraten dieser optimistischen Einschätzung skeptisch gegenüberstanden, kann aufgrund der vorherigen Entwicklung nicht verwundern. Zwar war die Neufassung aller Rechte durch das Gesetz sicherlich ein Fortschritt hinsichtlich allgemeiner Rechtssicherheit, doch wäre bei konsequenter, extensiver Anwendung der bestehenden allgemeinen Polizeibefugnisse ein besserer Schutz der Gewässer sicherlich in vielen Fällen bereits früher möglich gewesen.[47]

Wie bewährte sich das Preußische Wassergesetz (PrWG) nun in der Praxis? Welche Verbesserungen wurden aufgrund dieses Gesetzes in der Gewässerreinhaltung erreicht? Immerhin galt dieses Gesetz in weiten Teilen Deutschlands im wesentlichen unverändert bis 1957, als es durch das Wasserhaushaltsgesetz der Bundesrepublik abgelöst bzw. durch die folgenden Landeswassergesetze verändert wurde. Bevor wir aber die Praxis der Wasserreinhaltung insgesamt betrachten, sei eine erste Antwort auf die Fragen durch einen Blick auf die weitere legislative Entwicklung gegeben.

Nach der Verabschiedung des PrWG rückten die Probleme der Wasserreinhaltung weit in den Hintergrund, da Kriegs- und Nachkriegsumstände politische und finanzielle Prioritäten weitgehend verschoben. Gleichzeitig existierten die Verschmutzungsprobleme jedoch weiter und wurden z. T. durch neue industrielle Verfahren verstärkt. Erst 1922 wurde die parlamentarische Diskussion dieser Fragen wieder belebt. Durch einen Entschließungsantrag wollte die SPD die preußische Regierung veranlassen,

> „geeignete gesetzliche Maßnahmen zu treffen, damit die weitere Verschmutzung der Flußläufe durch industrielle und sonstige Abwässer aufhört und die Mißstände, die heute von den bereits verschmutzten Flußläufen vorhanden sind, mit Rücksicht auf die schweren gesundheitlichen Gefahren für die anliegende Bevölkerung baldigst zu beseitigen".

Am 14. 6. 1922 wurde dieser Antrag vom preußischen Landtag angenommen; indirekt bedeutete dies eine Kritik an den bestehenden gesetzlichen Regelungen, hingegen weniger an der Verwaltungspraxis. Diese indirekte, zurückhaltende Kritik des geltenden Wassergesetzes von 1913 erwies sich aber bald als kontrovers. Denn wenig später, im Jahre 1924, konnte der DNVP-Parlamentarier Weisfermel anläßlich geringfügiger Änderungen des Gesetzes, die nur den Instanzenzug veränderten, unwidersprochen feststellen: „Im Ausschuß für Landwirtschaft ist anerkannt worden, daß das Wassergesetz vom 7. April 1913 eines der besten Gesetze ist, die in den letzten Jahrzehnten in Preußen überhaupt gemacht worden sind . . ."

Daß es aber trotz dieser positiven Bewertung nicht überall zum besten stand, zeigen die zahlreichen Sondergesetze, mit denen versucht wurde, Wasserreinhaltungsgenossenschaften mit optimaler Leistungsfähigkeit zu schaffen. Obwohl nach dem PrWG die Bildung solcher Genossenschaften von der Aufsichtsbehörde zwangsweise durchgesetzt werden konnte, ging man lieber den Weg über die Sondergesetze.[48]

Ein erneuter Antrag der SPD aus dem Jahre 1929 bewies, daß man sich auch der großen Bedeutung der Exekution der Gesetze intensiver zuwandte. Erneut wurde festgestellt, daß Gewässer oft nur noch übelriechende trübe Kanäle für die Abwässer der Fabriken und Fäkalien seien. Je nach Windrichtung werde die Luft durch Gerüche und ätzende Flugasche verpestet. Schäden für Menschen, Tiere und Pflanzen seien ungeheuer groß. Die Kommunen scheuten sich bzw. weigerten sich häufig, in der Öffentlichkeit diese Mißstände zu erörtern, statt dessen versuchten sie Abhilfe in Klageverfahren vor Gerichten zu erwirken.

„Der Kern aller Schwierigkeiten“, meinte die SPD, „scheint in dem Mangel einer unabhängigen und sozial verantwortungsbewußten Stelle zu liegen, die den Gerichten und Verwaltungen mit einwandfreien Gutachten an die Hand geht und in Verbindung mit der Gewerbeaufsicht und der Polizei eine umfangreiche Überwachung der Industrien durchführt.“ Diese Anfrage der SPD wurde vom Ausschuß für Handel und Gewerbe des preußischen Landtags zu einem Antrag an das preußische Staatsministerium umgearbeitet, den Abwässerfragen vor allen Dingen im Mitteldeutschen Industrierevier verschärft Aufmerksamkeit zuzuwenden und dort die Verhältnisse zu verbessern. Außerdem wurde das Staatsministerium aufgefordert, in Zusammenarbeit mit der Reichsregierung einen reichsgesetzlichen Wasserschutz nach hygienischen Grundsätzen zu schaffen. Da dem Staatsministerium dazu der Weg versperrt war, reagierten die Behörden mit einem neuen Erlaß. Deutlicher als dieser Antrag bewiesen aber die Sondergesetze für Niers, Lippe und Wupper, die nach dem Krieg verabschiedet wurden, daß das PrWG mit erheblichen Mängeln behaftet war. In bestehenden Problemgebieten konnte es kaum Verbesserungen bewirken, teils wegen des Bestandschutzes, den viele Verschmutzer genossen, teils wegen der Interessengegensätze, die die Ausschöpfung der Möglichkeiten des Gesetzes, z. B. die Bildung von Genossenschaften, verhinderte. Allenfalls konnte das Gesetz dazu dienen, zukünftigen Verunreinigungen vorzubeugen, wenn die zuständigen Aufsichtsbehörden bereit waren, sich energisch für die Intentionen des Gesetzes zu verwenden.

Daß es mit der Entschlossenheit der Aufsichtsbehörden und anderer Einrichtungen des Gewässerschutzes nicht immer zum besten stand, wird der folgende Abschnitt zeigen. Da die Mängel in der Anwendung der gesetzlichen Vorschriften den zuständigen preußischen Staatsministerien nicht verborgen bleiben konnten, versuchten sie im Jahre 1930 noch einmal, mit einem Runderlaß die Anwendung des Gesetzes und der bestehenden rechtlichen Möglichkeiten zu verbessern. Die Wasserpolizeibehörden wurden ausdrücklich ermahnt und in einer ausführlichen Darlegung belehrt, daß und wie die geltende Rechtslage in die Praxis umgesetzt werden sollte. Insbesondere wurde darauf hingewiesen, daß Unbedenklichkeitserklärungen für Abwässereinleitungen mit jährlichen Abwasseruntersuchungen gekoppelt werden könnten und daß die Bildung von Reinhaltungsgenossenschaften auf freiwilliger Basis stärker gefördert bzw. von der Möglichkeit der Zwangsgenossenschaften nach § 245 PrWG vermehrt Gebrauch gemacht werden könne. Allein die Tatsache, daß ein solcher die Rechtslage summierender Erlaß überhaupt nötig war und an seiner Ausfertigung drei verschiedene Ministerien beteiligt waren, spricht für die fehlende Umsetzung der politischen Ziele. Wieweit daran auch die schlechte administrative Organisation und die regional auftretenden Interessen Schuld trugen, mag das folgende Kapitel illustrieren.[49]

2.1.2. Die Praxis des Gewässerschutzes

2.1.2.1. Maßnahmen des Reiches

In drei Formen fand und findet staatliche Verwaltungstätigkeit für die Wasserreinhaltung statt: Als Eingriffsverwaltung erlaubte und kontrollierte die Bürokratie Abwassereinleitungen, als Leistungsverwaltung begutachtete und forschte sie oder errichtete und betrieb sie Abwässerkläranlagen. Da dem Deutschen Reich die Kompetenzen für eine Eingriffsverwaltung fehlten und der Betrieb von Kläranlagen untergeordneten regionalen und lokalen Gebietskörperschaften übertragen war, konnte die Reichsverwaltung nur in wissenschaftlicher Beratungstätigkeit zum Gewässerschutz beitragen.

In Anbetracht der damals vorwiegenden gesundheitspolitischen Betrachtungsweise der Wasserreinhaltung kam als Träger solcher Beratungstätigkeit in erster Linie das Reichsgesundheitsamt in Frage.

Obwohl bereits gegen Ende des 19. Jahrhunderts Interessenverbände wie der Deutsche Landwirtschaftsrat Initiativen des Amtes hinsichtlich der Wasserreinhaltung erwartet hatten, dauerte es noch bis zum 20. 3. 1901, bis die Reichsregierung sich bequemte, in dieser Hinsicht vermehrte Anstrengungen zu unternehmen. Mit dem genannten Datum wurde in Verbindung mit dem Reichsgesundheitsamt ein Reichsgesundheitsrat aus verschiedenen Experten gebildet. Die dritte Abteilung bzw. Ausschuß hatte den Auftrag, sich mit der Wasserversorgung und der Beseitigung der Abfallstoffe zu beschäftigen. Der Ausschuß setzte sich aus Verwaltungsbeamten, Hygienikern, Chemikern und je nach Sachlage zu berufenden Experten zusammen und sollte bei Konflikten zwischen verschiedenen Bundesstaaten gutachterlich tätig werden.

Diese Konstellation beeinträchtigte die Arbeit im Sinne des Gewässerschutzes in mehrerer Hinsicht:

1. Voraussetzung waren Kontroversen zwischen Bundesstaaten; ansonsten konnte der Ausschuß nicht von selbst tätig werden.
2. Es fehlte ein wissenschaftlicher „Unterbau“. Die Gutachten mußten oft ungeprüft Informationen örtlicher Stellen bzw. Wasserverschmutzer als Voraussetzungen übernehmen; die Schlußfolgerungen hatten daher weitgehend hypothetischen Charakter bzw. waren häufig pauschalisierend.
3. Von sich aus konnte der Ausschuß kaum sinnvolle praktikable Alternativen zur Gewässerreinhaltung entwickeln, da er meist mit der Aufgabe befaßt wurde zu prüfen, ob eine bestehende oder geplante Abwassereinleitung bzw. -klärung Interessen eines anderen Bundesstaates beeinträchtigte oder nicht. Allenfalls Empfehlungen mit unsicheren Durchsetzungschancen konnten ausgesprochen werden.[50]

So mußte denn auch der Präsident des Reichsgesundheitsamtes, Dr. Bumm, auf den Gründungstag genau 11 Jahre später zugeben, daß für den Reichsgesundheitsrat „nichts . . . schwieriger (sei), als die Erstattung der Gutachten über die Verhütung oder Beseitigung von Verunreinigungen der Flußläufe.“ Als Grund dafür sah er aber nicht die organisatorischen Unzulänglichkeiten des Reichsgesundheitsrates, sondern die Tatsache, daß dabei „die Interessen der verschiedensten Gewerbezweige aufs schärfste aufeinander“ stießen. Vom gesundheitlichen Standpunkt sei meist die Frage der Einleitung mit „einem glatten Nein“ zu beantworten, allerdings stünden die anderen Interessen in der Regel dagegen. Daß trotz Gutachten des Reichsgesundheitsrates

Abhilfe nicht überall eingetreten sei, führte Bumm auf die „mangelnde Durchführung und Befolgung dieser Vorschläge“ zurück.[51]

Da sich die gesetzlichen Grundlagen für die Handlungsvollmachten des Reiches auch nach dem Weltkrieg nicht wesentlich veränderten, konnte das Reichsgesundheitsamt seine Tätigkeit für die Gewässerreinhaltung nicht wesentlich ausweiten.[52] Erst als sich unter der nationalsozialistischen Herrschaft eine Vereinigung mit Stellen der ehemaligen preußischen Forschungseinrichtungen ergaben, wurden Informationsfluß und Koordinierung zwischen Wissenschaft und Exekutive geringfügig verbessert. Große Impulse zur praktischen Anwendung kamen dennoch nicht zustande.

2.1.2.2. Die Arbeit der preußischen Landesanstalt für Wasserhygiene

In allen deutschen Bundesstaaten lag die eigentliche Verantwortung für den Gewässerschutz bei nachgeordneten Behörden oder Mittelinstanzen wie den Regierungsbezirken. Von ihnen wurden – soweit vorhanden – die Wassergesetze oder die Vorschriften der Gewerbeordnung durchgeführt oder im Rahmen einer polizeilichen Allgemeinkompetenz gesundheitspolitische Belange vertreten. Wie gezeigt, waren darüber hinaus aufgrund des wachsenden politischen Drucks spezielle Organisationen gegen die Verschlechterung des damaligen Zustandes der Gewässer und zur Vermeidung weiterer rapider Wasserverunreinigung geschaffen worden.

Daß etwa die Regierungspräsidenten, in deren Zuständigkeit das Emschergebiet gehörte, sich so tatkräftig für die Bildung der Emschergenossenschaft einsetzten und nicht – wie sonst oft behördenüblich – die Abgabe von Kompetenzen verweigerten, ist auch auf die Einsicht zurückzuführen, daß die unteren Staatsbehörden mit solchen Aufgaben einfach überfordert waren. In einer Zeit, in der die kontrollierenden gegenüber den dienstleistenden Funktionen der Verwaltungen noch weit überwogen, waren etwa in der Bezirksregierung nur ein Gewerberat und ein Medizinalrat mit umweltrelevanten Kontrollaufgaben befaßt. Dabei hatte natürlich jeder von beiden ein weitaus größeres Arbeitsgebiet als etwa nur die Frage der Abwässer zu versorgen; so mußte der Gewerberat z. B. ja auch noch die Vielfalt aller übrigen Gewerbeaufsichtsprobleme wie Arbeiter- und Unfallschutz usw. bearbeiten. Die Beamten auf Regierungsbezirksebene konnten sich noch auf die jeweiligen entsprechenden Stadt- oder Kreisbeamten stützen, andererseits war auch das Oberpräsidium einer Provinz durch seine Fischerei- und Wasserbaubehörden mit dem Gewässerschutz in größeren Flüssen befaßt. Doch die eigentliche Verantwortung für die Durchführung praktischer Maßnahmen zur Gewässerreinhaltung lag bei der Bezirksregierung, der ein dafür angemessener organisatorischer Unterbau fehlte. Ein Blick in die Akten dieser Behörden belegt, daß es zwischen den einzelnen zuständigen Beamten kaum Koordination gab, daß die dünne Personaldecke und wenig ordentliche Aktenführung einerseits und die technische Komplexität der Einzelfragen andererseits sich als kaum überwindbare Hindernisse für durchgreifende Maßnahmen erwiesen. Zudem fehlten aufgrund der bereits geschilderten Rechtslage einheitliche Kriterien für ein Vorgehen gegen Wasserverschmutzer. Hier brachte das Bemühen um Erfahrungsaustausch mit den zuständigen Beamten in anderen Bezirksregierungen keinen Aufschluß, welche Verschmutzungen noch geduldet werden konnten oder nicht. Offensichtlich wurstelte jeder Gewerberat oder Wasserbaurat in Preußen je nach Ausbildung, Alter und Können größtenteils allein vor sich hin, so daß von einem gleichmäßigen Verwaltungshandeln keine Rede sein konnte.

Ein Kritiker urteilte noch im Jahre 1912 so: „Heute sind eine ganze Reihe der allerverschiedensten Behörden mit den mannigfachen wasserwirtschaftlichen und wasserrechtlichen Funktionen betraut, obgleich oder vielmehr *weil* im Rahmen der heutigen Behördenorganisation die Verwaltung der Wasserwirtschaft kaum besonders in Erscheinung tritt." Die „bunte Musterkarte von Behörden und Kompetenzen" habe zu einer allgemeinen „Rechtsverwirrung" in Preußen geführt, denn Behörden würden häufig zu Entscheidungen neigen, die oft in derselben Sache neben- und gegeneinander liefen. So sei es schließlich zu „einer fast unerträglichen Belästigung des auf die Wassernutzung angewiesenen Publikums" gekommen.[53]

Doch war nicht nur die Behördenorganisation ungeeignet für einen wirksamen Schutz der Gewässer vor Verunreinigung. Auch die sachlichen Voraussetzungen für ein Eingreifen der Behörden in Fällen, wo ein Einschreiten gegen Verschmutzungen offensichtlich angebracht erschien, konnten häufig von den Behörden nicht erbracht werden. Die Rechtslage setzte vernünftigerweise den Nachweis konkreter Verstöße zum Beispiel gegen Genehmigungsbedingungen für einen Gewerbebetrieb voraus. Dieser Nachweis war in der Regel jedoch nur durch genaue längerfristige wissenschaftliche Kontrolle der Abwässer eines Gewerbebetriebes möglich. Als „Ermittlungsbehörde“ war aber die Gewerbeaufsicht nicht nur personell und organisatorisch, sondern auch sachlich überfordert. Weder waren wissenschaftlich unbestrittene oder unbestreitbare Erkenntnisse abrufbereit, um im Einzelfall als Handlungsgrundlage dienen zu können, noch besaß die Gewerbeaufsicht die Möglichkeit zur unbedingt notwendigen chemischen Analyse von Schmutzwässern.

Sie war hier auf die Mitarbeit und intellektuelle Redlichkeit von Gutachtern angewiesen, die häufig von den Antragstellern in einem Genehmigungsverfahren oder von den der unzulässigen Verschmutzung Verdächtigen selbst bestellt wurden. So war zum Beispiel die Düsseldorfer Gewerbeaufsicht in den Jahren 1903/4 völlig auf die Gutachten eines Berliner Professors angewiesen, der im Dienste der Farbwerke Bayer Leverkusen mit der Gewerbeaufsicht über die Folgen des Gewerbebetriebs für den Rhein diskutierte. Als die Einrichtung des Betriebes in Leverkusen offensichtlich mit Anlaufschwierigkeiten begann, was die zulässige Abwässerwirkung entsprechend der Genehmigungsurkunde betraf, entschieden die Gutachten und die Verbesserungsvorschläge des Professors letztlich darüber, wann sich die Gewerbeaufsicht mit den Umständen abfand bzw. zufriedengab.[54]

Eine gute Reaktion auf diese Umstände stellte die Einrichtung einer „staatlichen Versuchsprüfungsanstalt für die Zwecke der Wasserversorgung und Abwässerbeseitigung“ dar. Nicht zuletzt die Debatte im Abgeordnetenhaus im Jahre 1901 hatte verdeutlicht, wie wenig über eine effektvolle Klärung der Abwässer bekannt war und wie sie durchgeführt werden könnte. Die wissenschaftlich-technische Forschung befand sich hier noch weitgehend auf Neuland; Ansätze zu systematischer Untersuchungsarbeit gab es in Kommunen, die – da finanziell durch bereits erfolgte Anweisungen zur Abwasserklärung am meisten belastet – das größte Interesse an einer effektiven Verwendung ihrer finanziellen Mittel hatten. Die Erkenntnis, daß systematischere Untersuchungsarbeit nötig sein würde, wollte man hier auf der praktischen Seite der Abwässerreinigung vorwärts kommen, hatte zu einer entsprechenden Petition größerer Städte und Industrien an die preußische Staatsregierung geführt (24. 3. 1900). Diese Petition war für die Staatsregierung Anlaß gewesen, im Etatentwurf für 1901 die Errichtung der Versuchsanstalt zu beantragen. Der Antrag stieß denn auch auf breite Zustimmung.

Die „Königlich preußische Versuchsanstalt für Wasser- und Bodenhygiene“ wurde zunächst der Medizinalabteilung des Kultusministeriums angegliedert und nahm am 1. 4. 1901 ihre Tätigkeit auf. Ihr wurde die Aufgabe zugewiesen

„alle Vorgänge, welche sich auf dem Gebiete der Wasserversorgung und Abwässerbeseitigung abspielen, fortdauernd auf deren gesundheitlichen und wirtschaftlichen Wert zu verfolgen, weiterhin etwa erforderlich werdende, dahin gehörige Versuche im allgemeinen Interesse aus eigenem Antriebe auszuführen, ferner Untersuchungen und Begutachtungen der in den Geschäftsbereich der Anstalt fallenden Angelegenheiten gegen Gebühr im Auftrage von Behörden und Privaten auszuführen und schließlich den Zentralbehörden Auskunft zu erteilen und ihnen Gutachten im öffentlichen Interesse zu erstatten.“

1907 hatte die Versuchsanstalt bereits 26 feste Mitarbeiter; der Jahresetat der Versuchsanstalt betrug bereits 1905 die damals beträchtliche Summe von 130 000 Mark.[55]

Der Bedarf für eine solche Behörde wurde durch die schnell wachsende Zahl von Untersuchungen und Untersuchungsaufträgen deutlich unterstrichen. Wissenschaftler arbeiteten hier, z. T. unentgeltlich, eng mit Interessengruppen wie der Deutschen Landwirtschaftsgesellschaft, Kommunen wie Berlin und Charlottenburg und einem eigens gebildeten „Verein für Wasserversorgung und Abwässerbeseitigung“ zusammen. Die Zusammenarbeit mit diesem Verein, in dem u. a. die großen Städte vertreten waren und der allen Interessierten offenstand, erfolgte nach vereinbarten Grundsätzen und erstreckte sich auf finanzielle Unterstützung der Anstaltsarbeit ebenso wie auf praktische Großversuche, Ausbildung kommunaler Beamter und Stellung von Sachverständigen durch den Verein.

Im einzelnen wurde vereinbart, daß 1. die Versuchsanstalt und der Verein Aufgaben für Untersuchungen gemeinsam bestimmen und Prioritäten festlegen sollten, 2. auch bei der praktischen Durchführung gemeinsam gearbeitet werden sollte, 3. erhielt der Verein ein Mitspracherecht bei der Veröffentlichung von Untersuchungsberichten, insbesondere was die Empfehlungen für praktische Maßnahmen anging, und 4. sagte der Verein seine Mitarbeit bei der Ausarbeitung allgemeiner Grundsätze für die Wasserreinhaltung und bei Erlassen etc. zu. Wieweit sich hier eine interessenorientierte Einseitigkeit der Forschungs- und Gutachtertätigkeit anbahnte oder tatsächlich stattfand, könnte nur nach einer genaueren Überprüfung beurteilt werden.

Sicherlich war aber für die praktische Arbeit der Versuchsanstalt ein direkter Kontakt zu Kommunen, Behörden und Industrie nützlich, wenn die Arbeit möglichst bedeutsam und schnell wirksam werden sollte.

Insbesondere ermöglichte es eine entsprechende Umfrage des Vereins bei Kommunen und Industriellen, Ziele und Forschungsaufträge der Anstalt nach ihrer Dringlichkeit aus der Sicht der Interessenten festzulegen. Besondere Beachtung fanden dabei Ansätze zu einer Kosten-Nutzen-Analyse vorhandener Anlagen und weitere Untersuchungen des biologischen Abwässerreinigungsverfahrens, das damals gerade im Mittelpunkt wissenschaftlichen Interesses stand und als zukunftsträchtig erschien.

Wie sehr die Arbeit der königlichen Versuchsanstalt geschätzt wurde, zeigen die vielen Aufträge für Gutachten, die die Anstalt erhielt. Ihre Gutachten waren für die Erarbeitung von Wasserschutzmaßnahmen in vielen Problemfällen bedeutend, in manchen Fällen für die Gründung neuer Wassergenossenschaften mitentscheidend. Allein für die Abwässerprobleme des Wuppergebietes erstellte die Versuchsanstalt acht Gutachten in den Jahren 1904–1911. Auftraggeber waren eine Privatfirma ebenso selbstverständlich wie der Regierungspräsident in Düsseldorf. Der Stil der Gutachten war völlig sachlich-wissenschaftlich, die Dinge wurden nüchtern beim Namen genannt. Jedoch wurde in der Regel vermieden, konkrete Abhilfemaßnahmen gegen die Wasserverschmutzung zu benennen, obwohl die Gutachten in den meisten Fällen erhebliche Verschmutzungen der untersuchten Gewässer konstatieren mußten. Das Ethos dieser Anstalt bestand mehr darin, die Notwendigkeit von Wasserschutzmaßnahmen wissenschaftlich zu erhärten, als Ausführungsvorschläge zu unterbreiten, die möglicherweise für Städte und Kreise bestimmte Maßnahmen und Kosten unvermeidbar gemacht hätten.[56]

Trotz ihrer vorsichtigen, wissenschaftlich fundierten Vorgehensweise mußte die Versuchsanstalt gelegentlich heftigsten Druck von außen ertragen, der bei unerwünschten Arbeitsergebnissen von gewissen Privatinteressenten auszuüben versucht wurde. Carl Duisberg, der Vorsitzende der Bayerwerke, griff auf der Verbandstagung des Vereins zur Wahrung der Interessen der Chemischen Industrie Deutschlands im Jahre 1912 die Arbeitsweise der Versuchsanstalt heftig an. Duisberg stellte an den Verein die Frage, ob es noch richtig sei, die Versuchsanstalt zu unterstützen, wenn sie sich „als Abwässerpolizei“ betätige. Die

Versuchsanstalt habe 1905 in einem Gutachten, ohne vorher praktische Versuche anzustellen, den Städten Elberfeld und Barmen einen schlechten Rat gegeben. Die Versuchsanstalt habe keine Bedenken gegen den Anschluß technischer Betriebe an das städtische Kanalnetz und damit die Einleitung gewerblicher Abwässer (außer den chemischen) in das Kanalnetz geäußert. Dies habe nun zu Unzuträglichkeiten und erheblichen Belästigungen der Anlieger an der Wupper geführt.

Duisberg beschränkte aber nun seine Kritik nicht auf die eventuelle Leichtfertigkeit der Untersuchung bzw. Methodik; er zielte in eine andere Richtung. Wo es vielleicht nahegelegen hätte, der Versuchsanstalt zusätzliche Hilfe im schwierigen Gebiet der Abwässerforschung anzubieten, forderte Duisberg den Abbruch der Kontakte zwischen dem Chemieindustrieverband und der Versuchsanstalt. Duisberg polemisierte gegen den Vorschlag der Versuchsanstalt, saure Abwässer chemischer Fabriken mit Hilfe von Kalk zu neutralisieren, statt sie einfach in die Wupper abzuleiten, wie Duisberg es für richtig hielt. Neben dem Vorwurf, „grauer Theorie" zu folgen, mußte die Anstalt auch noch den Tadel einstecken, daß sie die Regierung aufgefordert habe, die Wirkung der Abwässer chemischer Betriebe am Rhein einer Prüfung zu unterziehen. Duisberg forderte alle chemischen Fabriken auf, „das größte Mißtrauen gegen diese von der Industrie unterstützte Anstalt zu hegen". Er regte an, der Chemieindustrieverband möge bei der preußischen Regierung vorstellig werden, um Ärgeres zu verhindern. Die Anstalt dürfe nicht „Polizeibüttel" spielen können und den Interessen der Industrie schaden, statt ihr zu helfen.[57]

Als daraufhin der vorgesetzte Innenminister den Leiter der Versuchsanstalt um Rapport bat, wußte sich dieser zu wehren und griff recht hart und unverblümt die einseitig interessenorientierte Haltung Duisbergs an: Er kritisierte die allein auf Unkostenvermeidung gerichtete betriebswirtschaftliche Denkweise Duisbergs: „Durch Verdünnung – die Reinigungsmethode, die Duisberg für die Behandlung der Abwässer chemischer Betriebe als die einzig wirksame anerkennt – allein kann hier eben eine befriedigende Reinigung nicht erreicht werden."

Mit ihren Auffassungen stünden die chemischen Betriebe z. T. „heute noch auf dem Standpunkte der achtziger Jahre des vorigen Jahrhunderts". Angriffe Duisbergs, die Gutachten der Versuchsanstalten basierten in einzelnen Annahmen auf „grauer Theorie" wurden mit dem Bemerken gekontert: „Duisberg kann so etwas nur behaupten, wenn ihm oder seinen Chemikern die diesbezügliche Literatur nicht geläufig ist . . .“, und im allgemeinen sammele man „durch das einfache Laufenlassen der Abwässer in die Vorfluter . . . keine Kenntnisse bezüglich der Abwasserbehandlung.“

Im Zusammenhang mit ihren gutachterlichen Tätigkeiten mußte die Versuchtsanstalt wohl öfter auch die Drohung hören, daß Betriebe verlegt würden, falls aus den Gutachten Auflagen der Gewerbeaufsicht erwüchsen. Da die Versuchsanstalt aufgrund ihrer überregionalen Stellung allerdings weniger die Folgen solcher Drohungen zu beachten hatte und auch Grund hatte, an der Ernsthaftigkeit solcher Pressionsversuche zu zweifeln, fiel es ihr verhältnismäßig leicht, unbefangen – nach ihrer Selbsteinschätzung – Wissenschaft und Erfahrung und nicht Sonderinteressen zum Maßstab ihres Urteilens zu erklären.[58]

Besondere Aufmerksamkeit widmete die Anstalt modernen Verfahren der Abwässerreinigung wie dem Tropfkörperverfahren (seit 1906) und Sonderabwässern wie dem der Zuckerfabriken und der Kaliindustrie (seit 1913). Die Erträge dieser Arbeiten wurden zwar manchmal erst in den zwanziger Jahren quantitativ im Anwendungsbereich bedeutsam, doch wurden wichtige Impulse schon in Forschung und Praxis aufgenommen, bevor Kriegs- und Nachkriegswirren Verzögerungen mit sich brachten.

Bezeichnend dafür ist die Entwicklung bei den Kaliabwässern. Nachdem sich die Beschwerden über die schädlichen Folgen dieser Abwässer gehäuft hatten, sah sich die preußische Regierung zum Handeln auf Verwaltungsebene veranlaßt. Seit 1913 führte die Anstalt in allen Kaliabbaugebieten Untersuchungen der größeren Vorfluter mit dem Ziel durch, die mögliche Belastung der Gewässer mit Kalisalzen genau zu bestimmen. Daraus wurden für die einzelnen Gebiete Höchstgrenzen für die Belastung bezüglich der Wasserhärte und des Chloridgehaltes entwickelt. Genehmigungsverfahren der Gewerbeaufsicht orientierten sich an diesen Grenzen. Nun, nachdem das PrWG verabschiedet worden war, gelang es in vielen Fällen den Behörden, mit mittlerweile verbreitertem Kenntnisstand und dem verbesserten gesetzlichen Instrumentarium weitere Verschmutzungen der Gewässer durch Gewerbebetriebe zu verhindern. Als Beispiel dafür sei ein Verleihungsverfahren für einen Betrieb der Kaliindustrie dargestellt.

Wie bereits erwähnt, gehörten und gehören Abwässer der Kaliindustrie zu den nicht abbaubaren Verunreinigungen, die Ökologie, Fischerei, Trink- und Brauchwasserversorgung im allgemeinen besonders schädigen. Nach dem PrWG mußten Betriebe, die durch ihre schädlichen Abwässer Nachteile über das Gemeinübliche hinaus verursachten, die Verleihung des Einleitungsrechts beantragen; dies galt auch für das gegebene Beispiel. In einem Verleihungsverfahren nach dem PrWG wurden im Jahre 1917 einem Grubenbetrieb folgende Auflagen gemacht, die die Leine, den Vorfluter für die Abwässer, schützen sollten.

Zunächst wurde die Verleihung zeitlich – auf zwanzig Jahre – begrenzt. Sodann wurde die Menge der erlaubten Einleitung werktäglich und auf das Jahr bezogen begrenzt und der Bau von völlig wasserdichten Abwasserbecken angeordnet. Die Becken sollten die hundertfache Menge der je zulässigen Tagesmenge fassen können; gegebenenfalls sollte der Fassungsraum auf Anweisung der Aufsichtsbehörde vergrößert werden müssen. Diese großen Becken sollten dazu dienen, die eingeleitete Abwässermenge mit den Abwässereinleitungen anderer Kalibetriebe an der Leine so abzustimmen, daß der Wasserhärtezuwachs an einem bestimmten Ort bei festgelegten Durchflußmengen bestimmte vorgegebene Werte nicht überschreiten konnte. Nötigenfalls konnte die Einstellung der Einleitung angeordnet werden. Durch diese variablen, den jeweiligen Wasserständen des Flusses angepaßten Grenzwerte konnte die Verschmutzung auf eine nach damaliger Auffassung vertretbare Menge festgelegt und Schaden möglicherweise in Grenzen gehalten werden.

In zusätzlichen Bestimmungen über die Zusammensetzung der Abwässer, die Analyse und Aufzeichnung von Analyseergebnissen durch den Betrieb und über die regelmäßige Prüfung der Unterlagen des Betriebes bezüglich Produktionsmengen und Abwässerbeseitigung versuchte sich die Aufsichtsbehörde Kontrollmöglichkeiten zu verschaffen. Um möglichen späteren Beschwerden und Entschädigungsansprüchen aus Kreisen der Landwirtschaft eine Argumentationsbasis zu geben, wurde dem Betrieb auferlegt, durch Sachverständige den Kulturzustand der landwirtschaftlichen Nutzflächen im Überschwemmungsgebiet der Leine planmäßig erkunden zu lassen; dies sollte in Zusammenarbeit mit den Aufsichtsbehörden geschehen und später gegebenenfalls wiederholt werden. Alle Kosten dieser Auflagen wurden dem Verursacher, dem Bergwerksbetrieb, auferlegt. Eventuelle fernere erhöhte Anforderungen bezüglich der Reinhaltung der Leine waren nicht ausgeschlossen.

Voraussetzungen für weitere Verbesserungen der Kaliabwässerreinigung wurden in den zwanziger Jahren von der Versuchsanstalt in

Zusammenarbeit mit der Industrie entwickelt. Statt der Einleitung in Flüsse wurde für die Endlaugen z. T. die Verdampfung und die Absenkung der Rückstände in tiefere Bodenschichten eingeführt.[59]

Die „Revolution" von 1918 bestand für die Versuchsanstalt wie für die meisten anderen Behörden in einer Namensänderung ohne wesentliche innere Veränderungen. Als „Preußische Landesanstalt für Wasser- und Bodenhygiene" war sie nun dem neugegründeten Preußischen Ministerium für Volkswohlfahrt unterstellt und konnte ihre Arbeit ungebrochen fortsetzen.

Im ganzen gesehen, mußte die Anstalt wie bisher sich eher dem Entwicklungsgang in der Abwässerproblematik anpassen und ihre Tätigkeit an bestehenden Problemen ausrichten. Obwohl sie ein großes Fachwissen konzentrierte und repräsentierte, konnte sie aufgrund der bestehenden Verwaltungsstruktur nicht steuernd in den Entwicklungsgang eingreifen. So waren die zwanziger und dreißiger Jahre einerseits bestimmt durch gewisse Fortschritte in der Frage der Kali- und Zuckerfabrikationsabwässer, andererseits durch höhere Abwasserbelastungen insgesamt. Die Rieselfelder waren als natürliche biologische Reinigungsvorrichtung „am Ende"; zwar wurde gleichzeitig die künstliche biologische Reinigung so verbessert, daß sie im größeren Stil hätte eingeführt werden können, doch waren wegen ständiger wirtschaftlicher Schwierigkeiten nur wenige Kommunen geneigt, die relativ hohen Kosten dafür aufzubringen. Neue Belastungen der Gewässer brachten eine Fülle neuartiger gewerblicher Abwässer mit sich, so aus der Produktion von synthetischem Kautschuk, petrochemischen Erzeugnissen, von galvanotechnischen Produkten, Schädlingsbekämpfungsmitteln und Pharmazeutika. Besonders die gewachsenen wirtschaftlichen Aktivitäten in der Aufrüstungs- und Autarkiepolitik der dreißiger Jahre steigerten die Mengen gefährlicher Abwässer überdurchschnittlich.[60]

Zwar gelang es der Landesanstalt, Versuche des Reichsgesundheitsamtes zu vereiteln, als Forschungsstelle der Zentralbehörden ebenfalls im Bereich der Abwässerbeseitigung gutachterlich tätig zu werden. Doch an der entscheidenden Verknüpfungsstelle zwischen beratender Forschung und Praxis der Gewässerreinhaltung gab es keine wesentlichen Fortschritte. Von sich aus hatte die Landesanstalt keine Möglichkeit, gestaltend auf den Ausbau eines Kläranlagensystems einzuwirken. Dies war in Anbetracht der wachsenden Gewässerbelastungen ein schwerwiegender Nachteil. Wie auch vor dem Weltkrieg mußte die

Initiative jeweils von den Kommunen oder der Gewerbeaufsicht bzw. den Regierungspräsidenten kommen. Auch wenn man die Zweckmäßigkeit einer solchen Verwaltungsorganisation, d. h. die Trennung von gutachterlicher- und Eingriffstätigkeit bejaht, darf nicht übersehen werden, daß nur für den Bereich öffentlich angelegter Kanalisationssysteme in Preußen eine indirekte Verpflichtung bestand, sich der Möglichkeiten der Landesanstalt zu bedienen. Die preußische Ministerialkommission, die für die Begutachtung von Neubauten kommunaler Abwassersysteme hinzugezogen werden mußte, wurde seit den zwanziger Jahren (bis 1936) in Personalunion vom Präsidenten der Landesanstalt geleitet. Dadurch wurde wenigstens die Mitarbeit der Landesanstalt bei kommunalen Wasserbaumaßnahmen gesichert, wenn schon nicht die Initiative von der Anstalt ausgehen konnte. Die Nutzung der gutachterlichen Dienstleistung war demgegenüber bei gewerblichen Genehmigungsverfahren allein von dem Willen des zuständigen Gewerbeaufsichtsbeamten abhängig. Daß daher in der Vorsorge gegen Gewässerverschmutzungen keine durchgreifenden Erfolge zu verzeichnen waren – trotz einzelner positiver Entwicklungen wie in der Kaliindustrie –, kann nicht verwundern. Warum die Beiziehung der Landesanstalt in solchen Genehmigungsverfahren nicht verbindlich gemacht wurde, erklärt sich wohl nur aus der Schwerkraft historisch gewachsener Kompetenzverteilungen.

Obwohl der Stand der Untersuchungen lediglich ein vorläufiges Urteil zuläßt, entsteht bei der Analyse einzelner Gutachten oder grundsätzlicher Äußerungen von Mitarbeitern der Anstalt der Eindruck, daß wirtschaftliche Überlegungen bei der Begutachtung möglicherweise eine größere Rolle spielten, als im Interesse der Sache zuträglich gewesen wäre. Wenn es auch volkswirtschaftlich sinnvoll ist, Kosten und Nutzen mit öffentlichen Mitteln gebauter Kläranlagen sorgsam zu prüfen, so kann doch nicht davon ausgegangen werden, daß die von der Anstalt angestrebte sparsame Aufwendung öffentlicher Gelder immer im Interesse des übergeordneten Ganzen gewesen ist. Wenn auch einzelne Kommunen dadurch Gelder einsparen konnten, verblieb doch das drängende Problem einer Koordination und Gesamtbilanz der Abwasserbelastung. Die verschiedenen gutachterlichen Tätigkeiten waren insgesamt zu unkoordiniert und die Handlungsmöglichkeiten der Landesanstalt zu beschränkt, als daß eine sorgsam überlegte Verteilung der Gewässerbelastung in Preußen hätte erreicht werden können.[61]

Mit großen Mängeln behaftet war auch die Organisation der Belastungskontrolle. Bis 1932 wurden zwar auf Anregung der Landesanstalt sieben Flußwasseruntersuchungsämter in Preußen eingerichtet. Diese konnten sowohl Daten zur besseren Kontrolle von Genehmigungsauflagen für einzelne Industriezweige als auch gleichzeitig Basisdaten liefern, die überhaupt erst einen angemessenen Bezugsrahmen für die mosaiksteinartigen Einzelgutachten boten. Ein solcher Rahmen war und ist eigentlich die entscheidende Voraussetzung für eine sinnvolle Wasserbewirtschaftung. Aber einmal abgesehen davon, daß die Zahl von sieben Flußwasseruntersuchungsämtern für die Größe Preußens nicht ausreichte, um ein einigermaßen ausreichendes Überwachungsnetz zu gewährleisten, war die Organisation und das Verhältnis dieser Ämter zur Landesanstalt äußerst problematisch. Diese Ämter waren keineswegs der Landesanstalt nachgeordnet; fünf der sieben wurden sogar aus privaten, d. h. industriellen Mitteln finanziert. Allein die Notwendigkeit wissenschaftlicher Zusammenarbeit, einheitlicher Methodenanwendung und eine gewisse personelle Verknüpfung durch Stellenwechsel u. ä. ermöglichte ein harmonisches Zusammenwirken.[62]

Wie leicht zu sehen ist, boten sich bei diesen Unzulänglichkeiten in den Arbeitsmöglichkeiten der Anstalt eine große Zahl von Verbesserungsmöglichkeiten und Entwicklungschancen. Daß diese nicht genutzt wurden, liegt ebenso in wirtschaftlichen Gegebenheiten wie an der politischen Kultur Deutschlands. Sicherlich setzten die finanziellen Möglichkeiten des Staatshaushaltes und die historisch gewachsene Struktur der Verwaltung einem sachlich gebotenen Ausbau der Tätigkeiten der Landesanstalt Grenzen. Entscheidend scheint aber gewesen zu sein, daß sich im Umgangsstil zwischen Exekutive und Legislative kein einschneidender Wandel gegenüber den Vorkriegsverhältnissen durchsetzen konnte. Der durchaus richtige Ansatz – nur als Ergebnis der Revolution zu verstehen –, die Landesanstalt dem neugeschaffenen Wohlfahrtsministerium zu unterstellen, blieb für sich genommen folgenlos, weil weder die leitenden Beamten des Ministeriums noch der Landesanstalt die notwendige Rückkoppelung an die demokratische Legislative der Republik und an die Parteien fanden. Die Auswirkungen der politischen Kultur des Obrigkeitsstaates, in der ein Werben der Exekutive um das Interesse und die Unterstützung der Legislative kaum vorkam, verhinderten auch in diesem Fall, daß zukunftsträchtige Ansätze sich politisch hätten durchsetzen können.

Bedenkt man die Einbindung dieser Art staatlich organisierter Forschungsarbeit in die gegebene Struktur, so ist der Anstalt zu bescheinigen, daß sie sich insgesamt redlich bemühte, wissenschaftliche Standards zu setzen und ihre administrative Umsetzung zu betreiben und zu fördern. Daß dabei keine spekulativen Einzelerfolge eintraten, daß auch einzelne Gutachter gelegentlich weniger im Bürgerinteresse als nach politisch-administrativen „Sachzwängen" urteilten, darf nicht verwundern. Festzuhalten bleibt, daß die Anstalt zumindest immer auf der Höhe der wissenschaftlich-technischen Entwicklung war und ihre Vorschläge oft, so etwa ihre Auffassung über die Abwässerlastpläne in den dreißiger Jahren, die Verbesserung der Abwässerreinigung wesentlich förderten, ja Ziele entwarfen, die z. T. erst weit nach Kriegsende der Verwirklichung nähergebracht wurden.

2.1.2.3. *Abwässerreinigung durch Kommunalverbände: Emscher- und Wuppergenossenschaft*

In der rauhen Alltagspolitik bestand in der Regel ein ziemlicher großer Unterschied zwischen theoretischer, gutachtender Tätigkeit und Praxis der Abwässerreinigung. Die Arbeit der Anstalt war von vornherein wissenschaftlich, aber zugleich anwendungsbezogen organisiert worden. Die Beschlüsse und Entscheidungen über den Bau und Zielrichtung von Abwässerkläranlagen trafen untere und unterste Verwaltungseinheiten, die sich nicht an wissenschaftlich-technischen Standards in erster Linie, sondern an praktischen, und das hieß allzu oft finanziellen Überlegungen orientierten. Große Unterschiede in der Abwässerreinigung waren nicht allein Ergebnis parteipolitisch differierender Ansichten, sondern hingen vom wirtschaftlichen Entwicklungsstand eines Gebietes ab. Wenn der industrielle Charakter einer Landschaft noch nicht sehr ausgeprägt war, standen die Chancen für eine Begrenzung der Wasserverschmutzung relativ günstig, selbst wenn in diesen Gebieten keine Kläranlagen für Haushaltsabwässer vorhanden waren. Anders sah es dagegen in den industriellen Verdichtungsräumen aus, wo man unter Abwässerreinigung sehr oft nur schnelle Ableitung in den nächstgelegenen größeren Fluß verstand.

Hindernisse für Verbesserungen in industriellen Räumen waren vielfältig. Was die Abwässerklärung der Gewerbebetriebe anging, war aufgrund der wissenschaftlich-technischen Kenntnislage manchmal nur die Wahl zwischen Einstellung der Produktion oder Verdünnung der Abwässer gegeben. Nachteilig war dabei, daß für die Industrie kein Anreiz bestand und die Kontrollen der Gewerbeaufsicht nicht ausreichten, um Verbesserungen kontinuierlich zu gewährleisten. Häufige Veränderungen in den Produktionsverfahren, die unter Umständen der Aufsichtsbehörde nicht einmal bekannt wurden, ließen Art und Menge von Schadstoffen schwanken. Krieg und Konjunkturlagen engten wirtschaftliche Möglichkeiten zur besseren Wassereinhaltung ein bzw. wurden häufig als Entschuldigung für Untätigkeit angeführt. Auch von seiten der Kommunen kam nicht immer genügend Unterstützung; und genügend Aktivitäten besonders in der Einführung der aufwendigeren biologischen Abwässerreinigung, die zumindest prinzipiell zur Verfügung stand, waren nicht vorhanden. Die finanziellen und politischen Belastungen, die aus verstärkter Wasserreinhaltung erwuchsen, mußten die Kommunen zu oft allein tragen. Die praktische Durchführung von Maßnahmen zur Beseitigung und Klärung der Abwässer blieb auf der untersten Ebene der politisch-administrativen Organisation den allzu oft finanzschwachen Kommunen oder den Wassergenossenschaften überlassen.

Als besonderes Beispiel für Arbeit und Probleme auf dieser untersten Ebene mag die Emschergenossenschaft gelten. Obwohl bei ihrer Planung und längst überfälligen Gründung die Regelung der Vorflutverhältnisse im Mittelpunkt der Diskussion gestanden hatte, war das eigentlich entscheidende Problem das der Abwässerklärung. Wenngleich vielleicht einige der Befürworter gemeint haben mochten, die Abwässerfrage werde sich schon weitgehend erledigen, wenn man nur durch ein ausreichendes Gefälle der Emscher für einen schnellen Abfluß der Abwässer in den Rhein sorgen könne, so war doch Experten und Technikern, die mit der Durchführung der Arbeiten betraut wurden, von vornherein klar, daß mit der Verbesserung der Vorflut Maßnahmen zur Abwässerklärung einhergehen mußten.

Deshalb sah der Generalplan des Regierungsbaumeisters Middeldorf von 1903 neben der Regelung der Vorflut, d. h. der Erhöhung der Fließgeschwindigkeit und Vorsorge für einen angemessenen Wasserabfluß, die Errichtung von 23 Kläranlagen vor. Durch die geniale Erfindung des „Emscherbrunnens" durch den technischen Leiter der Genossenschaft, den Ingenieur Imhoff, konnte dieses Ziel auch bald erreicht werden.

Der Emscherbrunnen war sozusagen eine Kombination von mechanischer und biologischer Kläranlage. In einer zweistöckigen Anlage, die einem Brunnen ähnelt, durchfloß das Abwasser einen Absetzraum, in dem die mitgeführten Schwebstoffe allmählich nach unten sanken. Im darunter liegenden Faulraum wurden die abgesetzten Schwebstoffe bis zur Entschlammung gesammelt und dabei einem Faulprozeß ausgesetzt. Hielt man das Abwasser immer relativ frisch, d. h. ließ man es nicht zu lange stehen, und wurde die Anlage rechtzeitig entschlammt, arbeitete diese Kläranlage relativ geruchlos.

Durch diese Erfindung Imhoffs konnte die Genossenschaft die ursprüngliche Forderung der Aufsichtsbehörde nach einer biologischen Reinigungsstufe abweisen. Die enorm kostengünstige Verfahrensweise erlaubte es, bis zum Ersten Weltkrieg in 23 Anlagen 138 Emscherbrunnen zu schaffen, die das Abwasser von ca. 900 000 Menschen klärten. Der Ausbau und die Verbesserung der Anlagen wurde dann durch den Beginn des Krieges verzögert, einige Anlagen mußten sogar – wegen fehlender sachkundiger Bedienung unbrauchbar geworden – geschlossen werden.[63]

In der ersten Phase der Genossenschaftstätigkeit wurde aus technischen und wirtschaftlichen Gründen auf einen Ausbau der Ausfaulungsanlagen verzichtet. Selbst nach der zweiten Ausbauphase – von 1923 bis 1928 wurden nochmals neun Kläranlagen, darunter die Emscher-Flußkläranlage an der Flußmündung gebaut, denen allerdings einige Stillegungen gegenüberstanden – waren von den dann zwei Millionen Einwohnern, zu deren Abwässer die der Industrie kamen, erst die Hälfte an Kläranlagen mit besonderer Ausfaulung angeschlossen. Wo eine solche Anlage nicht bestand, wurden die anfallenden Schlämme der Absitzbecken nach Trocknung als Düngerstoffe verwendet. Wie eine Eigenschrift des Verbandes 1930 feststellte, spielte „biologische Reinigung . . . in dem Arbeitsgebiet der Emschergenossenschaft eine nachgeordnete Rolle“. Den Grund dafür, daß man nach der in der ersten Phase noch aus technischen und Kostengründen einsehbaren Zurückhaltung in der Verwendung anspruchsvollerer Reinigungsmethoden später weiterhin die biologische Reinigungsmethode vernachlässigte, beleuchtet eindrucksvoll die gleiche Schrift des Emscherverbandes:

„Die außerordentlichen Vorteile des Emscherbrunnens liegen in seiner ungekünstelten, übersichtlichen Durchbildung, in der möglichsten Vermeidung von maschinellem Betrieb, in der einfachen, auf Anweisung durch jeden Ungeschulten möglichen Bedienung, damit im Zusammenhang in den niedrigen Unterhaltungs- und Betriebskosten ... Die vielfach angepriesenen Verbesserungen stellen fast in allen Fällen nur eine umständlichere Konstruktion dar und verteuern den Bau und vielfach den Betrieb."

Offensichtlich um die höheren Kosten zu umgehen, die durch eine verstärkte biologische Reinigung verursacht worden wäre, vermied es die Genossenschaft, die Abwässer bis zu dem damals möglichen technischen Maximum zu reinigen, sondern beschränkte sich auf die Abstellung grober Belästigungen und ökologischer Schäden wie Geruchsbildung und Verschlammung. Zurückzuführen ist diese Strategie auf die Struktur der Genossenschaft, in der sowohl die Genossen als auch die Beitragspflichtigen ein großes Interesse an möglichst geringen finanziellen Belastungen hatten. Während aber die Kommunen unter dem Zwang standen, Prioritäten in immer mageren Gemeindehaushalten setzen zu müssen, schlug sich für gewerbliche Beitragszahler der Kostenvorteil in höheren Gewinnen nieder. Erst die Kritik, die im Preußischen Landtag am Zustand der Emscher geäußert wurde, veranlaßte in der Mitte der 20er Jahre erste Untersuchungen der Emschergenossenschaft zur Verbesserung der biologischen Reinigung. Dabei ergab sich, daß eine getrennte Schlammausfaulung zur biologischen Reinigung bei größeren Anlagen „wirtschaftlicher" sei, wohingegen bei „kleinen Anlagen bis etwa 10000 Einwohner" der Emscherbrunnen günstiger sei. „Maßgebend für die zu wählende Ausführung wird immer die Wirtschaftlichkeitsberechnung sein", hieß die Leitlinie, die damit nicht einmal eine Optimierung von Kosten zum Reinigungsgrad anstrebte. So wurde auch das (biologische) Belebtschlammverfahren zu Gunsten des (ebenfalls biologischen) Tropfkörperverfahrens abgelehnt, da das Belebtschlammverfahren technisch und wirtschaftlich aufwendiger war. Die Ablehnung erfolgte, obwohl „nicht verkannt wird ..., daß es insbesondere die Reinigung bis zu einem Grad durchzuführen vermag, der bei Tropfkörpern nicht erreichbar ist". Da die Emschergenossenschaft zu diesem Zeitpunkt bereits ein relatives technisches Monopolwissen angehäuft hatte, konnte das gute Gewissen der Verantwortlichen auch nicht durch drohende Eingriffe der politischen Aufsichtsbehörden gestört werden. Auch parlamentarische Kritik („Höllenfluß", „verseucht") führte nicht zu einer grundlegenden Veränderung.[64]

Da die Art der Gewässerreinigung sehr stark von der Art der Abwässer abhängig ist, ergaben sich für den von der Genossenschaft erzielten

Reinigungsgrad schwerwiegende Probleme aus der Tatsache, daß sowohl städtische wie industrielle Abwässer in die Bachkläranlagen flossen. Obwohl die Industriewerke in dem Bereich der Genossenschaften verpflichtet waren, ihre Abwässer einer Vorklärung zu unterziehen, gab es ständig Schwierigkeiten mit der Reinigung der Industrieabwässer, besonders solcher der Kohleveredlung und der Chemie. Schon während der Kriegs- und ersten Nachkriegszeit hatte es eine Fülle von Beschwerden darüber gegeben, daß die Industriewerke ihre Verpflichtungen nicht einhielten. Eine begrenzte kurzfristige Entlastung hatte dann der Ruhrkampf, d. h. die wirtschaftliche Zwangspause während der Besetzung des Ruhrgebiets durch Franzosen und Belgier im Jahre 1923 gebracht; danach traten jedoch die gleichen Schwierigkeiten wieder auf: Kohleschlämme und phenolhaltige Abwässer belasteten die Kläranlagen der Genossenschaft und die Vorflut bis in den Rhein.

Wie unabhängig von den staatlichen Aufsichtsbehörden die Emschergenossenschaft operieren und wie sehr sie das Tempo von Abwasserreinigungsmaßnahmen bestimmen konnte, zeigt das Verhalten der Genossenschaft gegenüber den Verursacherbetrieben aus der Montanindustrie. Obwohl zum Beispiel die Kohlezechen in der Genossenschaft schon im eigenen Interesse den Kohlenschlamm, der bei Förderung und Aufbereitung der Kohle zusammen mit den Abwässern anfiel, hätten extrahieren und als Brennstoff verwenden können, bemühten sich die Zechen erst gar nicht um eine Reinigung der Abwässer vom Kohlenschlamm. Den Zechen kam es auf eine strenge betriebswirtschaftliche Kalkulation an, die an der eigenen Profitmaximierung orientiert in der schwierigen konjunkturellen Entwicklung der 1920er Jahre Ausgaben für die Extrahierung des Kohlenschlamms ausschloß. Bloße Appelle der Genossenschaft an die Verursacher konnten keine Abhilfe schaffen, und so entschloß sich die Genossenschaft, selbst sogenannte Bachkläranlagen zu bauen, die wenigstens kurzfristig Abhilfe gegen den Kohlenschlamm brachten. Da die Kapazität dieser Anlagen jedoch bald erschöpft war, baute die Genossenschaft eine Großkläranlage, wo seit 1925 mit allen übrigen Abwässern auch 80% der Zechenabwässer behandelt wurden, und zwar mit durchaus zufriedenstellenden Ergebnissen, wenn man das zeitgenössische Kriterium gelten läßt: „Im Ablauf der Anlage ist nur noch die auch sonst im Flußwasser übliche Menge an absetzbaren Stoffen vorhanden . . .“[65]

Ebenso wie es auf diese Weise durch dreistes Eingeben von Schmutzwässern den Zechen gelang, wenigstens einen Teil der Reinigungskosten zu „vergesellschaften“, so verstanden es auch die Kokereien, das Problem der Reinigung phenolhaltiger Abwässer und das Aufbringen von Folgekosten privatkapitalistischer Produktionsweise an die Emschergenossenschaft abzutreten. Phenolhaltige Abwässer, die als Nebenprodukte der Kokereien entstanden, waren bereits vor dem Ersten Weltkrieg über die Emscher in den Rhein gelangt. Nach 1910 hatten die Klagen über Geschmacksverschlechterungen der noch gefangenen Rheinfische – soweit sie unterhalb der Emschereinmündung gefangen worden waren – erheblich zugenommen und hatten zu Anfragen der Düsseldorfer Bezirksregierung bei der Emschergenossenschaft geführt. Nach Lage der Dinge konnten die phenolhaltigen Wässer nur aus dem Bereich der Emschergenossenschaft kommen, und so erklärte sich die Genossenschaft bereit, alles aufzubieten, „was nach dem jetzigen Stand der Technik mit wirtschaftlich zu verantwortenden Mitteln ausführbar ist“. Da „in Anbetracht der hohen Kosten, die diese Abhilfemaßnahmen erfordern werden, die eingehende Prüfung der letzteren geboten erscheint“, verzögerten sich die entsprechenden Maßnahmen um Jahre. Der Kriegsbeginn führte zur Einstellung der Untersuchungen; auf Anfrage der Regierung mußte auch Prof. Fischer vom Kaiser-Wilhelm-Institut für Kohleforschung einen entsprechenden Untersuchungsauftrag wegen kriegsbedingten Personalmangels ablehnen.

Nachdem die Sache dann zunächst in Vergessenheit geraten war, wurde erst Mitte der 20er Jahre die Forschung seitens der Emschergenossenschaft intensiviert. Anlaß dazu waren erneute Beschwerden der Rheinfischer. Die Inbetriebnahme entsprechender Reinigungsanlagen schien aber nach wie vor in weiter Ferne zu liegen. Erst nach einem Großversuch, so argumentierte die Genossenschaft, sobald sich herausgestellt habe, „daß die Verfahren wirtschaftlich durchführbar sind, können sie allgemein im Emschergebiet eingeführt werden“. Verärgert berichtete nun die Düsseldorfer Regierung nach Berlin, daß sie „die an der Emscher eingeführte Lösung der Abwässerfrage“ insgesamt für ungenügend hielt. Daraufhin wurde im Landwirtschaftsministerium ein Änderung des Emschergesetzes erwogen.

Um dies abzuwehren, beschleunigte die Emschergenossenschaft ihre Bemühungen. 1925 fand die Genossenschaft ein Verfahren, daß ihr wirtschaftlich vertretbar erschien. Da sich die Trennung der phenolhaltigen Stoffe aus den Kokereiabwässern als zu schwierig herausgestellt hatte, war nur der Weg übrig geblieben, das Ziel über eine Veränderung des Produktionsprozesses zu erreichen. Die Emschergenossenschaft selbst baute und finanzierte direkt bei den Produktionsanlagen entsprechende Extraktionsanlagen. Mit Kosten von zunächst 150000 M baute die Genossenschaft vier Behelfsanlagen. Drei spätere endgültige Anlagen sollten mit einer Klärwirkung von 70% arbeiten. Das angewendete System erlaubte wirtschaftliches Arbeiten, d. h. für die Genossenschaft die Deckung der Zins- und Tilgungskosten des Anlagekapitals und der Kosten für Betriebs und Verwaltung. Dies gelang durch Verkauf der extrahierten Produkte. Schließlich wurde ein Entphenolungsprogramm für 24 Kokereien mit 30000 t/Jahr und 60000 t/Jahr Ammoniak- bzw. Phenolerzeugung geplant; vorher waren die genannten Mengen einfach mit den übrigen Abwässern Emscher und Rhein zugeflossen.

Als infolge der Weltwirtschaftskrise seit 1929 die Kohleproduktion und die Phenolpreise sanken, mußte die Genossenschaft unter den bestehenden Arbeitsbedingungen ihr Programm strecken. Die Erlöse deckten nicht mehr die Kosten, gleichzeitig ging die Kohle- und Kokserzeugung zurück. Von 12 ausgeführten Anlagen waren im Jahre 1931 nur acht in Betrieb, die zusammen 1100 t Phenol auswuschen. Bei einer Gesamtproduktion von 6000 t, bedingt durch die verminderte Kokserzeugung, wurden also immer noch erhebliche Mengen in den Rhein abgeleitet. Die Genossenschaft tröstete sich damit, daß ja „die Verhältnisse im Rhein in Verbindung mit der Wirkung der Emscherflußkläranlage zur Zeit günstiger sein (müssen) als vor dem Jahre 1910“. Erst bei besserer Konjunkturlage erwartete die Genossenschaft, ihre Bautätigkeit wieder aufnehmen zu können.[66]

Wie stand es nun wirklich mit der immer wieder von der Genossenschaft geforderten wirtschaftlichen Vertretbarkeit der Abwässerreinigung an der Emscher? Welche Kosten, welche Nutzen entstanden? Die ordentlichen Ausgaben der Genossenschaft setzten sich aus zwei Kostenarten zusammen: 1. Unterhaltung, Betrieb und Verwaltung der Anlagen, 2. Verzinsung und Tilgung des Kapitals, das zum Bau der Anlagen aufgenommen wurde. Diese Kosten stiegen seit 1908 stetig an, doch gelang es ab 1925, die Unterhaltungskosten auf einem Niveau von ca. 2,2 Millionen Mark zu stabilisieren. Gedeckt wurden diese ordentlichen Ausgaben durch Umlagen. Hinsichtlich der Verzinsung und Tilgung profitierte die Genossenschaft von der Inflation der frühen zwanziger Jahre. Von einem Altbesitz von ca. 41 Millionen Mark

Anleihen brauchte sie nur 5,1 Millionen Mark abtragen bzw. entsprechend verzinsen. Erst mit Beginn einer Neuverschuldung nach 1924 stiegen die entsprechenden Kosten wieder an.

Anleihen auf dem Kapitalmarkt deckten die außerordentlichen Kosten, die Baukosten. Sie steigerten sich schnell von ca. 3 Millionen Mark (1906) auf etwas über 10 Millionen Mark im letzten Vorkriegsjahr 1913, sanken aber danach durch die Kriegswirtschaft und die daraus folgende Beanspruchung des Kapitalmarktes durch Kriegsanleihen auf 1,2 Millionen Mark 1917. Erst nach der Geldentwertung 1923 und der Stabilisierung der Wirtschaft ab 1924 konnte die planmäßige Finanzierung der Baupolitik wieder einsetzen. In den folgenden sieben Jahren wurden erneut etwa 31,6 Millionen Mark aufgenommen, gegenüber ca. 53 Millionen Mark 1906–1913.

Hatten die Kommunen als Mitglieder der Genossenschaft bis 1919 ca. 35%–40% des ordentlichen Haushalts durch Umlagen finanziert, (die Bergwerke ca. 50%, der Rest entfiel auf Eisen- und Stahlwerke und andere Betriebe), so veränderte sich der Anteil der Gemeinden zu ihren Gunsten auf ca. 25% der Kosten. Diese Verminderung war vor allem darauf zurückzuführen, daß bei den Bergwerken ein erheblicher Mittelbedarf für die Wiederherstellung und Erhaltung von Kläranlagen entstand. Die Gemeinden zahlten 1930 pro Einwohner 37,7 Pfennige als Umlage, was etwa dem Stundenlohn eines Angelernten entsprach. Die Bergwerke entrichteten pro Tonne Kohle 0,7 Pfennige und die Eisenindustrie 8,2 Pfennige pro Tonne Roheisen. Ein Vergleich mit den Kosten bei der Ruhrgenossenschaft zeigt, daß die Belastung an der Emscher erheblich günstiger war als an der Ruhr. Da die Belastungen ja auch an der Ruhr tragbar waren, lagen die durchschnittlichen Belastungen bei der Emschergenossenschaft an der unteren Grenze des technisch-ökologisch Notwendigen und des ökonomisch Möglichen. Zumindest hätte man während der verbesserten Konjunktur 1924–1928 entscheidende Schritte zu durchgreifenden Maßnahmen in der biologischen Reinigung unternehmen und sich damit auch steigende Lasten zumuten können. Statt dessen sah die Genossenschaft ihr Ziel darin, zusätzliche Kosten nach Möglichkeit zu vermeiden.[67]

Die politisch-administrative Struktur, in der Umweltschutz als Gewässerschutz damals funktionierte, bot zwar Chancen, aber auch Nachteile. Die Leistung der Emschergenossenschaft lag vor dem Ersten Weltkrieg vor allem darin, in relativ kurzer Zeit die über Jahrzehnte angestauten Übelstände oberflächlich beseitigt zu haben. Die weitere Verschlechterung der Lage der Gewässerreinhaltung wurde vermieden, und erste Ansätze zu einer Verbesserung über den status quo hinaus wurden in der biologischen Reinhaltung gemacht. Zugleich wurden die unmittelbar staatlichen Bürokratien von Aufsichts- und Dienstleistungsaufgaben entlastet und im großen und ganzen die Verursacher von Umweltschäden für die Folgekosten verantwortlich gemacht.

Nachteilig wirkte sich aus, daß die Verursacher dank des Selbstverwaltungsprinzips das Niveau der Wasserreinhaltung weitgehend selbst bestimmen konnten. Dadurch wurde der größtmögliche Schutz der Umwelt gar nicht erst angestrebt und auch eine Kontrolle der Maßstäbe für das Verhältnis von Kosten und Reinhaltungszielen weitgehend unmöglich. Die Beschränkung der Kosten für die Wasserreinhaltung schützte die Unternehmen vor der schwierigen Aufgabe, Kosten über die Preise am Markt zu verteilen, die Gemeinden davor, städtische Haushalte durch Belastung der Bürger oder Betriebe über die Gewerbesteuer auszugleichen und dabei politische Querelen in Kauf nehmen zu müssen.

Die nationalsozialistische Herrschaft stand unter den Zeichen der allmählichen Wiederbelebung der Konjunktur durch Aufrüstung und der allgemein zunehmenden Belastung der Gewässer. Die NS-Zeit brachte aber der Emschergenossenschaft keineswegs neuen Wind in die Segel, nachdem die schwere Wirtschaftskrise überwunden war. Zwischen 1928 und 1952 wurde nur noch die allerdings größte Kläranlage „Alte Emscher“ bei Duisburg gebaut. Im übrigen beschränkte sich die Genossenschaft auf gelegentliche Erweiterungen und Umbauten, um die Klärwirkungen zu sichern. Lediglich die Entphenolungsanlagen wurden zügig auf 3820 jato (1942) ausgebaut, da sich aus der Wiedergewinnung ein wirtschaftlicher Vorteil ergab.

Die finanziellen Aufwendungen für Neubauten betrugen denn auch zwischen 1933 und 1945 nur etwas über 4 Millionen Reichsmark gegenüber ca. 9,5 Millionen Reichsmark 1923–1933. Von 1930–1936 blieben die regulären Kosten des ordentlichen Haushalts auf annähernd dem gleichen Niveau von ca. 5,5 Millionen Reichsmark p. a., um dann über 1937 7 Millionen bis 1945 auf einen Druchschnitt von ca. 11 Millionen Reichsmark p. a. anzusteigen. Wieweit hier die Ausgaben für Wiederherstellungsarbeiten zu Buche schlugen, müßte noch untersucht werden. Denkbar erscheint, daß sowohl der jahrelange Betrieb an der unteren Kostengrenze einen gesteigerten Erneuerungsbedarf verursachte bzw. die älteren Anlagen allmählich reparaturanfällig wurden als auch daß Kriegsschäden höhere Kosten verursachten. Die Verteilung der Beiträge zum ordentlichen Haushalt auf die einzelnen Zahlergruppen blieb im ganzen in der oben angegebenen Relation.

Wie aus diesen Angaben ersichtlich, muß die Zeit der NS-Herrschaft für die Emschergenossenschaft als Phase der Stagnation angesehen werden, in der es darum ging, das Erreichte wenigstens zu erhalten. Die in Amt und Würden gelangten Kommunalpolitiker nationalsozialistischer Couleur setzten keinen Ehrgeiz darein, durch ihre Steuerungsmöglichkeiten in den Organen der Genossenschaft dem viel zitierten Wort „Gemeinnutz geht vor Eigennutz" bei der Abwasserwirtschaft im Emschergebiet zu einem Durchbruch zu verhelfen. Das Interesse an der Aufrüstung und der ungestörten Wirtschaftentwicklung ließen dem NS-Staat einen Verzicht auf verstärkte Abwasserreinigung mit höheren Kosten angeraten erscheinen.

Noch gravierender waren die Folgen der NS-Außenpolitik für das technische System der Abwässerreinigung an der Emscher. Von 1942 an nahmen die Luftangriffe auf das Ruhrgebiet ständig zu, und natürlicherweise wurden auch die Kläranlagen Opfer der niedergehenden Bombenfrachten. Die große Emscherflußkläranlage an der Emschermündung wurde von zwei schweren Angriffen getroffen. „Alle Kläranlagen waren schwer mitgenommen, die größeren fast zerstört . . . Alle Entphenolungsanlagen waren zerbombt oder ausgebrannt. Es schien bei Kriegsende zuerst sinnlos, angesichts dieser Trümmerhaufen wieder aufzubauen." So faßte ein Mitarbeiter der Genossenschaft die Auswirkungen des Zweiten Weltkrieges auf die technischen Anlagen der Genossenschaft zusammen.[68]

Nach dem Vorbild der Emschergenossenschaft wurde auch in verschiedenen anderen Gebieten die schwierige Aufgabe des Gewässerschutzes angegangen. So wurden Genossenschaften für die Ruhr, die Lippe, die Wupper und die Niers gebildet. Fast immer kam der Anstoß zu solchen Maßnahmen von den lokal Betroffenen, seien es Bürger, Wasserwerke, Gemeinden oder die Aufsichtsbehörde beim Regierungspräsidenten. In allen Fällen wurde aber die endgültige Lösung nicht durch ein Verfahren nach dem PrWG, sondern durch spezielle Gesetze des Landtags erreicht. Parteipolitisch betrachtet waren meist Zentrum, SPD und KPD entschiedener für diese Maßnahmen als die weiter rechts stehenden Parteien. Dies hinderte nicht, daß oft lokale und überregionale Parteigliederungen unterschiedlicher Meinung waren.

Als noch verständlich erscheint das Verfahren, den Ruhrverband durch ein Sondergesetz (5. 6. 1913) zu bilden – schließlich war das Preußische Wassergesetz (PrWG) ja erst kurz vorher verabschiedet worden und noch nicht in Kraft getreten. Doch muß an der Zweckmäßigkeit des PrWG und seiner Bestimmungen über das Genossenschaftswesen gezweifelt werden, wenn man bedenkt, daß in drei weiteren Fällen stark verschmutzter und gefährdeter Flußläufe Verfahren nach dem PrWG nicht zum Zuge kamen, sondern wegen der heftigen Interessengegensätze nur durch Sondergesetze die Bildung von Reinhaltungsgenossenschaften erzwungen werden konnte.

So verhielt es sich im Fall der linksrheinischen Niers, für die nach vorangegangenen Vorarbeiten im Jahre 1918 eine Reinhaltungsgenossenschaft nach dem PrWG gebildet wurde. Da aber praktisch bis 1924 nichts geschah, sondern sich die verschiedenen Interessenten – Kommunen, Industriewerke, Landwirtschaft, Ober- und Unteranlieger – zerstritten, konnte erst nach Verabschiedung des Niersgesetzes durch den Preußischen Landtag (2. 7. 1927) der Sanierungsplan, den der Regierungsbaumeister Mahr im Jahre 1914(!) aufgestellt hatte, zur Grundlage einer Niersregelung und -reinhaltung gemacht werden. Nach der Übernahme kommunaler und gewerblicher Kläranlagen konnten erst ab 1934 Eigenbauten der neuen Genossenschaft in Betrieb genommen werden. Sie waren technisch durchaus auf hohem Stand, wurden aber bereits bald nach Inbetriebnahme durch Kriegseinwirkungen zerstört.

Als äußerst schwierig erwies sich auch der Versuch, für das Gebiet der Lippe eine Reinhaltungsgenossenschaft zu gründen. Durch das Vordringen des Ruhrbergbaus nach Norden, etwa seit 1900, wurden einzelne Nebenflüsse der Lippe und ihr Unterlauf immer stärker industriellen Abwassereingaben ausgesetzt, obwohl das Gesamtgebiet seinen ländlichen Charakter nur stellenweise änderte. Im Jahre 1913 hatte der Regierungspräsident von Münster, v. Jarotzky, dem Baudirektor der Emschergenossenschaft Helbing einen Untersuchungsauftrag erteilt, der klären sollte, ob die Bildung einer Lippegenossenschaft notwendig sei. Obwohl diese Arbeit durch den Krieg verzögert wurde, stand Ende 1916 als Ergebnis die Empfehlung, von Hamm flußabwärts eine Genossenschaft mit vorbeugenden Wasserreinhaltungsmaßnahmen zu betrauen. Dies sollte schleunigst geschehen, damit Zustände, wie sie vor Einrichtung der Emschergenossenschaft im dortigen Gebiet geherrscht hatten, an der Lippe erst gar nicht entstehen könnten. Zur Durchsetzung wurde von Helbing ein Sondergesetz empfohlen, da er die Möglichkeiten des PrWG für unzureichend hielt. Nach Besprechungen mit den anderen tangierten Regierungspräsidenten und Organisationen (Arnsberg, Emschergenossenschaft) wurde ein Arbeitsausschuß zur Fortführung des Vorhabens gebildet (3. 5. 1919).

Diese Planung stieß auf Widerstand in den zuständigen preußischen Ministerien, von denen sich vor allem das Landwirtschaftsministerium dafür einsetzte, das Genossenschaftsgebiet auf das ganze Lippegebiet auszudehnen, da auch im oberen Flußgebiet Verschmutzungen aufträten und eine Fülle von Be- und Entwässerungsgenossenschaften bereits Ansprüche an den Wasserschatz der Lippe gestellt hätten. Trotz der gegenteiligen Auffassung des Arbeitsausschusses, der überwiegend aus lokalen Interessenvertretern bestand, konnte sich das Landwirtschaftsministerium zunächst soweit durchsetzen, daß Helbing vom Arbeitsausschuß mit der Ausarbeitung einer neuen Denkschrift beauftragt wurde.

In der Neufassung kam jener zu einigen anderen Erkenntnissen. Zwar sei die Verschmutzung der Lippe nicht so stark, wie man vielleicht befürchten könne, aber bereits oberhalb von Hamm sei das Lippewasser durch Salinen sehr stark versalzen, und der Salzgehalt steige im Unterlauf durch die salzhaltigen eingeleiteten Grubenabwässer noch stark an. Der Zustand der zahlreichen Nebenbäche sei zudem „wesentlich ungünstiger". Die zukünftige Entwicklung des Bergbaus im Lippegebiet werde den Verschmutzungsgrad entscheidend beeinflussen. Als Zielvorstellungen für eine Reinhaltungsgenossenschaft nannte Helbing: „Die Klärung der häuslichen Abwässer wird man im Lippegebiet weiter treiben können, als es im Emschergebiet der Fall war. . . . die Lippe selbst wird Wasser führen, das zwar nicht für Trinkwasserzwecke, wohl aber noch für feintechnische und bestimmt grobtechnische Zwecke nutzbar ist und auch noch der Landwirtschaft dienen kann, und die Beeinflussung des Rheins wird auf ein Minimum zurückgeführt sein." Am Ende seiner Überlegungen schloß er sich der Auffassung des Landwirtschaftsministeriums an und verlangte nun auch eine Lippegenossenschaft von der Quelle bis zum Rhein, „die sich nicht nur auf die Regulierung der Vorflut und Abwässerbeseitigung . . . beschränken" solle, sondern auch „den Wasserschatz im

Verbandsgebiet ... verwalten" und Anlagen für dessen Nutzung und Erhaltung betreiben solle.

Dieser Vorschlag wurde von den zuständigen preußischen Ministerien noch um die Aufgabenstellung „Schutz und Förderung der Landeskultur und Wasserversorgung" ergänzt und in einem Gesetzentwurf den westfälischen und rheinischen Provinzialausschüssen zur Stellungnahme zugeleitet. Beide Gremien lehnten am 30. 10. bzw. 20. 11. 1923 den vorgelegten Entwurf, soweit das Genossenschaftsgebiet betroffen war, ab; unterschiedlich war hingegen die Stellungnahme zur Aufgabenstellung der Genossenschaft: der westfälische Ausschuß wollte für die Genossenschaft, die den unteren Lippelauf betreuen sollte, nur Abwässerreinigung als Aufgabe zulassen, der rheinische Ausschuß verlangte weitergehend die Reinhaltung des Flusses. Um die weiteren Beratungen und die Bildung einer Genossenschaft nicht zu verzögern, stimmte der Arbeitsausschuß entgegen seiner besseren Einsicht, die durch Helbings neue Denkschrift gewonnen wurde, der Beschränkung des Genossenschaftsgebietes zu und unterstützte die Beschränkung der Aufgabe auf „Abwasserbeseitigung". Diese Gedanken wurden in den endgültigen Entwurf aufgenommen, der dem Landtag zugeleitet wurde.

Nachdem der Gesetzentwurf am 29. 12. 1924 dem Landtag zugeleitet worden war, bildete dieser einen Sonderausschuß, der sich intensiv mit der Materie befaßte und u. a. eine Besichtigungsreise an die Lippe unternahm. Der Sonderausschuß war vor das Problem gestellt, einerseits die Interessen der Bergwerksbesitzer, die den Entwurf in der vorliegenden Form ebenso wie der Baudirektor der Emschergenossenschaft Helbing unterstützen, und andererseits die Interessen der heftig protestierenden Landwirtschaft und einiger Industriefirmen wie der Rheinisch-Westfälischen Elektrizitätswerke und der Vereinigten Westfälischen Elektrizitätswerke gegeneinander abzuwägen. Während die ersteren als Aufgabe der Genossenschaft Abwasserreinigung wie im Entwurf vorgesehen durchsetzen wollten, ging es letzteren um die Reinhaltung der Lippe. Obwohl dafür keine Kriterien benannt wurden, war der Sinn dieser Forderung klar: die Verschmutzung der Lippe sollte so gering wie nur irgend möglich gehalten werden.

In der klaren Absicht, vorbeugend gegen zunehmende Verschmutzungen wirken zu wollen, um Zustände wie an der Emscher, d. h. letztlich einen reinen Abwasserkanal größeren Umfanges zu verhindern, schloß sich die Mehrheit des Sonderausschusses der Forderung nach Reinhaltung der Lippe an. Mit Rücksicht auf die Industriewerke, die als Genossen in den Verband eintreten mußten und denen immerhin 40% der Stimmen in der Genossenschaft zugestanden wurden, wurden aber zu belastende Einzelbestimmungen nicht ins Gesetz hineingeschrieben, sondern die Art der Reinhaltung der zu gründenden Genossenschaft selbst überlassen. Obwohl ja mit der Emschergenossenschaft diesbezüglich nicht die besten Erfahrungen gemacht worden waren, erschien den Abgeordneten die Genehmigung der Baupläne durch das Landwirtschaftsministerium als hinreichende Sicherung gegen eine zu enge Auslegung der Reinhaltungsvorschrift.

So stellte denn das endgültig am 16. 12. 1925 verabschiedete Gesetz einen Kompromiß dar, der im wesentlichen von Sozialdemokraten und Zentrum getragen wurde, während die KPD eine Beschränkung des Einflusses der Industriewerke ebenso vergeblich forderte, wie die Deutschnationalen und die Deutsche Volkspartei Erleichterungen für die Industrie verlangt hatten. Das Gesetz stellte insoweit eine Sonderheit dar, als hier der Grundsatz der Vorbeugung erstmals umweltpolitisch zum Tragen kam.[69]

Ein besonders lehrreiches Beispiel für die Verzögerung wichtiger Wasserschutzbelange stellt die Wupperverschmutzung dar. Hier läßt sich erkennen, wie die Interessen einzelner Kommunen mit denen ihrer Gewerbebetriebe verschmolzen, sich dabei gegen andere kommunale Interessen und die Allgemeinheit durchzusetzen wußten in ihren Bestrebungen, durch Nichtstun Kosten zu sparen. Der staatlichen Bürokratie blieb bei der gegebenen Rechtslage und Verwaltungspraxis wenig mehr als eine vermittelnde Rolle, die sich in erster Linie auf die Vorbereitung von Konfliktlösungsmodalitäten erstreckte, ohne die Lösung selbst herbeiführen zu können. Worum ging es?

Im Jahre 1905 hatten die beiden großen Städte des Wuppertales, Elberfeld und Barmen, mit zusammen ca. 340000 Einwohnern (1910), den Bau von Kanalisationen und einer gemeinsamen Kläranlage begonnen. Diese Anlage in Buchenhofen sollte nach der mechanischen Methode betrieben werden. Zur Vorbereitung des Baus waren von Elberfeld die Dienste der preußischen Versuchsanstalt in Anspruch genommen worden. In ihrem Gutachten wies die Anstalt auf die besonderen Probleme der beiden Städte hin. Da die Abwässer der Fabriken „meist wohl ganz ohne Klärung“ in die Wupper gingen und insbesondere die Farbwerke Bayer & Co. aus ca. 95 Abflüssen „nicht bloß freie Säure, sondern auch noch viele aggressiv wirkende Farbstoffe" eingaben, war die Selbstreinigungskraft der Wupper völlig überfordert, mit den biologisch leicht bis schwer abbaubaren Stoffen fertig zu werden. Die Säuren erstickten auf einer weiten Strecke jegliches bakterielle Leben. „Bis zu ihrem Einfluß in den Rhein bleibt die Wupper infolge der durch die aufgenommenen Verunreinigungen erfolgten Verminderung ihres Selbstreinigungsvermögens und infolge weiterer Abwässerzuflüsse aus industriellen Betrieben der anliegenden Industriegebiete immer noch mehr oder weniger verunreinigt", schrieben die Gutachter der Versuchsanstalt wenig später. Fische gab es natürlich in einem solchen Gewässer nicht mehr und auf weite Strecken nicht einmal mehr Algenleben.

Die lediglich mechanische Klärung der Abwässer von Elberfeld und Barmen in Verbindung mit den sauren Industrieabwässern machten damit die Wupper zu einer besonders übelriechenden Kloake. Ungünstig auf den Zustand der Wupper wirkten sich ferner Stauwehre aus, die im Unterlauf von Privatbesitzern angebracht worden waren und der Elektrizitätserzeugung dienten. Dadurch wurde der Durchfluß des verunreinigten Wassers wesentlich verlangsamt; Verschlammung und Geruchsbildung wurden um so ärger. Bei niedrigen Wasserständen, vor allem im Sommer waren die Belästigungen für die unteren Wupperanlieger unerträglich. Nach verschiedenen Beschwerden dieser Anlieger veranlaßte die Bezirksregierung in Düsseldorf das zuständige Ministerium für Landwirtschaft, ein neues Gutachten von der Versuchsanstalt ausarbeiten zu lassen. Darin empfahl die Anstalt, einen generellen Entwurf für eine grundlegende Lösung auszuarbeiten, da die Zustände als unhaltbar bezeichnet wurden. Die Versuchsanstalt favorisierte als grundsätzliche Möglichkeiten die chemische Reinigungsmethode oder die Schaffung einer künstlichen Vorflut zum Rhein. Beide Vorschläge hatten den Nachteil, besonders kostspielig zu sein.[70]

Die Verabschiedung des PrWG schien nun zunächst einen Fortschritt hinsichtlich der Reinhaltung bewirken zu können. Der Düsseldorfer Regierungspräsident Kruse veranlaßte nach Verabschiedung des Gesetzes, daß die Vertreter der Kommunen an der Wupper sich unter Leitung des Elberfelder Oberbürgermeisters zu einer Sitzung zusammenfanden, auf der die Bildung einer Reinigungsgenossenschaft vorberaten werden sollte. Dieser „Wupperausschuß" trat zwar am 20. 12. 1913 zu einer ersten Sitzung zusammen, konnte aber wegen der bestehenden Interessenkonflikte zwischen Ober- und Unteranliegern nichts ausrichten. Bereits hier trat das Grundproblem der Wupperreinhaltung in den folgenden Jahrzehnten klar zutage.

Die Städte Elberfeld und Barmen samt ihrer Handelskammer und Industriebetriebe trachteten danach, im Interesse ihrer Bürger und ihrer Industrie jegliche Kostenbelastung durch Reinigungsmaßnahmen möglichst gering zu halten. Da die damals allein als problematisch anerkannte Schlammbildung und Geruchsbelästigung erst beim Austritt der Wupper aus dem Stadtgebiet von Elberfeld in Vohwinkel sich bemerkbar zu machen begann, wurden ja auch keine Einwohner Elberfelds oder Barmens geschädigt oder belästigt. Die Unteranlieger waren hingegen mit Recht der Meinung, daß ihre Einwohner verlangen konnten, nicht von der Wasserverschmutzung aus anderen Gemeinden belästigt zu werden. Außerdem litt die Schönheit des Tales der Wupper, insbesondere bei Burg, beträchtlich; dies schädigte wiederum den nicht geringen Ausflugsverkehr bzw. den Freizeitwert dieser Landschaft. Demzufolge sollten die Verursacher, also Elberfeld und Barmen, zur Kasse gebeten werden, um die notwendigen Reinhaltungsmaßnahmen sicherzustellen. Für einen Eigenbetrag sahen die Unteranlieger keinen Anlaß, da sie nicht wesentlich zur Verschmutzung der Wupper beitrugen.

Die Differenzen konnten auch durch den wachsenden Problemdruck nicht beseitigt werden. Obwohl der Reichstagsabgeordnete der SPD Scheidemann die Angelegenheit im Parlament zur Sprache brachte und eine Gruppe von Bürgern eine Zivilklage vor dem Landgericht in Wuppertal in Gang setzte, lenkten Elberfeld und Barmen nicht ein. Der Prozeß, der das Ziel verfolgte, eine entscheidende Verbesserung der Kläranlagen zu erzwingen, wurde von dem Verein „Bergischer Heimatschutz“ unterstützt und zog sich noch jahrelang dahin. Zwar verlor die Bezirksregierung in Düsseldorf das Problem nicht aus den Augen, doch die politische Gesamtlage entschied. Der Kriegsbeginn 1914 brachte weitere Verzögerungen bei den Reinhaltungsbemühungen mit sich. Ein Gutachten, das der bereits erwähnte Abwasserexperte Imhoff im Jahre 1916 ausgearbeitet hatte, blieb folgenlos. Die Bezirksregierung hatte keine Möglichkeit, während des Krieges eine der von Imhoff vorgeschlagenen Möglichkeiten verwirklichen zu lassen. Besonders die von Imhoff favorisierte Lösung, die Kläranlagen zwar zu verbessern, dann aber die Abwässer über einen künstlichen Abwässerkanal biologisch weitgehend ungeklärt dem Rhein zuzuführen, wäre sehr kostenträchtig gewesen. Außerdem wäre der Rhein natürlich nach wie vor voll mit den Verunreinigungen belastet worden. Bis 1919 verschwand dies Gutachten denn auch in den Schubladen der Bürokratie.[71]

Nach dem Krieg nahmen sich aber erneut die Unteranlieger der Sache an, da ihre Beschwerden ja weiterhin in jeder Weise durch die Tatsachen gerechtfertigt waren. Angeregt durch den „Bergischen Heimatschutz" engagierte sich auch die Lokalpresse und erklärte die Wupper zu „unser(em) ‚Rio Negro'". Doch erst als im Jahre 1920 durch einen warmen, trockenen Sommer die unhaltbaren Zustände erneut besonders intensiv zu riechen waren und der Heimatverein in Telegrammen an das Ministerium für Volkswohlfahrt und den Düsseldorfer Regierungspräsidenten auf die Zustände hinwies, wurde die Aufsichtsbehörde in Düsseldorf auf Anweisung des Ministeriums tätig. Die Initiative des Heimatvereins erreichte, daß der Regierungspräsident erneut die Einberufung des Wupperausschusses durch den Elberfelder Oberbürgermeister anordnete. Auf der Sitzung dieses Gremiums am 20. 11. 1920 wurde aber nur eine Neufassung der vorläufigen Satzungen des Ausschusses beschlossen, in der Sache selbst, der Vorbereitung einer Wuppergenossenschaft, kam man keinen Schritt voran. Man vertagte sich auf einen späteren, unbestimmten Zeitpunkt. Wieder verstrich fast ein Jahr, bis sich eine vehemente Kampagne des „Bergischen Heimatschutzes" im Sommer 1921 bei den Behörden Gehör verschaffte.[72]

Öffentliche Versammlungen wurden in Burg a. d. Wupper und Cronenberg Anfang und Ende August sowie im Oktober abgehalten; die Lokalpresse berichtete intensiv über die Ereignisse. Zum Teil in Anwesenheit von Vertretern der Städte Elberfeld und Barmen und des Regierungspräsidenten wurden scharfe tadelnde Worte für die Untätigkeit der Städte und der Bezirksregierung formuliert und dem Verein „Bergischer Heimatschutz" Unterstützung in seinem Kampf um eine saubere bzw. weniger verschmutzte Wupper zugesagt. Die Cronenberger Versammlung beschloß eine Resolution, die durch eine Abordnung dem Regierungspräsidenten übergeben werden sollte. Darin wurde u. a. gefordert, daß „die Gewerbebetriebe an der Wupper, voran die Großbetriebe, ihre Abwässer so behandeln, daß sie ohne Schädigung der Unteranlieger von der Wupper aufgenommen werden". Außerdem sollten die Elberfelder Kläranlagen für die städtischen Abwässer verbessert und zwei Wuppergenossenschaften gebildet werden, die entsprechend den jeweils unterschiedlichen Interessen der Ober- und Unteranlieger die Reinhaltung in ihrem Abschnitt übernehmen sollten. Doch auch wenn die „Bergische Arbeiterstimme" meinte: „Stinkende

Wupper – Folge des faulenden Kapitals“ und damit die letzten Ursachen der Verzögerungstaktiken entlarvt zu haben, die „Handlanger“ dieses Kapitals wußten sich gegen die Bürgerproteste zur Wehr zu setzen.[73]

Der Prozeß vor dem Wuppertaler Landgericht, den einige Bürger mit Unterstützung des Heimatvereins seit den Vorkriegszeiten führten, kam nicht von der Stelle. Die Städte Elberfeld und Barmen taktierten geschickt mit gutachterlichen Problemen, um eine Entscheidung zu verhindern. Durch Anträge zur Heraufsetzung des Streitwertes versuchten sie Pressionen auf die Kläger auszuüben, die möglicherweise ganz oder teilweise für die Kosten würden aufkommen müssen.

Den Protest der Bürger unterlief man dadurch, daß der Elberfelder Bürgermeister am 14. 10. 1921 den Wupperausschuß zu einer weiteren Sitzung zusammenrief. In der Sitzung wurde es aufgrund der letztlich ungeklärten Stimmverhältnisse in diesem provisorischen vorberatenden Ausschuß möglich, den Entwurf einer Satzung für die geplante Wuppergenossenschaft zu beschließen. Die Crux dieses Entwurfes war allerdings, daß die Macht- und Entscheidungs- bzw. Abstimmungsverhältnisse so geregelt wurden, daß voraussichtlich den Großstädten der entscheidende Einfluß zugekommen wäre. Die Genossenschaftsversammlung sollte praktisch keinerlei wesentliche Rechte erhalten, Geschäftsführung und Kontrolle in kleinen Gremien unter Kontrolle der Großstädte und Großbetriebe erfolgen. So konnte dieser Satzungsentwurf nur als Provokation wirken. Es bestand keinerlei Aussicht auf eine Realisierung der Genossenschaft, da unter diesen Umständen die kleinen Gemeinden und Kreise der unteren Wupper ihre Interessen verraten hätten, hätten sie an der Realisierung in der vorgegebenen Weise teilgenommen. Allenfalls die Regierung in Düsseldorf hätte die Bildung der Genossenschaft zwangsweise nach dem PrWG durchsetzen können.

Jeder Einsichtige konnte nur den Feststellungen des „Solinger Tageblatts“ vom 28. 6. 1922 zustimmen:

„Wer die Wupper kennt, dem ist längst kundig geworden, daß Elberfeld/Barmen, die Bayerschen Werke und wenige andere die Wupper zur möglichst billigen – wenn auch noch so gesetzeswidrigen, noch so gemeingefährlichen – Beseitigung ihrer Abwässer benutzen und weiterbenutzen wollen . . . Nicht eine *Reinhaltungs-Genossenschaft* wird in Wahrheit von den Städten Elberfeld/Barmen und den großen Fabriken am Oberlauf der Wupper erstrebt, sondern eine *Verschmutzer-Genossenschaft,* bei der vor allem die Kosten (und noch dazu für halbe Maßnahmen) den geschädigten Unteranliegern mit aufgehängt werden sollen."

Da die Regierung weiterhin untätig blieb, mußte erneut der „Bergische Heimatschutz" die Sache vorantreiben. Er organisierte neue Versammlungen, die schließlich bewirkten, daß 1922 eine Regierungskommission aus Berlin – u. a. gehörte ihr der Leiter der jetzigen Landesanstalt für Wasserschutz, Dr. Beninde, an – die Wupper bereiste und im Sommer, also während der ungünstigsten Zeit, ihren Zustand prüfte. Die Herren aus Berlin bezweifelten anschließend, skeptisch gemacht durch ihre Gespräche mit den Lokalpolitikern, ob überhaupt eine Genossenschaft nach dem PrWG angestrebt werden sollte. Zu aussichtslos erschien angesichts der Interessengegensätze ein normales Verfahren, wie das Gesetz es vorsah. Die Kommission meinte, hier könne wahrscheinlich nur ein Sondergesetz helfen.[74]

In dieser Situation ließ sich der Verein „Bergischer Heimatschutz" darauf ein, in dem immer noch anhängigen Zivilprozeß gegen Elberfeld/Barmen für die Kläger einen Vergleich auszuhandeln. Obwohl der Ausgang des Prozesses für die Kläger durchaus günstig stand, fürchtete man von ihrer Seite wohl die hohen Prozeßkosten. Daher wurde folgender Vergleich geschlossen: 1. Beide Parteien bemühen sich um die baldige Gründung des Wupperverbandes, äußerste Frist sollte das Jahresende 1925 sein. 2. Die Städte sorgen bis dahin für Verbesserungen der Kläranlagen. 3. Die Beklagten übernehmen die Verfahrenskosten.[75]

Dieser Vergleich muß als schwere Fehleinschätzung und Kapitulation von seiten des Vereins gewertet werden. Wie sich bald zeigen sollte, war der Vergleich das Papier nicht wert, auf dem er geschrieben wurde. Das einzige Druckmittel, dessen sich umweltbewußte Bürger damals bedienen konnten, der Zivilprozeß, war damit aus der Hand gegeben. Alles hing nun von der Kooperationsbereitschaft der Städte und Gemeinden an der Wupper ab. Diese Bereitschaft, die bis dahin bestehenden Interessengegensätze aufzulösen, bestand aber durchaus nicht.

Wieder einmal spielte nun die gesamtpolitische Konstellation eine bedeutsame Rolle. Die Ereignisse des Jahres 1923 mit der Ruhrbesetzung durch französische und belgische Truppen, die Inflation und die revolutionären Umtriebe in verschiedenen Teilen Deutschlands hinderten nicht allein die Ministerialen in Berlin, sondern auch Kommunen und Bezirksregierung, Maßnahmen zur Wupperreinhaltung voranzutreiben. Erst am 24. 10. 1923 erging an die Düsseldorfer Regierung die Anweisung, die bei gutem Willen schon seit zehn Jahren hätte ergehen können. Der Regierungspräsident sollte das Verfahren nach § 246 des PrWG zwecks Bildung einer Wuppergenossenschaft einleiten. Der früher von Elberfeld initiierte Satzungsentwurf wurde ausdrücklich als unzweckmäßig und daher als ungeeignete Verhandlungsgrundlage verworfen. Gerade auch die Beamten der Düsseldorfer Regierung bestanden darauf, daß nur unter „weitgehender Bevorzugung der Vertreter der zahlreichen kleinen Gemeinden im Bergischen Lande . . . eine gemeinsame Genossenschaft" zustande gebracht werden könne.

Es wurde September, bis im Jahre 1924 eine erste öffentliche Vorbesprechung durchgeführt wurde. Dort sprachen sich alle Geladenen, Gemeinden wie auch Vertreter des Bergischen Heimatvereins für eine einzige Genossenschaft aus, obwohl die Idee von zwei Genossenschaften immer noch in einigen Köpfen spukte. Relativ schnell folgten die nächsten Sitzungen. Nochmals enthüllte sich die Engstirnigkeit der Vertreter der Großstädte, neben Elberfeld/Barmen nun auch Remscheid und Solingen, die einen von der Regierung vorgelegten Satzungsentwurf nach ihren Vorstellungen abänderten. Man rechnete nunmehr für die praktische Arbeit eines Wupperverbandes mit jährlichen Kostenbelastungen von etwa 0,71 M. pro Einwohner. Dies Geld wollten die Städte in erster Linie für eine verbesserte Vorflutregelung der Wupper einsetzen, d. h. einen schnelleren Abfluß des verdreckten Wassers in den Rhein. Man rechnete wohl von dieser Seite damit, daß dann die Geruchsbelästigung beseitigt und den Bürgern der Unteranliegergemeinden der direkte Anlaß für Proteste genommen sei. Eine verbesserte Vorflut, einmal eingerichtet, verlangte außerdem die geringst möglichen Folgekosten, im Gegensatz etwa zum Betrieb von Kläranlagen.

Da dies von den Unteranliegern nicht einfach hingenommen wurde, blieb es dabei, daß Zweck und Art der Genossenschaftsaufgaben ebenso wie Umfang und Kreis der Mitgliedschaft, Stimmen- und Beitragsverhältnisse weiterhin umstritten blieben. Resignierend stellten die Vertreter der Düsseldorfer Regierung in ihrem Bericht an das zuständige Landwirtschaftministerium fest, daß die von ihnen vorgeschlagene Satzung wohl nur auf dem Wege der Zwangsgenossenschaft durchsetzbar sei. Alles andere werde nur zur Arbeitsunfähigkeit der Genossenschaft führen.

Die intransigente Haltung vor allem Elberfelds ließ also wieder Stillstand einkehren. Später entschuldigte sich der zuständige leitende Beamte des Landwirtschaftsministeriums für die Untätigkeit der Aufsichtsbehörden mit dem Hinweis auf die gerade parallel laufenden Verhandlungen über das Lippegesetz, wo ähnliche Interessengegensätze nur durch ein Sondergesetz des Preußischen Landtages überwunden werden konnten. Die Erfahrungen mit dem Lippegesetz bestimmten dann das Landwirtschaftsministerium, auch für die Wupper ein Sondergesetz vorzuschlagen. Als dieser Gedanke in Verhandlungen mit den Wupperanliegern vorgebracht wurde, protestierten die Großstädte Elberfeld und Remscheid energisch, da sie offenbar befürchteten, nun endlich doch zu durchgreifenden Maßnahmen gezwungen zu werden. Als gleichzeitig der Abwasserexperte Imhoff darauf verwies, daß er im Gegensatz zu seinem Gutachten von 1916 nun den Abwässerkanalbau zum Rhein nicht mehr vorbehaltlos empfehlen könne und durch biologische Reinigung „die ganzen Schwierigkeiten mit durchaus tragbaren Unkosten zu beseitigen seien“, sahen sich Elberfeld/Barmen zu dem Zugeständnis veranlaßt, mit dem Bau entsprechender Versuchsanlagen innerhalb ihrer Kläranlage von 1905 zu beginnen. Diese Bereitschaft zum Kompromiß kam jedoch zu spät, um das Wuppergesetz noch zu stoppen.[76]

Im Jahre 1927 brachte die Zentrumspartei im Preußischen Landtag einen Gesetzentwurf ein, der weitgehend dem bereits früher verabschiedeten Niersgesetz nachempfunden war und lediglich noch den örtlichen Gegebenheiten an der Wupper angepaßt zu werden brauchte. Dies geschah durch entsprechende Zuarbeiten des Landwirtschaftsministeriums, welches sich ja schon für eine gesetzliche Regelung ausgesprochen hatte. Bei einer Bereisung der Wupper, die der zuständige Unterausschuß des Landtags unternahm, wurde der Gesetzentwurf mit geringfügigen Einschränkungen von den Vertretern der Landkreise an der unteren Wupper gebilligt, hingegen von Elberfeld und Remscheid abgelehnt. Diese Städte versuchten, besonders die Zielbestimmung der zukünftigen Genossenschaft zu beeinflussen und den Reinhaltungsgrad der Wupper möglichst niedrig anzusetzen. Indem für die Wupper nur der Sauberkeitsgrad eines „Industrieflusses“ angestrebt werden sollte, sollten die Kostenbelastungen der Städte und ihrer Industrien von vornherein so gering wie möglich gehalten werden.[77]

Jetzt suchten Elberfeld/Barmen die Zusammenarbeit mit der preußischen Landesanstalt für Wasser-, Boden- und Lufthygiene, „um Klarheit darüber zu gewinnen, ob außer der Abscheidung der ungelösten Stoffe vielleicht auch die Entfernung der gelösten fäulnisfähigen Stoffe erforderlich wäre". Ebendies, nämlich die Notwendigkeit einer biologischen neben einer mechanischen Reinigung war nach dem wissenschaftlich-technischen Stand ja durchaus erwiesen, wenn auch ökonomisch unerwünscht. Die Landesanstalt führte dann im Sommer 1928 eine Untersuchung durch, deren Ergebnis für die Städte nicht ungünstig war. Die Untersuchung ging nämlich von der Frage aus, wie die Vermeidung der Geruchsbelästigungen an der Wupper zu erreichen sei, nicht aber von der Zielsetzung, die Wupper in einen möglichst sauberen Fluß umzuwandeln. Da festgestellt wurde, daß die ungelösten fäulnisfähigen Stoffe die Hauptschmutzquelle darstellten, kam es nach Meinung des Gutachters darauf an, die mechanische Klärung mit Hilfe der Emscherbrunnen zu verbessern. Dazu reichte eine Erweiterung der bestehenden Anlagen aus, wenn die Aufenthaltsdauer der Schmutzwässer in der Anlage von bis dahin einer halben Stunde verlängert werden konnte. Dadurch war dann ein besserer Absatz der ungelösten Schwerbstoffe möglich. Dieser Vorschlag der Landesanstalt war sicherlich unter den gegebenen Umständen für Elberfeld/Barmen der kostengünstigste. Neben diesen Maßnahmen empfahl das Gutachten die Verbesserung der Vorflut bei Burg und Leichlingen, um die Wupperwasser, die natürlich immer noch fäulnisfähige Stoffe enthielten, schneller dem Rhein zuzuführen und Geruchsbelästigungen auf diese Weise zu vermeiden.

In der Untersuchung wurde noch einmal bestätigt, daß die Abwässer bei Elberfeld/Barmen durch den Einfluß der gewerblichen Abwässer nur wenig fäulnisfähig waren. Deshalb könne auch eine weitergehende biologische Reinigung nicht erfolgen. Dem Gutachter kam es offensichtlich nicht in den Sinn, eine nachträgliche Trennung der beiden Abwässerarten zu fordern, um die Voraussetzungen für eine optimale Reinhaltung der Wupperwasser zu schaffen. Diese Haltung zeugt davon, daß ein unterer Minimalstandard, der gerade noch die Proteste von Bürgern und Politikern zu beruhigen geeignet war, sich als Maßstab der Wasserreinhaltungsmaßnahmen etabliert hatte. Als Vorreiter einer zukunftsweisenden Abwasserwirtschaft konnte sich die preußische Landesanstalt mit solchen Gutachten nicht profilieren.[78]

Mit ihrer Taktik, die Landesanstalt in das Verfahren einzubeziehen, hatten Elberfeld/Barmen einen klugen Schritt unternommen. Bei den weiteren Beratungen des Gesetzesentwurfes im Landtagsausschuß wurde das Gutachten als Basisinformation behandelt, die alternative Betrachtungen über Reinigungsmöglichkeiten ausschluß; dies um so mehr, als sich die Vertreter der Düsseldorfer Bezirksregierung und des Landwirtschaftsministeriums den Ergebnissen des Gutachtens anschlossen. Die Hilflosigkeit der Parlamentarier gegenüber den Experten, auch wenn die Abgeordneten z. T. sicherlich guten Willens waren, drückt der Vorschlag eines KPD-Abgeordneten aus: Die Industrien müßten „gezwungen werden, sich Kesselwagen anzuschaffen und die Abwässer an Stellen zu fahren, wo sie niemand schädigten". Letztlich blieb den Abgeordneten nur als Hoffnung, was ein SPD-Parlamentarier wohl mit Resignation forderte: daß alle Beteiligten angehalten werden könnten, „ihre Kläranlagen auf einem der Wissenschaft und Technik entsprechenden hohen Stande zu halten".

In der zentralen Frage, welcher Reinigungsgrad für die Wupper durch die Arbeit der geplanten Genossenschaft anzustreben sei, steckte die SPD zurück. Sie zog ihre Forderung nach „bestmöglicher Reinigung der Industrie- und Wohnstättenabwässer" zurück und schloß sich der Regierungsvorlage an, die im wesentlichen vom Zentrum getragen wurde: Reinhaltung „bis zu einem Grade, daß störende Geruchsbelästigungen vermieden werden". Diese Zielsetzung, die dem Gutachten der Landesanstalt entsprach, ging den Städten nach wie vor zu weit. Mit Hilfe der rechtsstehenden Deutschnationalen Volkspartei wollten sie den Begriff des „Industrieflusses" im Gesetz fest einführen, um damit Ansprüche an den Reinhaltungsgrad dämpfen zu können. Zwar gab auch die Düsseldorfer Regierung offen zu, daß sie einen Reinigungsgrad, wie er nach dem PrWG möglich war, bei der Wupper für unerreichbar hielt, aber aus rechtssystematischen Gründen lehnte sie die Bezeichnung „Industriefluß" im Gesetz ab.

Doch die Städte, erfahren im jahrelangen Kampf gegen die Reinhaltungsgenossenschaft, gaben so leicht nicht auf. In Düsseldorf wurde auf einem Treffen von Vertretern der Kommunen, der Industrie- und Handelskammern und interessierter Industriebetriebe die Forderung nach dem Kriterium „Industriefluß" bekräftigt. Die Deutschnationalen und auch die Deutsche Demokratische Partei wurden dafür gewonnen, die Zielsetzung der Kommunen wörtlich zu übernehmen und als eigenen Antrag im Landtagsausschuß zur Abstimmung zu stellen; die politischen Forderungen in dieser Umweltproblematik waren damit nahezu klassenmäßig strukturiert.

Die extremen Formulierungen von den politischen Flügeln wurden von den Regierungsparteien Zentrum und SPD abgeblockt. In der abschließenden Lesung des Gesetzes im Landtag konnte der sozialdemokratische Berichterstatter als Mehrheitsmeinung des Ausschusses zu Protokoll geben, daß der Reinhaltungsgrad „Geruchsbelästigungen und gesundheitsschädigende Schlammablagerungen“ mindestens erreicht werden und „daß der Wupperverband alle technischen und chemischen Verbesserungen der Abwässerreinigung, die in Zukunft eingeführt werden können, anwenden muß“. Warum dies dann nicht im Gesetz stand, bleibt unverständlich. Dahinter ist die Absicht zu vermuten, den Verband im Ausmaß seiner Reinigungsmaßnahmen nicht festzulegen.

Das zweite Hauptproblem der Ausschußberatungen war wie in den früheren Beratungen der Kommunen die Frage des Stimmrechts in der Genossenschaftsversammlung. Die Mehrheit des Ausschusses hielt in Übereinstimmung mit der Düsseldorfer Regierung einen Minderheitenschutz für notwendig, d. h. die Unteranlieger sollten mindestens 30% der Stimmen erhalten. Diese Bestimmung ging zu Lasten der Großstädte und Industriebetriebe im Wuppertal, kann aber nur als vernünftig und eher noch als zu kurz greifende Maßnahme zum Schutz der Unteranlieger gewertet werden. Als einzige Partei forderte die KPD, in der Organisationsstruktur der Wuppergenossenschaft eine direkte Bürgerbeteiligung statt der üblichen nur indirekten Repräsentation durch die Mitgliedskommunen zuzulassen. Nach Meinung der KPD sollten neben Gemeindevertretern Repräsentanten „der werktätigen Bevölkerung“, d. h. der Lohn- und Gehaltsempfänger, Kleingewerbetreibenden und Rentner in die Vollversammlung der Genossenschaft gewählt werden können. Diese „Revolutionierung des Wahlrechts“, so das Diktum des Ausschußvorsitzenden, wurde überhaupt nicht ernsthafter Diskussion für wert erachtet. So blieb es bei den herkömmlichen Verfahrensregeln, die aber auch nach Verabschiedung des Wuppergesetzes am 8. 1. 1830 zukünftige Konflikte nicht im Interesse eines größtmöglichen Gewässerschutzes lösen halfen.[79]

Sofort nach der Verabschiedung und dem Inkrafttreten des Wuppergesetzes begann der Kampf um eine Verbandssatzung. Erst mehr als ein Jahr später, im April 1931, konnte der Regierungspräsident zur konstituierenden Sitzung des Verbandes nach Wuppertal einladen. Ein ursprünglicher Gegner des Gesetzes, Oberbürgermeister Hartmann aus Remscheid, wurde erster Vorsitzender der Genossenschaft. Mit der

Aufnahme von Maßnahmen zur Abwasserreinigung ließ sich der Verband auch danach noch Zeit; im Frühjahr 1932 wurde ein Geschäftsführer berufen, der vom Ruhrverband übernommen wurde und somit wenigstens über Erfahrungen mit der Wasserreinhaltung verfügte. Im Oktober des gleichen Jahres wurden Besprechungen durchgeführt, auf welche Weise Verbesserungen an den Elberfelder/Barmener Kläranlagen in Buchenhofen gleichzeitig in einen Gesamtplan der Wupperreinhaltungsmaßnahmen eingefügt werden könnten.

Endlich wurde nun vom Wupperverband vorgeschlagen, was schon zwanzig Jahre früher zumindest in Ansätzen möglich gewesen wäre: die Trennung von gewerblichen und Haushaltsabwässern in Wuppertal. Dadurch konnten die Haushaltsabwässer einer „normalen“ biologischen Reinigung unterzogen werden, ohne daß die gewerblichen Abwässer die Gärungsprozesse abbrachen. 1936 war es dann soweit, daß der Verband in Buchenhofen die ersten Erfolge vermelden konnte. 1944 betrieb der Wupperverband vier Kläranlagen, die von den Städten des Verbandsgebietes übernommen worden waren. Weitere Übernahmen waren geplant, die Kriegsereignisse verzögerten jedoch die Entwicklung.[80]

2.1.2.4. Probleme der Gewässerreinhaltung in den dreißiger Jahren

Die zweifellos teilweise beträchtlichen Fortschritte in der Abwassertechnologie und im Bau von gewerblichen und kommunalen Kläranlagen und die dadurch herbeigeführte Minderbelastung der Gewässer dürfen nicht den Blick dafür verstellen, daß durch diese Verbesserungen nur die größten Übelstände beseitigt wurden. Der Minderbelastung an einzelnen Stellen entsprach aber keine Gesamtent-, sondern vielmehr eine steigende Belastung. Wie das Beispiel der Emscher und Wuppergenossenschaften zeigt, muß die Epoche der nationalsozialistischen Herrschaft als eine der Stagnation bzw. des Rückschritts in Fragen der Wasserreinhaltung angesehen werden. Neben der verstärkten wirtschaftlichen Aktivität, die nicht durch ausreichende Umweltschutztechniken aufgefangen wurde, belastete der typisch nationalsozialistische Kompetenzwirrwarr den Kampf gegen die Wasserverschmutzung.

In einer bitteren kritischen Analyse faßte 1941 der damalige Präsident des Reichsgesundheitsamtes, Prof. Reiter, die Entwicklung zusammen: „Die sich immer bedenklicher gestaltenden Zustände auf dem Gebiete der qualitativen Wasserversorgung Deutschlands zwingen dazu, dieser katastrophalen Entwicklung Einhalt zu gebieten und zwar sofort in energischster Weise.“ Es sei die „absolute Dringlichkeit einer endgültigen Neuordnung gegeben“, meinte Reiter. Die Ursachen dieser „katastrophalen Entwicklung“ sah er in der Vervielfachung der Probleme seit 1933/34. Der Vierjahresplan, vor allem aber die Versuche der Reichsministerien für Verkehr (zuständig für die Wasserstraßen) und Ernährung, ihre Kompetenzen zu Lasten des Innenministeriums mitsamt Reichsgesundheitsamt und preußischer Landesanstalt zu erweitern, habe zu einer schweren Behinderung des Kampfes gegen die Wasserverschmutzung geführt. Unklare Verantwortlichkeiten zwischen den genannten Behörden, wozu 1940 noch das Amt des Generalinspektors für Wasser und Energie trat, und ein gegenseitiger Kampf um das entsprechend wissenschaftlich vorgebildete Personal führten dazu, daß bei einzelnen Entscheidungen Gutachterkämpfe bzw. das „Gegeneinanderausspielen“ (Reiter) an der Tagesordnung waren.[81]

Besonders nachteilig wurde die preußische Landesanstalt von dieser Entwicklung betroffen. So kam zu einer allgemeinen Arbeitsüberlastung der Anstalt – das wissenschaftliche Personal wurde trotz gestiegener Arbeitsanforderungen nicht vermehrt –, eine mangelnde Unterstützung aus dem Reichsinnenministerium, die Nichtbeteiligung beim Entwurf eines Reichsabwassergesetzes und die faktische Auflösung der Ministerialkommission zur Begutachtung kommunaler Entwässerungsanlagen. Der Ausbau des Flußüberwachungssystems wurde verhindert und verzögert.

Aufgrund ihrer großen praktischen Erfahrungen hatten die Mitarbeiter der Landesanstalt sich in den dreißiger Jahren der Erkenntnis nicht verschließen können, daß mit einer fallbezogenen Arbeit, durch einzelne Untersuchungen und Gutachten auf die Dauer nicht weiterzukommen sei. Auf diese Weise konnte der innere Zusammenhang der Gewässerbelastung, das Ineinandergreifen der verschiedenen Verschmutzungsquellen und die Abhängigkeit der Belastung größerer Gewässer von ihren Nebenläufen nicht hinreichend berücksichtigt werden. Statt dessen wurde „eine planmäßige Bewirtschaftung des gesamten Wasserschatzes im allgemeinen Interesse zum Wohle der Volksgesundheit und zum Vorteil der Wirtschaft“ als unumgänglich ins Auge gefaßt. Die Anstalt wollte es als Aufgabe des Staates verstanden wissen, „diese Bewirtschaftung nach Menge und Güte . . . straffer zu organisieren". Dazu sollte die Anstalt durch Abwasserlastpläne, Gütepegel und -profile die Voraussetzungen schaffen. Immer stärker wurde bis in die ersten Kriegsjahre hinein (1942) das Problem der Flußüberwachung und der Sauerstoffgehaltes der Vorfluter, der ja für das organische Leben in einem Gewässer entscheidend ist, als zentraler Ansatzpunkt weiterer Maßnahmen verstanden.

Nachdem bereits bis 1932 auf Drängen und in Zusammenarbeit mit der Anstalt sieben Flußüberwachungsämter in Preußen eingerichtet worden waren, wurde während der nationalsozialistischen Herrschaft zunächst keine weitere Anstrengung zur besseren Kontrolle der Wassergüte eingeführt. Die Untersuchungsergebnisse der Anstalt legten gegen Ende der dreißiger Jahre aber nahe, „ein Netz von insgesamt 20 Flußwasser-Untersuchungsämtern zu schaffen", die sich über das gesamte Reichsgebiet verteilten, so daß jedes Gewässer in Deutschland einem bestimmten Untersuchungsamt zugeordnet gewesen wäre. Fortlaufende Untersuchungen hätten die Erstellung von Wassernutzungs- und -belastungsplänen und damit eine vernünftigere Inanspruchnahme der natürlichen Ressourcen ermöglicht.[82]

Dieser Vorschlag wurde sogleich Gegenstand heftiger Auseinandersetzungen zwischen der Landesanstalt bzw. dem Reichsinnen- und dem Verkehrsministerium. Dieses war bestrebt, eine verbesserte Wasserkontrolle bei den Wasserbaubehörden in seiner Zuständigkeit zu etablieren. Der energische Widerstand der Landesanstalt, die zu Recht darauf verwies, daß durch eine solche Organisationsform nur eine ineffiziente Doppelung der Arbeit bewirkt würde, und die aufrüttelnde Denkschrift Reiters waren dann schließlich von einem beachtlichen Erfolg gekrönt. Die Voraussetzungen für einen zukunftsweisenden Gewässerschutz wurden durch zwei Maßnahmen verbessert: Erstens wurde durch Erlaß des Finanzministers die Finanzierungsmöglichkeit für einige der gewünschten Flußuntersuchungsämter geschaffen. Zwar konnte ihre Einrichtung noch vom Innenministerium angekündigt werden, aber die weiteren Kriegsereignisse verhinderten die Durchführung dieser Maßnahme. Zweitens wurde die preußische Landesanstalt nach erstaunlich unproblematischen Ressortverhandlungen mit Wirkung vom 1. 4. 1942 zur „Reichsanstalt für Wasser- und Luftgüte" umgewandelt und damit auch förmlich in einen Status gehoben, der ihr de facto seit Beginn der nationalsozialistischen Herrschaft zukam. Ihre Zuständigkeit wurde dadurch auf das ganze Reich ausgedehnt, wobei die Abgrenzungen zu anderen Reichsbehörden im einzelnen später erfolgen sollten. Nur schwer läßt sich abschätzen, wie die weitere Entwicklung ohne die Kriegseinwirkungen verlaufen wäre. Daß im Rahmen des NS-Staates mit der Schaffung der Reichsanstalt die Probleme keineswegs endgültig geklärt waren, ergibt sich allein dadurch, daß für eine einheitliche Planung der Wasserwirtschaft, die immer größere Bedeutung gewinnen mußte, der Generalinspektor für Wasser und Energie zuständig war. Noch im Verlauf des Krieges kam es zu Konflikten mit dieser Behörde.[83]

Insgesamt bieten also die dreißiger und vierziger Jahre hinsichtlich der Wasserreinhaltungspolitik ein sehr widersprüchliches Bild. Einerseits brachten die Konsequenzen von Aufrüstung und Kriegsführung in der Gewässerbelastung einen relativen Rückschritt, andererseits wuchsen Erkenntnisse und Einsichten in die Bedeutung der Problematik soweit, daß – andere politische Verhältnisse vorausgesetzt – die Grundlagen für ein umfassenderes System der Wasserbewirtschaftung und des technischen Gewässerschutzes hätten realisiert werden können.

Wieweit es in den dreißiger Jahren unter demokratischen Verhältnissen möglich gewesen wäre, die Abwässerreinigung der Kommunen und Industriebetriebe noch stärker positiv zu beeinflussen, kann nicht ermessen werden. Die Existenz einer parlamentarischen, demokratischen Kontrolle, die notwendige Profilierung auch im Ringen um Haushaltsmittel für den Wasserschutz hätten sicherlich als positive Verstärkung wirken können. Auch spricht einiges dafür, daß Ressourcen, die aufgrund der tatsächlichen Entwicklung unproduktiv in die Rüstung einflossen, sonst ökologisch relevanten Objekten, etwa dem technischen Gewässerschutz zugeflossen wären.

Daß Krieg und Kriegsfolgen dann sowohl organisatorisch wie materiell dem Gewässerschutz schwerste Schäden zufügten, mußte als weitere Hypothek der nationalsozialistischen Politik von den Nachfolgestaaten aufgefangen werden. Den Rückschlag, den der Umweltschutz insgesamt erlitt, darf man sicherlich mit ein bis anderthalb Jahrzehnten ansetzen.

2.2. Die Entwicklung des Immissionsschutzes

2.2.1. Schwierigkeiten in der Problemerkenntnis

Nächst dem Wasser ist Luft das entscheidende, Leben ermöglichende Medium. Eingaben von Schadstoffen in die Luft, Emissionen bzw. Immissionen genannt, sind daher genauso ernste Bedrohungen ökologischer Abläufe wie die Wasserverschmutzung. Wie auch beim Medium Wasser, vollzog sich während der Industrialisierung ein Übergang von räumlich begrenzten Verschmutzungen zu einer weltweiten qualitativen Veränderung der Atmosphäre. Hervorgerufen wurde sie im wesentlichen durch Energieerzeugung und industrielle Produktion.

Politisch relevant und vor das Licht der Öffentlichkeit gebracht wurden die Schäden aus Immissionen durch Beschwerden von Forst- und Landwirten, die die allgemeine Schädigung von Natur und Mensch als erste an ihrer Geldbörse bemerken konnten. So klagte ein Landwirt aus Halle am Anfang dieses Jahrhunderts:

„Mein Gut, unmittelbar vor den Toren von Halle, war seit vielen Jahrhunderten in der Familie. Mitte der achtziger Jahre nahm ich es an mit einer Belastung vom 24fachen Grundsteuerreinertrage. Es ging alles gut bis 1892. Dann aber wurden die Kohlenwerke gebaut und kam die Asche und diese rief Mißernten hervor. Ich hatte vorher Durchschnittsernten bis zu 20 Doppelzentner Weizen und gut 20 Doppelzentnern Gerste, Roggen und Hafer vom ha., baute ca. 10 Morgen Gurken, viel Kohl und Gemüse, wonach ja hier die Nachfrage ist. Nun änderte sich das Bild, die Asche vernichtete manchmal fast alles, ich bin bis auf 2 Zentner Weizen, 5 Zentner Gerste und Hafer pro Morgen heruntergekommen, Gurken kann ich gar nicht mehr bauen, Gemüse fällt so voll Asche, daß es gar nicht zu verwerten ist. Luzerne und Klee haben des öfteren nur eine Schur gehabt, da bei Wärme die Asche alles todt macht. Außerdem wird das Futter nur noch mit Widerwillen und nach langem Entsagen genommen. Ich habe schon Rinder geschlachtet, die etliche Eimer voll Asche im Magen hatten. Seit 1892 nun geht die Wirtschaft sehr retour; nicht nur sämtliche Guthaben sind fort, sondern die Schuld ist erheblich angewachsen[84].“

Die sicherlich im Kern berechtigte Klage des Bauern ist nur ein Beleg dafür, wie im Verlauf der Industrialisierung die Verschmutzung durch Asche, Rauch und durch Abgase der Industrie, der Energie- und Elektrizitätserzeugung, der Haushalte und des Verkehrs zu einer zunehmenden Belastung der Umwelt führten. Als Schadstoffe der Luftverschmutzungen treten auf:[85]

- Verbindungen des Schwefels, Stickstoffs, Kohlenstoffs, Fluors und des Chlors,

– Stäube und Schwebstoffe,
– riechende Stoffe.

Die Gefährlichkeit der einzelnen Schadstoffe bestimmt sich überwiegend nach der Kombination der Faktoren Giftigkeit, Häufigkeit des Auftretens, Dauer der Einwirkung und Kombination mit anderen Schadstoffen. Am deutlichsten sichtbar wird die Pflanzenwelt durch Emissionen geschädigt. Dabei tritt Schwefeldioxid als besonders giftiger Wirkstoff auf. Kohlenmonoxid, an sich der verbreitetste Schadstoff, ist für Pflanzen unschädlich. Luftverschmutzung führt auch zu erheblichen Sachschäden, insbesondere an kalkhaltigen Natursteinen (Baudenkmäler!), zu Schädigungen von Nutztieren und natürlicher Fauna. Selbstverständlich treten auch bei Menschen Schädigungen auf. Allerdings kann bis heute nicht immer eine direkte Kausalbeziehung zwischen Schadstoffen und Schädigungen des menschlichen Organismus nachgewiesen werden.

Um die Jahrhundertwende standen Ruß und Schwefeldioxid in der Liste der emittierten Schadstoffe ganz oben. Schwefeldioxid (SO_2) und SO_3 entstehen bzw. werden freigesetzt bei der Verbrennung aller Energieträger, z. B. Kohle, und sind den meisten in der Form des beißenden Rauches bekannt. In Verbindung mit Wasser bilden sich in der Luft saure Verbindungen (Schwefelsäure). Von Pflanzen werden diese Verbindungen z. B. im Zuge des Assimilations- und Photosyntheseprozesses aufgenommen, wobei die Säure sowohl das Blattgrün als auch das Zellplasma angreift bzw. vernichtet. Abhängig von der Stärke der Einwirkungen verkümmern die Pflanzen oder sterben ab. Der Schaden für die ökologischen Abläufe wird verstärkt durch Wirkungen der Schwefelsäure, wenn sie mit den Niederschlägen in den Boden und die Gewässer (Seen) eindringt.

Die verschiedenen Schadstoffe und die von ihnen verursachten Schädigungen wurden im ersten Jahrzehnt des Jahrhunderts zunehmend besser erforscht, bekannter und auch in verschiedenen politischen Bemühungen berücksichtigt. Nach dem damaligen Stand der Wissenschaft sah man das Problem der Schadstoffemissionen in erster Linie in den „Rauchschäden“. Die entscheidenden Schwierigkeiten einer Bekämpfung der „Rauchschäden“ lagen damals, ähnlich wie heute, in Kontrolle und Nachweis der Schädigungen, da nur nachgewiesene Schäden und Gefahren zu administrativen oder gerichtlichen Maßnahmen führen konnten und können. Mit dem Ausruf: „Unser Wissen ist Stückwerk, unsere Methoden sind mit Fehlern behaftet, und es kommt vor, wie in Oberschlesien, daß die Untersuchung mit einem ‚non liquet' geschlossen werden muß", kennzeichnete ein Sachverständiger im Jahre 1907 die praktischen Probleme der Luftreinhaltung.

Luftuntersuchungen hatten z. B. in Berlin 0,000035 Volumenprozent oder 0,0012 g SO_3 pro cm^3 Luft und in Leipzig 0,000014 bzw. 0,00051 als Werte festgestellt. Die Grenze für Störungen des menschlichen Organismus nahm man damals mit etwa 0,002–0,003 Volumenprozent an; Menschen waren demnach nicht gefährdet, wohl aber Pflanzen wie etwa Koniferen, wenn gleichzeitig Lichtmangel, Ruß und Entkalkung des Bodens hinzukamen. Da die Schadstoffkonzentrationen an den einzelnen Emissionsquellen natürlich viel höher lagen, war in ihrer Umgebung die Gefährdung von Menschen und Organismen entsprechend höher. So nannte der Forscher Wislicenus als Emissionswerte einer Dampfkesselanlage bzw. eines Hüttenwerkes mit Pyritröstöfen 0,063 Volumenprozent SO_2 bzw. gar 8,5 Volumenprozent. Als besondere „Hüttenrauch-Schadensgebiete" in Deutschland waren der oberschlesische Bezirk Kattowitz-Myslowitz mit dem „toten Wald" von Lipine, dazu die Gebiete um Altenau, Oker und Juliushütte im Harz und Gebiete bei Stolberg und Eschweiler im Rheinland bekannt.[86]

Die technische Strategie gegen Schädigungen durch Ruß und Abgase lautete damals: Verdünnen! „Das unendliche Luftmeer, welches unsere Wohnstätten umgibt, vermag diesen Schädling, die Säuren des Kohlenrauchs, bei richtiger Behandlung leicht unschädlich zu machen", behauptete kühn ein Sachverständiger und schlug als Heilmittel vor: „. . . dezentralisieren wir unsere Industrie und unsere Städte, so wird der Sieg über die schädlichen Gase ein vollständiger werden." Realistischer als dieser Vorschlag war der Versuch, die Verdünnung der Rauchgase durch Verbesserungen im Schornsteinbau zu erreichen. Durch hohe Schornsteine konnte wenigstens die nähere Umgebung auf Kosten der ferneren geschont werden. Durch technische Verbesserungen wie den Einbau von Gittern und Multidissipatoren konnte die Wirbelung der Abgase und damit die Verdünnung gesteigert werden. Die „Entsäuerung" der Gase nach den damals bekannten Methoden erschien hingegen meist als zu teuer oder noch im erweiterten Versuchsstadium. Die Verhütung schädlicher Gase durch Änderungen im Produktionsverfahren erschien hier vielversprechender, blieb aber weitgehend dem Zufall überlassen.

Anders entwickelte sich die Bekämpfung von Industriestäuben. Die technischen Möglichkeiten, gegen Staub anzugehen, besserten sich seit den 1870er Jahren zunehmend. Nachdem man zuerst mit Tuchfiltern, dann Zyklonen und pneumatischen Druckverfahren gearbeitet hatte, wurde um 1910 die elektrische Entstaubung zur technischen Reife entwickelt. Der Grund für diese schnelle Entwicklung ist vor allem darin zu suchen, daß manche großtechnische Verfahren wie z. B. die Stickstoffgewinnung aus Luft eine hochwertige Luftsäuberung voraussetzen. Zudem ließen sich durch die Entstaubung wertvolle Rohstoffe zusätzlich gewinnen, die sonst verloren gewesen wären. Erst später tauchten die Probleme der Berufskrankheiten, Verminderung von Emissionen zur Vermeidung von Schadensersatzprozessen und die Erhaltung des sehr staubanfälligen Maschinenparks als steuernde Elemente der Luftreinhaltungstechnik auf.[87]

2.2.2. Rechtslage und praktischer Immissionsschutz vor dem Ersten Weltkrieg

Welche politischen und rechtlichen Schutzmaßnahmen und Vorkehrungen gab es um die Jahrhundertwende gegen Schäden durch Emissionen? Gestützt auf das Allgemeine Landrecht in Preußen[88] und ähnliche Bestimmungen in anderen deutschen Bundesstaaten hatte sich bereits in der zweiten Hälfte des 19. Jahrhunderts eine kontinuierlich fortgeschriebene Rechtstradition entwickelt. Schutz gegen Luftverschmutzungen boten zwei Rechtsvorschriften, das BGB und die Gewerbeordnung.

In der Begründung für die Neufassung des BGB im Jahre 1900 wurde das bestehende „Umweltbewußtsein“ in der Frage der Luftreinhaltung mit den Worten ausgedrückt:

„Wir leben auf dem Grunde eines Luftmeeres. Dieser Umstand führt mit Notwendigkeit eine Erstreckung der Wirkungen der menschlichen Thätigkeit in die Ferne mit sich. Einerseits überliefern schon die gewöhnlichen Lebensfunktionen und mehr noch die wirtschaftlichen und gewerblichen Vorgänge dem Luftmeer eine Menge von gasförmigen und in der Luft suspendierten Körpern, welche der Bewegung des Luftmeeres folgen. Andererseits ist die menschliche Tätigkeit von physikalischen Wirkungen begleitet, welche sich weiter fortpflanzen, wie Erschütterung, Wärme, Geräusch, Licht. Ob die Erregung von Gerüchen der einen oder anderen Art der bezeichneten Vorgänge beizuzählen ist, bleibt gleichgültig.“[89]

Die Einwirkung der genannten Phänomene wurde kurz als „Immission von Imponderabilien“ genannt, vor denen das BGB den Besitzer eines Grundstückes unter gewissen Umständen schützen wollte. Dazu wurde den Besitzern von Grundstücken, aber auch von Sachen allgemein, zugestanden, daß sie „unzulässige“ Einwirkungen nicht zu dulden brauchten (§ 907); allerdings wurde eine entscheidende Einschränkung gemacht: Der Eigentümer konnte sich nur dann gegen die Immissionen wehren, wenn die Einwirkung die Benutzung seines Grundstückes wesentlich beeinträchtigte oder nach Art der örtlichen Verhältnisse für die Grundstückslage ungewöhnlich war. Lediglich die Zuführung von Immissionen durch besondere Leitungen war überhaupt verboten. In den meisten Fällen war mit diesen Vorschriften kein Verbot, sondern höchstens ein Schadensersatz für die Immissionen zu erreichen.

In der Gewerbeordnung (GWO) bot das Genehmigungsverfahren einen gewissen Schutz der Umwelt vor Immissionen. Für ausdrücklich bezeichnete Arten von Gewerbeanlagen war vor dem Bau und der Inbetriebnahme eine Genehmigung erforderlich. In dem Genehmigungsverfahren nach § 16 der GWO wurde die gesamte Planung von den zuständigen Behörden geprüft. Nach einer Genehmigung, die unter Auflagen erfolgen konnte und in einer Konzessionsurkunde schriftlich fixiert wurde, war der Unternehmer frei, die Anlage im Rahmen der Konzessionsbedingungen für seine Zwecke zu benutzen. Privatrechtliche Einsprüche nach BGB blieben allerdings weiterhin möglich. In langer Tradition hatte sich die Regel ausgebildet, daß zwei Grundsätze die Gewerbegenehmigung lenken sollten, nämlich größtmögliche Förderung der gewerblichen Wirtschaft im Rahmen des sogenannten Gemeinwohls unter gleichzeitiger Berücksichtigung der berechtigten Interessen anderer. Dies bedeutete mögliche Einschränkungen sowohl für Unternehmen als aber auch für Nachbarn und Allgemeinheit. Nachbarn und Allgemeinheit mußten – wie auch nach § 906 BGB – erträgliche Belästigungen hinnehmen, soweit sie nicht erheblich waren. Hier war natürlich Interpretationsversuchen von Interessenten, Verwaltungen und Gerichten Tür und Tor geöffnet. Dazu kam noch die unterschiedliche Anwendung der Vorschriften in den Einzelstaaten des Reiches. „In der Praxis“, stellte daher ein zeitgenössischer Beobachter zu Recht fest, „bleibt der Gewerbeaufsicht und der Rechtsprechung noch ein weiter Spielraum, weil die Grenze nicht scharf zu ziehen ist –

solange wir kein Luftgesetz haben, welches wenigstens für einzelne Fälle zahlenmäßig definierte Grenzen angibt.“

Besonders nachteilig war, daß später im Produktionsprozeß entstehende Schadwirkungen, die beim Genehmigungsverfahren vielleicht noch nicht bedacht worden waren bzw. werden konnten, kaum noch abzustellen waren. Selbst wenn wesentliche Veränderungen an einer Gewerbeanlage vorgenommen wurden und nach § 51 der GWO erneut genehmigt werden mußten, waren Auslegungsprobleme und fehlende Kontrollmöglichkeiten der Gewerbeaufsicht nahezu unüberwindliche Hindernisse für ein konsequentes Einschreiten gegen Emissionen.[90]

Wie bei der Wasserreinhaltung verfolgte die Reichs- und preußische Ministerialbürokratie die Strategie, durch Erlasse und Anweisungen die zugegebenen und wissenschaftlich bereits eindeutig nachgewiesenen Schädigungen durch Emissionen in die Luft in Grenzen zu halten. Offenbar blaubte man, mit dem Erlaß neuer Richtlinien das eigentliche Problem, nämlich Durchführung und Kontrolle der Verwaltungsmaßnahmen, am leichtesten lösen zu können. Durch die Technische Anweisung (TA) zur GWO aus dem Jahre 1895 versuchte die Bürokratie, für gleichmäßiges Verwaltungshandeln zu sorgen. Hinsichtlich der Luftverschmutzung wußte diese TA, die immerhin bis 1964 in Kraft war, lediglich für die Abwendung der starken Rauchentwicklung Rat zu geben. Seit alters her pflege man den Betreibern von Feuerungsanlagen vorzuschreiben, „durch Einrichtung der Feuerungsanlage, sowie durch Anwendung geeigneten Brennmaterials und sorgsame Bewartung auf eine möglichst vollständige Verbrennung des Rauches hinzuwirken“. In den näheren Vorschriften für einzelne Gewerbearten wie Gasbereitung, Erdöldestillation usw. waren ebenfalls bezüglich der Luftreinhaltung nur Vorschriften zur Rauch- und Geruchsbelästigung gemacht, ansonsten war meist nur vage von Dämpfen, Dünsten und Aschen die Rede. Eine löbliche Ausnahme bildeten die Bestimmungen über Glashütten, die die Reinigung staubiger, besonders bleihaltiger Luft vor dem Austritt ins Freie vorschrieb. Die Angabe eines Grenzwertes für Schwefelemissionen (max. 5 g/cbm SO_3/Luft) in diesem Zusammenhang blieb rare Ausnahme. Allerdings schloß die TA nicht aus, daß Genehmigungsbehörden von sich aus Grenzwerte in Einzelfällen festsetzten.[91]

Was diese rechtlichen Bestimmungen zu leisten vermochten, mag an einem Einzelbeispiel gezeigt werden, das von einem Landtagsabgeordneten als Anschauungsmaterial zitiert wurde. In Wesel a. Rh. war einer Portland-Zement- und Tonfabrik die Genehmigung zum Gewerbebetrieb im Jahre 1900 mit der Auflage erteilt, daß alle „stauberregenden Apparate und Arbeitsmaschinen“ mit Vorrichtungen zur Staubabsaugung ausgestattet würden, so daß unter keinen Umständen Staub ins Freie gelangen könnte. Zwei Jahre später hatten die Beschwerden über Staubemissionen so stark zugenommen, daß die Gewerbeaufsicht sich zu einer Inspektion gezwungen sah. Das Ergebnis dieser Inspektion brachte jedoch keine Abhilfe der berechtigten Beschwerden, denn: „Die Vorrichtungen zur Absaugung des Staubes . . . seien derartig gute, daß aufgrund der Genehmigungsurkunde oder der Ziffer 2 § 147 der RGO gegen die Firma nicht vorgegangen werden könne. Die Beschwerdeführer wurden deshalb auf den Weg des Zivilprozesses verwiesen.“ Der Widersinn solcher Rechtslagen, der in der GWO durchgängig angelegt war, wurde anschließend auch noch in zwei Gerichtsinstanzen bestätigt. Die Klage der Beschwerdeführer gegen die Fabrikdirektoren, die aufgrund des § 147 der GWO eingeleitet wurde, wurde vom Berufungsgericht mit der Begründung zurückgewiesen, daß nach „Aussage des Zeugen und Sachverständigen Geh. Rats Theobald“, des zuständigen Gewerbebeamten bei der Bezirksregierung in Düsseldorf, „ein derartiger Staubaustritt in die Umgebung beim Betriebe einer Zementfabrik unvermeidlich ist“ und daß „alles geschehen ist, was nach dem heutigen Stande der Technik geschehen konnte, um den Zementstaub zu sammeln und seinen Hinaustritt ins Freie und in die Umgebung zu verhindern“. Dieser berühmt-berüchtigte „Stand der Technik“ war damit letztlich entscheidendes Kriterium, ohne daß eine ausreichende Abwägung der Interessen von Schädiger und Geschädigten nachträglich noch möglich gewesen wäre. Der Zentrumsabgeordnete Graf Spee, der diesen Fall vor das Preußische Abgeordnetenhaus gebracht hatte, urteilte kritisch: „Nachdem die Genehmigung einmal erteilt ist, müssen sich die Anlieger die vollständige Entwertung ihrer Grundstücke kosten- und ersatzlos gefallenlassen, obwohl sie bei der Genehmigung nicht mitzusprechen hatten. Kein Richter kann ihnen nun helfen.“

Dieser Schluß war zweifellos übertrieben, denn in der Tat stand den Geschädigten der Zivilprozeß und eine Schadensersatzklage offen. Allerdings hatte bereits früher der Abgeordnete v. Mendel-Steinfels nachdrücklich darauf hingewiesen, wie schwierig es für wenig begüterte Leute sein konnte, einen solchen Prozeß mit ungewissem Ausgang und damit hohen Kostenrisiken zu führen. Die dazu nötigen Gutachter konnten häufig eher von den wirtschaftlich Stärkeren, also den Unternehmen nach angemessenen sachlichen Kriterien ausgesucht werden, während der unkundige Geschädigte mehr dem Zufall ausgeliefert war.[92]

Welche Schlußfolgerungen zogen Politiker und Bürokraten aus den geschilderten Sachverhalten? Zumindest die Abgeordneten brachten durchaus modern klingende Verbesserungsvorschläge in die Diskussion. V. Mendel-Steinfels bat, auch im Namen seiner Fraktion, den zuständigen Handelsminister „dahin zu wirken:

1. daß bei allen Fabrik- und Bergwerksanlagen, welche durch ihren Betrieb landwirtschaftliche Grundstücke beschädigen, möglichst Vorrichtungen getroffen werden müssen, dies zu verhindern; hierbei ist der Grundsatz festzuhalten, daß nicht allein die nähere, sondern auch die weitere Umgebung der Etablissements hierbei erfahrungsgemäß in Betracht kommt;
2. daß die Technik, welche sich mit den Erfindungen diesbezüglicher Einrichtungen zur Hintenanhaltung von Schäden, wie ich sie geschildert habe, befaßt, durch Preisausschreiben zu neuer Tätigkeit angespannt werde;
3. daß die Kontrolle, betreffend die Beschädigungen, verschärft und durch entsprechende Maßregeln gegen dieselben mehr als bisher ergriffen werde;
4. daß, sollte dies nicht möglich sein, in Erwägung gezogen wird, eventuell durch gesetzgeberische Maßregeln diesen schweren Mißständen Abbruch zu tun und endlich
5. daß bei neuen Konzessionserteilungen auf die Gefahr der Flurbeschädigungen mehr als bisher Rücksicht genommen wird".[93]

Der Abgeordnete Graf Spee wollte erreichen, daß zum Schutz besonders der agrarischen Grundstücksbesitzer, deren Existenz durch Gewerbeimmissionen gefährdet war, die Gewerbegenehmigungsverfahren stärker auf die landwirtschaftlichen Interessen Rücksicht nähmen. Dementsprechend forderte er, unterstützt von seiner Partei und den Konservativen, die Beteiligung landwirtschaftlicher Sachverständiger bzw. des Ministers für Landwirtschaft bei den Verfahren. Obwohl der Abgeordnete ausdrücklich feststellte, daß man sich mit dem diesbezüglichen Antrag nicht gegen die Industrie wenden wollte, lehnten die Vertreter industrieller Kreise, wie der Abgeordnete Fischbeck von der Freisinnigen Volkspartei, diese Forderung mit der Begründung ab, daß ein gerechter Ausgleich zwischen landwirtschaftlichen und industriellen Interessen durch das bestehende Verfahren gewährleistet sei. Entgegen den Intentionen der landwirtschaftlichen Interessenvertreter führte die Debatte über diesen Antrag sogar zur Forderung des nationalliberalen Abgeordneten v. Böttinger, „ob es nicht angängig wäre, zunächst die Bauten sofort ausführen zu lassen, während für den Betrieb, für die Installation der anzubringenden Apparate und die maschinellen Einrichtungen das normale Verfahren weiterginge".

Der damalige zuständige Handelsminister Delbrück konnte sich so politisch auf eine Mittlerposition zurückziehen, in der er einerseits die Existenz einzelner Mißstände zugeben, Kooperationsbereitschaft mit agrarischen Interessen anbieten und gleichzeitig Kompetenzminderungen ablehnen konnte. Indem er das Vorverfahren eines Genehmigungsverfahrens zu einer Angelegenheit der Techniker erklärte, und das Procedere des Genehmigungsverfahrens hinsichtlich seiner Rationalität und Effektivität lobte, umging er die Kernfrage, wie trotz dieses Verfahrens immer noch Schädigungen auftreten konnten und wie Abhilfe geschaffen bzw. Schäden vermieden werden könnten.[94]

Besonders unverständlich bleibt das Verhalten der Regierung und der Behörden in der Frage der Rauch- und damit indirekt auch der Abgasbekämpfung. Von 1892–1900 hatte eine eigens eingerichtete „Rauch-Kommission" des preußischen Handelsministeriums die Frage untersucht, ob und wie man gegen Rauchemissionen vorgehen könne. Das Ergebnis der Untersuchungen läßt sich in drei Punkten zusammenfassen. Festgestellt wurde,

„1. daß es eine große Anzahl Vorrichtungen gebe, die geeignet seien, die Entwicklung des Rauches zu verhüten,
2. daß bei Anwendung derartiger Feuerungen eine bedeutende wirtschaftliche Schädigung der Besitzer von Feuerungsanlagen nicht eintreten werde,
3. daß es zu erwarten sei, daß durch ein Verbot starker Rauchentwicklung der Bau brauchbarer Rauchverminderungsvorrichtungen gefördert werde".

Praktisch geschah nach außen hin jedoch nichts, um diese Erkenntnisse umzusetzen, so daß ihnen im Jahre 1926 bescheinigt werden konnte, „noch Wort für Wort volle Gültigkeit" zu besitzen. Die implizite Forderung, einen „heilsamen Zwang" auszuüben, wurde von den Behörden unterlaufen.[95]

Zwar war für den engeren Bereich der staatlichen preußischen Feuerungseinrichtungen eine Anordnung erlassen worden, die eine Verminderung der Rauchentwicklung herbeiführen sollte. Durch eine Verfügung vom 5. 2. 1901 wurden für diese Feuerungsanlagen versuchsweise Grundsätze zur Verminderung der Rauchabgabe aufgestellt. Danach sollten gleichzeitig auch die gewerblichen Feuerungsanlagen verstärkt kontrolliert werden. Aufforderungen zur verbesserten Rauchverhütung – natürlich nur im Rahmen der rechtlichen Bestimmungen und Konzessionsurkunden möglich – sollten nötigenfalls mit Strafandrohungen durchgesetzt werden; doch war keinerlei praktische Hilfe für die mit der Durchführung beauftragte Gewerbeaufsicht geboten. Auch eine Änderung der TA für Dampfkesselanlagen (1909) erreichte nur wenig. Im Gegenteil: Die Neigung, existierende Nachteile und Beeinträchtigungen zu verniedlichen, war nicht nur bei den höheren, sondern auch bei den Kreis- oder Stadtbehörden anzutreffen. Eine Verfügung des Innenministers aus dem Jahre 1913, welche eine Untersuchung der „sogenannten Rauchschädenplage" anordnete, führte in den Städten und Kreisen des Ruhrgebietes zu höchst unterschiedlichen Stellungnahmen der Lokalbehörden. Während einzelne Verwaltungen Rauchplage und -schädigungen durchaus zugaben, versuchten andere unter Hinweis auf die Effektivität ihrer lokalen Anstrengungen die Existenz des Problems zu leugnen. Anscheinend erlaubte es die Interessenverbindung von lokaler Bourgeoisie, Kommunalpolitikern und Konzernen sowie das Streben nach behördlichem Eigenlob nicht, ein ungeschminktes Bild vom Ausmaß der Luftverschmutzung im Ruhrrevier zu übermitteln. So ist es nicht weiter verwunderlich, wenn weitere Aktivitäten der preußischen Landesbehörden ausblieben. Die Vorbeugung gegen Luftverschmutzung blieb dem Geschick und der Tüchtigkeit der Gewerbeaufsichtsbeamten überlassen. Wo weder von den unteren Behörden, noch von den Parteien oder Bürgerverbänden der entsprechende Druck ausgeübt wurde, sah die preußische Regierung keinen Anlaß zu eigenen Maßnahmen. Erst recht verhinderte der Weltkrieg neue Aktionen gegen die Luftverschmutzung.[96]

2.2.3. Die Problemlage während der zwanziger Jahre

Da sich die deutsche Industrie des Bedauerns selbst engagierter Forscher sicher sein konnte, wenn die industrielle Belastung durch umweltschützende Bestimmungen zur Diskussion stand, fand sich kaum jemand, der mit Nachdruck Verbesserungen gefordert hätte. Trotzdem ließ sich das wachsende Problem der Luftverschmutzung zu Beginn der 1920er Jahre nicht länger ignorieren. Die Feststellung, daß die Berliner Luft ihren „ganz besonderen Duft" habe, konnte nur noch in der Operette fröhlich stimmen. Hingegen mußten bzw. hätten sich die Berliner damit trösten können, daß in ihrer Stadt das Verhältnis des Kohlenmonoxyds zu Kohlendioxyd mit 0,92 nur etwa halb so hoch lag wie in Paris mit etwa 2,0 $CO:CO_2$. Zumindest die 2,66 mg Staub pro m^3, die als Jahresmittelwert für 32 deutsche Städte festgestellt wurden, waren aber für jede reinliche deutsche Hausfrau ein Ärgernis.[97]

Nachdem die Menschen Krieg und politische Erschütterungen der Nachkriegszeit einigermaßen überwunden hatten, und die Wirtschaftskonjunktur sich belebte, fanden auch die zunehmenden Luftverschmutzungen erneut Beachtung. Um die Mitte der zwanziger Jahre häuften sich in der Berliner Lokalpresse die Meldungen und Berichte über die besorgniserregende Verschlechterung der Berliner Luft. Die starke Luftverschmutzung, zu der gerade in Berlin in steigendem Maße der Kraftfahrzeugverkehr beitrug, veranlaßte die Stadtverwaltung von Berlin, ein „Ortsluftgesetz" zu erwägen, d. h. den Erlaß einer Polizeiverordnung zur Bekämpfung der „Rauch- und Rußplage". Doch nach welchen Kriterien wollte man vorgehen, wenn selbst für gewerbliche Immissionen vom Reichsgesundheitsamt festgestellt wurde: „Objektiv feststellbare(n) Werte gibt es nicht. Es gibt nur gewisse hygienische Forderungen, die jeweils nach Lage des Falles zu erheben sind." Was sollte die Polizei also mehr tun, als vielleicht Autofahrer, die mit laufendem Motor parkten, zu ermahnen bzw. zu verwarnen, wenn niemand Einfluß auf Technik und Kraftstoffart der Verbrennungsmaschinen nehmen wollte. So sah sich schließlich der Polizeipräsident von Berlin gezwungen „wegen der Unmöglichkeit der Durchführung" auf das „Ortsluftgesetz" zu verzichten.[98]

Wenn auch von offiziellen Stellen versucht wurde, auf die Bevölkerung beruhigend einzuwirken, zeigten sich in der Frage der Luftverschmutzung doch gelegentlich engagierte Bürger unruhig genug, Verbesserungsversuche einzuleiten. Während die Presse von offizieller Seite mit der Bitte rechnen mußte, darüber aufzuklären,

> „daß die beteiligten Stellen mit allen Kräften an der Abstellung der Übelstände arbeiten, und daß man die Gegenmaßnahmen in Geduld abwarten solle",

taten dies viele Bürger erfreulicherweise gerade nicht. „Wird die Stadtverwaltung dem Bürgerverein helfen?“, konnte der Groß-Duisburger Anzeiger vielmehr am 9. 8. 1928 fragen, nachdem ein Bürgerverein aus dem Ortsteil Hochfeld Verhandlungen mit der dort ansässigen Kupferhütte über die von ihr ausgehenden Emissionen aufgenommen hatte. Der Aktivität dieses Bürgervereins war es zu verdanken, daß die Kupferhütte sich zur Verbesserung der Emissionsbedingungen bereit erklärte. „Kommunalpolitisch interessant ist“, kommentierte der Groß-Duisburger Anzeiger,

„daß dieser erste positive Erfolg gegen die luftverunreinigende Industrie von einem Bürgerverein erzielt wurde. Wohl mögen die mehrfach von der Stadtverwaltung geäußerten Hinweise auf die Unhaltbarkeit des gegenwärtigen Zustands die Berechtigung der Bürgervereinsforderungen besonders deutlich gemacht haben. Mehr hat die Stadtverwaltung leider nicht unternommen ... abgesehen von den nicht gerade zweckmäßigen Äußerungen des Stadtmedizinalrats über die – angeblich fast gar nicht (!) schädlichen – Wirkungen der verunreinigten Luft für die menschliche Gesundheit.“

Konsequenterweise forderte die Zeitung auch die anderen Bürgervereine auf, aktiv zu werden und so die Stadtverwaltung zum Handeln zu veranlassen. Wenn dieser „Gaskrieg“ im Ruhrgebiet, so die angesehene „Kölnische Volkszeitung“ am 24. 5. 1929, letztlich kaum entscheidende Verbesserungen mit sich gebracht haben dürfte, wird doch klar, daß das Problem inaktiver Verwaltungen und aktiver Bürgergruppen nicht so neu ist, wie es heute manchem scheinen mag.[99]

Daß auch Vertreter der Arbeiterschaft mit Vorstößen in diese Richtung gewisse Erfolge erzielen konnten, aber immer wieder an entscheidenden Stellen die Behörden berechtigte Anliegen nicht nachdrücklich genug verfolgten, mag das folgende Beispiel zeigen. Zum Gegensatz „Bürgerinteresse am Immissionsschutz“ und „wirtschaftliches Interesse an Kostenminimierung“ gesellte sich hier noch die Problematik der föderalen Struktur des Deutschen Reiches. Der Betriebsrat einer Fabrik in Schiffbeck/Schleswig beschwerte sich bei der örtlichen und der Mittelinstanz (Regierungspräsident) über die Luftverschmutzung, die durch eine in der Nähe liegende Zinkhütte auf Hamburger Gebiet erzeugt wurden. Wie der zuständige Regierungspräsident in Schleswig an das preußische Volkswohlfahrtsministerium schrieb, waren die früher vorhandenen Absaugevorrichtungen der Hütte während des Krieges entfernt und hinterher nicht mehr erneuert worden, so daß in benachbarten Gebieten Bäume im Sommer keine Blätter trugen und

Menschen über Belästigungen und Schmerzen klagten. Die Gemeinde hatte diese Beschwerden des Betriebsrats im Jahre 1926 aufgegriffen und sich bemüht, die Preußische Landesanstalt für Wasserhygiene, die sich zu dieser Zeit bereits auch mit lufthygienischen Fragen beschäftigte (s. u.), für ein Gutachten zu gewinnen, nachdem frühere Gespräche mit den zuständigen Hamburger Behörden nichts gefruchtet hatten und die zugesicherten Abhilfemaßnahmen nicht durchgeführt worden waren. Um tätig werden zu können, mußte aber die Preußische Landesanstalt die Emissionen an der Quelle auf Ausmaß und Art untersuchen; dazu war die Zustimmung der Behörden des Stadtstaates Hamburg nötig. Die Hamburger Gewerbeaufsicht verhielt sich jedoch höchst widersprüchlich: Zunächst kündigte sie dem Landrat des Kreises Wandsbeck, zu dem Schiffbeck gehörte, an, „daß die Zinkhütte durch polizeiliche Verfügung unter Androhung der Stillegung des Ofenbetriebes . . . aufgefordert (werde) . . ., innerhalb bestimmter Fristen geeignete Maßnahmen zu treffen". Außerdem sicherte die Hamburger Behörde der Landesanstalt Kooperation bei der Erstellung eines Gutachtens zu. Wenig später (Nov. 1926), als die Gutachter der Preußischen Landesanstalt vergeblich Zugang zu der Zinkhütte erbaten, lehnte die Hamburger Gewerbeaufsicht es ab, den Gutachtern den Zutritt zu der Hütte zu verschaffen. Begründet wurde dies mit dem Fehlen geeigneter Zwangsmittel. In der folgenden Phase der Untätigkeit bzw. Machtlosigkeit der Behörden kamen die weitertreibenden Anregungen wiederum vom Betriebsrat der Schiffbecker Fabrik. Ein Jahr nach der Versicherung der Hamburger Gewerbeaufsicht, daß Auflagen gemacht würden, hatten sich die Verhältnisse immer noch nicht gebessert. Das Preußische Wohlfahrtsministerium konnte daher dem Betriebsrat als Antwort nur den Hinweis geben, daß die Untersuchungsergebnisse zunächst abgewartet werden müßten. Sofortiges Einschreiten scheine nicht erforderlich, und im übrigen solle der Betriebsrat auch einmal die Gefahr der „Arbeitslosigkeit der Zinkhüttenbelegschaft" bedenken. Da jetzt auch die preußischen Behörden auf Nichtstun einschwenkten, dauerte es bis zum Jahre 1929, bis der Regierungspräsident Schleswig an das Ministerium berichten konnte, die Zinkhütte habe zwar jetzt höhere Schornsteine, doch träten Belästigungen jetzt in größerer Entfernung auf und auch andere Firmen aus dem betreffenden Gebiet verschmutzten zunehmend die Luft. Daraufhin wandte sich das Wohlfahrtsministerium selbst an das Staatsamt für Auswärtige Angelegenheiten in Hamburg und schlug die Erörterung der Angelegenheit in einem Ortstermin unter Beteiligung von Behördenvertretern beider Staaten vor. Dieser Ortstermin fand dann endlich im Juni 1929 statt. Als Ergebnis hielten die Gutachter der Preußischen Landesanstalt fest: „Die bisherigen Quellen der Luftverunreinigung (werden) durch eine Reihe von Maßnahmen voraussichtlich beseitigt oder zumindest in ihren Auswirkungen stark eingeschränkt werden." Erst wenn sich nach Vollendung der Abhilfemaßnahmen weitere Klagen ergeben sollten, seien „ausführliche Luftuntersuchungen" nicht zu umgehen.[100]

Die vagen Formulierungen dieses Ergebnisses bedürfen keines Kommentars. Selbst nach jahrelangem Insistieren auf Abhilfe, die ohne das Engagement des Betriebsrates gar nicht versucht worden wäre, wurde indirekt die Berechtigung der Klagen zumindest teilweise zugestanden; doch daß sich die Behörden damit zum Anwalt der schutzwürdigen Interessen der Bürger gemacht hätten, wäre wohl zuviel gesagt. Bewiesen wurde lediglich, daß überhaupt Fortschritte, wenn auch nur mit riesigen Anstrenungen, gemacht werden konnten, falls die Behörden entsprechenden Handlungswillen zeigten.

Solchen Handlungswillen zeigte der Siedlungsverband Ruhrkohlenbezirk (SVR)[101] im Jahre 1924. Da der Verband zu seinem Kompetenzbereich u. a. die Vorsorge und Erhaltung für/von Grünflächen zählte, war das Problem der Luftreinhaltung auch eines für den SVR: Viele Baumbestände und Grünflächen des Ruhrgebiets litten natürlich unter den starken Emissionen und waren kaum als natürlich funktionierende Erholungsgebiete anzusehen. Es spricht für die Weitsicht und das ökologische Einfühlungsvermögen und Bewußtsein der Verbandsverwaltung, wenn sie versuchte, ihre Kompetenzen bezüglich der Grünflächen auch zur Verbesserung der Luftreinhaltung im Ruhrgebiet zu nutzen.

Auf Anregung des Verbandsdirektors Schmidt beschloß die Verbandsversammlung im Jahre 1924, daß eine Untersuchung durchgeführt werden sollte, durch welche Mittel eine Verbesserung der Luftverhältnisse im Revier erreicht werden könnte. Mit diesem Votum versehen, lud Schmidt Vertreter der Industrie, der Bergbau- und Gewerbeaufsicht, der Reichsbahn und des Dampfkesselüberwachungsvereins ein, um durch freiwillige Zusammenarbeit von Verursachern und Kontrolleuren Verbesserungsvorschläge erarbeiten zu lassen. Auf allen Seiten wurde Bereitschaft zur Zusammenarbeit bekundet; mehrere

Ausschüsse wurden gebildet, die etwa zwei Jahre lang die Verhältnisse bei den verschiedenen Emissionsquellen, etwa der Hüttenindustrie untersuchten.

Wie aufgrund der Zusammensetzung der Ausschüsse kaum anders zu erwarten, waren die Arbeitsergebnisse „nach Form und Inhalt durchaus verschieden, zum Teil sogar ablehnend“ gegenüber den ursprünglichen Intentionen der Untersuchung.

So leugneten die Vertreter der chemischen Industrie, überhaupt als nennenswerte Verursacher von Luftverschmutzungen aufzutreten. „Infolge der bestehenden scharfen Konzessionsbestimmungen“ sei die Abgabe schädlicher Gase so eingeschränkt, „daß sie entschieden unter jeder Schädlichkeitsgrenze“ lägen. Ähnlich äußerte sich der Fachausschuß für Hochofen- und Hüttenanlagen, in dem Vertreter der Gute-Hoffnungshütte, der August-Thyssen-Hütte und des Vereins Deutscher Eisenhüttenleute zusammengearbeitet hatten. Der Ausschuß berichtete: Die Rauchverhältnisse sind im Ruhrgebiet nicht so schlimm wie anderswo, z. B. in England, da die Ruhrkohlesorten verbrennungsgünstiger sind. Daneben führt die technische Entwicklung von selbst zu größerer Rauchvermeidung. Im übrigen sind Ungeschicklichkeiten in der Bedienung von Feuerungsanlagen, Unzulänglichkeiten beim Einsatz der verschiedenen Kohlesorten und bestimmte metallurgische Verfahrensnotwendigkeiten ursächlich für die Luftverschmutzung. Erstere sind abstellbar, letztere nicht.

Damit war nur einmal mehr die Aussichtslosigkeit jeder ernsthaften Bemühung um Verbesserungen der Luftverhältnisse erklärt. Resignierend kam deshalb auch der Verbandsdirektor Schmidt zu dem Ergebnis, daß „die Bekämpfung von Rauchschäden als besonders unmittelbar zu erstrebendes Ziel ... einstweilen als aussichtslos“ ausscheide. Obwohl allein durch die Kokserzeugung im August 1927 täglich etwa 186 t Schwefel oder 373 t schweflige Säure in die Luft des Ruhrgebietes abgegeben wurden, mußte die technische Unmöglichkeit zugegeben werden, die Abgabe schwefliger Säure und die dadurch bewirkten Schädigungen der Vegetation zu verhindern. Daß der Kern des Problems allerdings letztlich weniger eine technische als eine wirtschaftliche Frage war, schien der Verwaltung des SVR auf der Hand zu liegen: „Es ist eine schwer zu beantwortende Frage, ob die Gesetzgebung zum Schutze der Menschen und Pflanzen, also zum Schutz der Erhaltung der Volkskraft, was auch immer im Interesse der gesamten Volkswirtschaft liegt, ausgebaut werden soll.“ Beantwortet wurde diese Frage durch die

Macht der Verhältnisse und Ereignisse; die beginnende Weltwirtschaftskrise ließ diesen lobenswerten Versuch des SVR versanden; angesichts des bescheidenen Ergebnisses ruhten sämtliche Aktivitäten in dieser Richtung jahrelang.[102]

Andere Ansätze, mit Ausnahme der Erweiterung des Tätigkeitsbereiches der Preußischen Landesanstalt für Wasserhygiene, waren nicht erfolgreicher. Seltene Vorstöße im Landtag, fast nie im Reichstag, kamen von den Parteien, die ihre Basis ganz oder z. T. in der Arbeiterschaft hatten. Dies muß eher als ein Beleg für die unzureichenden Kontrollmöglichkeiten durch die Gewerbeaufsicht gewertet werden denn als hilfreicher Anstoß für eine durchgreifende Verbesserung. Das gelegentliche Interesse, dann auch noch in Formulierungen, die dem Obrigkeitsstaat, aber nicht einer selbstbewußten Republik angemessen waren, war einfach zu wenig, um für wirkliche Veränderungen zu sorgen. Wenn die SPD aus Anlaß eines lokalen Vorkommnisses, die Staatsregierung fragte, was sie zu tun gedenke, um „allgemeine Vorkehrungen zum Schutz der Bevölkerung gegen Abgase und Ausdünstungen industrieller Unternehmungen" zu treffen, mußte sie sich dann nicht mit einem „mea culpa" an die eigene Brust klopfen, da doch die SPD bis 1932 ständig mit in der Regierungsverantwortung in Preußen stand? Die Bedeutung dieser politischen Aufgabe der Luftreinhaltung wurde damals und lange Zeit später noch nicht erkannt. Obwohl Kenner der Materie zu dem Urteil kamen, daß „aufgrund unserer gegenwärtigen Kenntnisse Einzelbedingungen für verschiedene Rauche und Staube erlassen" werden müßten und obwohl die Voraussetzungen hierfür „in keinem Kulturstaat . . . überlieferungsmäßig derartig vorbereitet ist, wie in Deutschland", blieb in dieser Entwicklungsstufe der Problematik eine gesetzliche Fixierung von Grenzwerten für die Emissionen („nach Art der Zolltarife") eine utopische Forderung.

Statt Verbesserungen kamen gegen Ende der zwanziger Jahre mit der Weltwirtschaftskrise eher wieder Tendenzen zu Tage, die Erleichterungen im Genehmigungsverfahren für die Industrie forderten. Ein Antrag des Landtags forderte die preußische Regierung auf, eine Novellierung der GWO anzustreben. Dabei sollten die Definitionen für die Kriterien „Nachteile, Gefahren oder Belästigungen" präziser, gemeint war enger, gefaßt, das Genehmigungsverfahren verkürzt und der Begriff der „wesentlichen Veränderung" einer Revision unterzogen werden.[103]

Zwar kam es nicht zu einer solchen gesetzlichen Einschränkung des Immissionsschutzes, doch mußten die Behörden selbst eingestehen, daß es mit dem Zustand der Luft in Deutschland schlecht bestellt war. Die Dringlichkeit für verbesserte Reinhaltung wird durch nichts besser bewiesen als durch den Runderlaß der preußischen Ministerien für Volkswohlfahrt, Handel usw. und für Landwirtschaft usw., der am 27. 7. 1931 erging. Darin hieß es:

„Die Verunreinigung der Luft hat im Laufe der Zeit in Deutschland einen erheblichen Umfang angenommen und besondere Beachtung in der Öffentlichkeit gefunden. Es kann nicht in Abrede gestellt werden, daß die Verunreinigung der Luft in Großstädten, Industriebezirken, Industrieorten und in der Umgebung von industriellen Einzelunternehmungen in manchen Fällen die Besorgnis als berechtigt erscheinen läßt, daß die Gesundheit von Menschen und Tieren sowie das Gedeihen der Pflanzenwelt dadurch gefährdet sein können."

Nachweise über Schädigungen der Gesundheit seien aber nur schwer zu führen, meinten die Ministerien, ohne daraus den Schluß zu ziehen, daß bei Verdacht solcher Gefährdungen konsequent ein Vorsorgeprinzip verfolgt werden müsse. Immerhin erkannten sie an, daß „in weiten Bevölkerungskreisen das Verlangen nach einer planmäßigen Bekämpfung der Luftverunreinigung laut" werde und deshalb Maßnahmen angebracht seien. Worin bestanden aber diese Maßnahmen? In dem Verweis auf die Rechtsvorschriften des BGB, der GWO und der „Rauchklausel" für Dampfkesselgenehmigungen! Ausdrücklich wurde die Forderung nach einem neuen Gesetz zur Luftreinhaltung abgelehnt und statt dessen als weitere Möglichkeit auf das Allgemeine Landrecht und das Polizeiverwaltungsgesetz von 1850/1931 verwiesen. Gerade dieser Hinweis, das war auch den Ministerialbehörden klar, konnte aber in der Praxis kaum verfangen. Mit dem Polizeiverwaltungsgesetz ließen sich allenfalls konkrete Gefahren abwehren, nicht aber vermutete Gefährdungen, die bei wissenschaftlicher Betrachtungsweise allenfalls behauptet werden konnten. Daher empfahlen die Ministerien den Polizeiverwaltungen, gegebenenfalls mit der Preußischen Landesanstalt für Wasser-, Boden- und Lufthygiene Kontakt aufzunehmen und Immissionsverbote sorgfältig vorzubereiten; ansonsten solle lieber der Weg der „gütlichen Einigung" gefördert werden, weil dieser häufig schneller zum Ziel führe. Auch sollte von den Möglichkeiten der Bauordnung Gebrauch gemacht werden, um die Errichtung emittierender Betriebe zu steuern.

Wenngleich die Empfehlungen des Erlasses in einzelnen Fällen durchaus ihren Zweck erfüllt haben mögen, so muß doch entschieden bezweifelt werden, daß die genannten Rechtsgrundlagen für eine Lösung des eingestandenermaßen unübersehbaren Problems adäquat waren. Wie wenig der Hinweis auf den Versuch zur gütlichen Einigung im Ernstfall wert sein mochte, mag vielleicht durch den Standpunkt der I. G. Farben, Werk Bitterfeld, angedeutet werden. Das Werk war öfters mit privaten und behördlichen Beschwerden konfrontiert, bei allen Streitfragen wurde jedoch auf die Unternehmensmacht gepocht und auf den langen Atem eines Großkonzerns gesetzt: „Das Werk hat es bisher noch nicht notwendig gehabt, Vergleiche zu schließen, und ist diesen auch grundsätzlich abgeneigt, weil es für besser gehalten wird, einen einzigen klaren Fall unter entsprechendem Einsatz auszufechten, als durch Vergleich die Streitfrage zu verewigen." Sicherlich haben sich nicht alle gewerblichen Emittenten so mächtig fühlen dürfen, Versuchen gütlicher Einigung prinzipiell ihre Zustimmung zu versagen. Jedoch blieb es bis in die jüngste Vergangenheit ein politisch unbefriedigender Zustand, daß eine einheitliche Rechtsnorm, ganz zu schweigen von einheitlicher Anwendung von vielen gesellschaftlichen und politischen Gruppierungen für überflüssig gehalten wurde, wenn es um die Reinhaltung der scheinbar so unendlich zur Verfügung stehenden Luft ging.[104]

2.2.4. Die Tätigkeit der preußischen Landesanstalt in der Lufthygiene

Die wesentlichste politische Maßnahme der zwanziger Jahre auf dem Gebiet der Luftreinhaltung bestand in der Erweiterung der Tätigkeit der preußischen Landesanstalt für Wasserhygiene. Waren damit zumindest potentiell für einige der wichtigsten deutschen Industrie- und Ballungsgebiete (Berlin, Ruhr-, Mitteldeutsches- und Oberschlesisches Revier) erste Ansätze für verbesserte Luftreinhaltung institutionell verankert, so brachte die NS-Zeit mit der Eingliederung der Anstalt in das Reichsinnenministerium eine Ausdehnung des Tätigkeitsgebietes auf ganz Deutschland. Nach der Revolution von 1918 war die demokratische Politik in Preußen zumindest bestrebt, wohlfahrtspolitischen Aspekten größeren Raum als bisher zu gewähren. Mitarbeiter der preußischen Landesanstalt für Wasser- und Bodenhygiene wußten diese

Lage für die Interessen ihres Amtes zu nutzen. In Denkschriften legten der Leiter und zwei Mitarbeiter der Anstalt dar, daß die Erweiterung des Aufgabenbereiches der Landesanstalt auf die Luftreinhaltung dringend geboten sei. Unterstützt durch eine Resolution des Landtages, gelang es 1921 dem Leiter der Anstalt, Prof. Max Beninde, die Aufsichtsbehörde, das Preußische Ministerium für Volkswohlfahrt zur Erweiterung des Aufgabenbereichs zu bewegen.

Zu Beginn dieser Arbeit herrschte ein extremes Mißverhältnis zwischen objektiver Notwendigkeit der Arbeit und den praktischen Arbeitsmöglichkeiten. Zwar sprach der Erlaß, der die Tätigkeit der Landesanstalt auf dem Gebiet der Luftreinhaltung begründete, von der „Rauchfahne von Berlin", die „bei klarem windstillen Wetter den Luftschiffen auf hundert und mehr Kilometer als Wegweiser" diente, aber im Jahre 1924 ging es angesichts der prekären Finanzlage Preußens nach Inflation und Währungsreform erst einmal um den Erhalt der Landesanstalt überhaupt. An eine Ausweitung ihrer Tätigkeit war praktisch nicht zu denken. Als diese Krise überwunden war und mit verbesserter Wirtschaftslage der Etat und Personalbestand der Anstalt von 50 (1926) und 80 (1932) Mitarbeiter gewachsen war, konnten die Aktivitäten auf dem Gebiet der Luftreinhaltung schnell zunehmen.

Wie bei dem wasserwirtschaftlichen Aufgabenkreis wollte die Landesanstalt in Forschung, gutachterlicher Tätigkeit und Weiterbildung der Beamten der unteren Aufsichtsbehörden tätig sein. Insgesamt erarbeitete die Abteilung für Luftreinhaltung bis zum Ende des Zweiten Weltkrieges 314 Gutachten, die sich mit folgenden Themen befaßten:

1. Erkennung von Abgasschäden,
2. Ermittlung der Schadensursachen und Ausarbeitung von Vorschlägen zur Behebung/Beseitigung der Schädigungen,
3. Beratung der Gewerbeaufsichtsämter in Genehmigungsverfahren,
4. Prüfung, wieweit Auflagen von Unternehmen auch eingehalten wurden.

Die beiden letzten Arbeitsgebiete gewannen seit Mitte der dreißiger Jahre ein Übergewicht gegenüber den beiden ersten. Der Praxisbezug dieser Tätigkeit war besonders gewichtig, da es nur auf diesem Wege gelingen konnte, den weiter Auslegung zugänglichen Wortlaut der Gewerbeordnung zu konkretisieren. Maßstäbe für das „Ortsübliche", also das Maß an Luftimmissionen, welches Anlieger und Publikum noch zu dulden hatten, und Kriterien dafür, wann das „Zumutbare" überschritten wurde, konnten kaum anders als durch die zugleich forschungs- und anwendungsbezogenen Arbeit einer staatlichen Stelle gefunden werden. Ein anderer Weg, um betriebswirtschaftliche Teilrationalitäten gesamtgesellschaftlicher Rationalität unterzuordnen, bestand damals wie heute kaum – wenngleich die Mängel in der Organisation der Landesanstalt unübersehbar waren. Personal- und Sachmitteleinsatz waren recht beschränkt, und die Anstalt war letztlich auf die Anfragen, Anträge und Kooperation mit Gewerbeaufsichtsbeamten angewiesen, wenn ihre Tätigkeit sich in einem verbesserten Schutz der Umwelt niederschlagen sollte.[105]

Bei dem gegebenen Stand der Forschungen zu Fragen der Luftverschmutzungen waren die ersten Arbeitsansätze natürlich im Bereich der Forschungsverfahren und der Meßtechnik anzusetzen. In diesen Bereichen ist sicherlich auch die größte Leistung der lufthygienischen Abteilung der Landesanstalt zu finden. Demgegenüber mußten praktische Anwendbarkeit der Arbeitsergebnisse und die Verbreitung der Forschungserkenntnisse bei anderen staatlichen Stellen, etwa den Gewerbeaufsichtsämtern manchmal etwas hilflos wirken. Auf die Bitte des Ministers für Volkswohlfahrt Hirtsiefer, „wegen der in Berlin festzustellenden, ganz unerhörten Luftverschlechterung durch Auspuffgase der Kraftwagen das Geeignete veranlassen zu wollen", konnte der Leiter der lufthygienischen Abteilung, Prof. Liesegang, nur antworten, die Polizei möge mehr auf das unnötige Laufenlassen der Motoren achten. „Weitere Maßnahmen empfehlen sich zunächst nicht, weil die weitere Entwicklung bis zu einem gewissen Grade aus sich selbst heraus kommen muß."

In diesen Worten drückt sich eine bedenkliche Grundhaltung der Lufthygieniker der Landesanstalt aus. Als Wissenschaftler waren sie gar zu oft an den Erfolg rationaler Argumentation und an wissenschaftlichen Fortschritt gewöhnt. Die sozialen und politischen Ursachen und Hindernisse für die einseitige Entwicklung der Luftreinhaltung wurde von ihnen zu wenig reflektiert. Obwohl die große Bedeutung der Lufthygiene von den Mitarbeitern durchaus erkannt wurde, denn die Statistik beweise, „daß der Lungenkrebs in den letzten anderthalb Dezennien in manchen Orten geradezu erschreckend an Zahl zugenommen" habe, erwartete man den Fortschritt allzu optimistisch von hygienischen Untersuchungen, „deren Erkenntnisse auf dem Wege über die ärztliche und technische Gewerbeaufsicht praktisch zu verwerten sind". Zugestanden wurde allerdings, daß die „Hauptarbeit" erst noch zu leisten sei, „um gewaltige Werte zu erhalten". Dabei würden die Arbeiten über Luftverunreinigungen „nicht nur dem Zweck (dienen), in gesundheitlicher Beziehung Wandel zu schaffen, sie dienen gleichzeitig zur Auffindung von Mitteln, die der Vernichtung großer Wirtschaftwerte vorbeugen", so z. B. der Schwefelgewinnung aus Abgasen.[106]

In Zusammenarbeit mit dem ehemals zuständigen Referenten des preußischen Handelsministeriums, v. Meyeren, prüfte die Landesanstalt die rechtlichen Voraussetzungen für eine verbesserte Luftreinhaltung. Nachdem in den „Kleinen Mitteilungen" der Landesanstalt ein entsprechender Aufsatz v. Meyerens erschienen war, wurden auch die oberstrichterlichen Entscheidungen dahingehend untersucht, ob sich daraus „gegebenenfalls in der Praxis anwendbare Vorschläge für eine anderweitige Regelung der einschlägigen gesetzlichen Bestimmungen" ergeben könnten. Diese Prüfung endete negativ: Gesetzliche Neuregelungen lehnte die Landesanstalt ab, und als Ergebnis der Untersuchungen kam nur der oben zitierte Erlaß des Wohlfahrtsministeriums zustande. Diese Haltung, d. h. die Ablehnung neuer gesetzlicher Regelungen behielt die Landesanstalt konsequent auch während der NS-Herrschaft bei. Sie opponierte dabei sogar den Gliederungen der NSDAP: Deren „Reichsarbeitsgemeinschaft Schadenverhütung" und besonders die Arbeitsgemeinschaft des Gaues Schlesien hatte nämlich 1936 Bemühungen um ein Luft(hygiene)gesetz gefordert. Die Ablehnung dieser Forderung begründete die Landesanstalt so:

„Die Industrie, die im Zuge des Aufbauwerkes des NS-Staates gegenwärtig in einem Auf- und Umbau begriffen ist, würde durch Maßnahmen, die die Grenze des wirtschaftlich Tragbaren überschreiten, so behindert werden, daß sie ihren Pflichten gegen Volk und Staat nicht mehr gerecht werden könnte."

Überflüssig zu sagen, daß die wirtschaftliche Untragbarkeit der Maßnahmen nur unterstellt und nicht geprüft wurde, – diese Antwort läßt in jedem Fall die Grundsätze der Arbeit der Landesanstalt in dem Sinne fragwürdig erscheinen, ob eine Orientierung an gesundheitlichen Interessen überhaupt in ausreichendem Maße gegeben war. Die Landesanstalt war der Meinung, die Zusammenarbeit der Behörden nähme auch ohne Gesetz den Anwohner- und Vegetationsschutz wahr – „soweit es im Rahmen der Gesamtwirtschaft überhaupt möglich ist".

Auch für einen anderen wichtigen Kreis von Verursachern von Luftverschmutzungen, die Haushalte mit ihrem Kleinverbrauch an fossilen Brennstoffen für Heizung und Kochen, hielt die Landesanstalt gesetzliche Regelungen für überflüssig. Da gesetzliche Maßnahmen in diesem Bereich nur sehr schwer durchführbar seien, erwartete die Landesanstalt zusammen mit der „Reichsarbeitsgemeinschaft für Wärmewirtschaft“ „durch Aufklärung der Bevölkerung über Brennstoffanwendung und Brennstoffausnutzung bessere Erfolge“.[107]

Wichtiger als Bestrebungen, die geltenden Rechtsnormen zu verbessern, wurde für die Arbeit der lufthygienischen Abteilung der Landesanstalt die Zusammenarbeit mit der staatlichen Gewerbeaufsicht. Neben speziellen Schulungskursen, die für Beamte der GWA durchgeführt wurden, nahm die Beratung der GWA bei Genehmigungsverfahren und -auflagen eine immer wichtigere Rolle ein. Zunehmend gingen entsprechende Anfragen und Auskünfte zwischen einzelnen Gewerbeaufsichtsämtern und der Landesanstalt hin und her. Doch beruhte diese Zusammenarbeit auf völliger Freiwilligkeit und war in das Ermessen des einzelnen GWA-Beamten gestellt. Nicht alle leitenden Gewerbeaufsichtsbeamten auf der Ebene der Regierungspräsidenten erwiesen sich so einsichtig und kooperativ wie die Beamten des Bezirks Kattowitz (Oberschlesien) und Merseburg (Sachsen).

In Zusammenarbeit und im Auftrag des Bezirks Kattowitz nahm sich der Abteilungsleiter, Prof. Liesegang, eines hervorstechenden organisatorischen Mangels der Arbeit der GWA und der Landesanstalt an: Er versuchte die punktuelle Arbeit an Einzelfällen abzustellen, indem er mit seinen Mitarbeitern in einem dreijährigen Forschungsprogramm ein Abgaskataster des gesamten oberschlesischen Industriegebietes erarbeitete. Hierdurch wurde erstmals die Möglichkeit geschaffen, die Gesamtbelastungen eines Raumes zu ermitteln und in zukünftigen Genehmigungsverfahren diese Erkenntnisse zu berücksichtigen. In dem Kataster wurden die wichtigen Schadstoffgruppen Flugasche, SO_2, Schwefelwasserstoffverbindungen usw. erfaßt. Die Vorteile eines solchen Katasters überzeugten auch die GWA des Bezirks Merseburg, und so wurde 1941 verabredet, nach Eintritt „normaler Zeiten“ auch im Mitteldeutschen Revier eine solche umfassende Untersuchung durchzuführen. Schließlich plante Liesegang, das gesamte Gebiet des Deutschen Reiches hinsichtlich seiner Luftverschmutzung zu untersuchen. Zu diesem Zweck schlug er die Errichtung regionaler Luftuntersuchungsämter vor, die ähnlich wie in der Wasserwirtschaft eine genauere Kontrolle der Belastung des Mediums ermöglicht hätten. Durch die Kriegsereignisse wurde eine Entscheidung über diesen

Vorschlag verhindert, und damit letztlich ein erheblicher Rücktritt in der Immissionskontrolle und der Emissionsverhütung verursacht.

Durch die Kriegsereignisse letztlich verhindert wurde auch die sich anbahnende permanente Zusammenarbeit der Landesanstalt mit der Regierung in Merseburg, die für die Genehmigungsverfahren von Dampfkesselanlagen, und d. h. in diesem Raum besonders Braunkohlekraftwerke, verabredet wurde. Da die Ansichten beider Stellen über den Flugstaubauswurf solcher Anlagen übereinstimmten, hatte man vereinbart, die Regierung in Merseburg werde verfügen, „daß künftig *alle* Genehmigungsurkunden für Dampfkesselanlagen *vor* Erteilung der Genehmigung der Landesanstalt zur Stellungnahme“ vorgelegt werden sollten. Hätte dieses Beispiel Schule gemacht, wäre sicherlich bei so mancher Anlage die Genehmigung auf eine exaktere wissenschaftliche Grundlage gestellt und damit möglicherweise überprüfbarer geworden. Ungeachtet der Arbeitsprinzipien der Anstalt, die vielleicht auch eine Überprüfung auf ihre Zielrichtung und Zweckmäßigkeit benötigt hätten, muß in diesen Ansätzen doch ein zukunftsträchtiges Konzept für einen besseren Umweltschutz gesehen werden. Die Aufwertung der preußischen Landesanstalt zur Reichsstelle für Wasser- und Luftgüte am 1. 4. 1942 spiegelte sicher auch das gewachsene Bewußtsein von der Bedeutung der Arbeit der Anstalt im Bereich der Luftverschmutzung wider.

Im Zusammenhang mit den Bemühungen um eine Erweiterung der bisherigen Dienstanweisungen, die durch die Aufwertung erforderlich wurden, verwendete ein Mitarbeiter der Anstalt zum ersten Male die Formulierung „Schutz der Umwelt gegen die Einwirkungen schädlicher Gase, Dämpfe und Staube“ als Zielbestimmung. Mit der Zerschlagung der Zentralbehörden durch den Kriegsausgang wurde eine vielversprechende Arbeit, die sich vielleicht in einem demokratischen Deutschland noch viel besser hätte entwickeln können, auf Jahre hinaus blockiert, weil das Bedürfnis nach einem raschen Wiederaufbau dazu verleitete, die Fehler der Vergangenheit im Immissionsschutz zu wiederholen.[108]

2.3. *Die Naturschutz- und Landschaftspflegemaßnahmen*

2.3.1. Die ursprüngliche Ideologie des Naturschutzes

Die technischen, ökonomischen, demographischen und sozialen Prozesse, die seit dem Beginn der Industrialisierung in Deutschland eine Umwandlung der vorher noch „naturnahen" Kulturlandschaft in „naturferne" bewirkten, beschleunigten sich noch im Verlaufe des 20. Jahrhunderts. Sowohl die agrarischen Vorranggebiete, die mit immer weitergehender Technisierung und Chemisierung zur Verarmung des Ökosystems beitrugen, als auch die Verdichtungsräume, in denen teilweise völlig neue Ökosysteme ausgebildet wurden, hatten in exponentiellen Wachstumsraten zusätzliche Belastungen hinzunehmen.

Neben den Belastungen, die durch Schadstoffabgaben der Industriekultur entstehen, ist vor allem die Herabsetzung der Belastbarkeit der Landschaft durch Nutzungswandel hervorzuheben. Während das Zentrum des Ruhrgebiets z. B. um 1823 noch stark, die Peripherie hingegen schwach bewaldet war, hatten sich die Verhältnisse 1922 genau umgekehrt. Örtlich ergab sich dadurch bisweilen ein fast vollständiges Verschwinden des Waldes: Der Landkreis Gelsenkirchen verlor von 1855 bis 1913 von 463 ha Waldfläche 434 ha (gegenüber einem Durchschnitt von 17,5% im gesamten mittleren Revier). Die durch den Waldverlust bedingte Störung des Ökosystems wurde durch die Schadstoffabgaben weiter verschärft. Für den Waldverlust waren mehrere Faktoren ursächlich: Zum einen wurde eine große Menge Siedlungsland benötigt, das am billigsten auf den noch nicht anderweitig kultivierten Flächen zu bekommen war; die örtlichen Landbesitzer, meist Bauern verkauften am liebsten ehemaliges Allmendland. Zum anderen benötigte der Kohlebergbau gewaltige Mengen Holz zur Abstützung des Deckgebirges; so lange man konnte, wurde das Stützholz lokalen Ressourcen entnommen. Ähnlich verlief die Entwicklung in anderen Teilen des Landes, wo zum Beispiel Holz als Brennstoff eine größere Rolle spielte.

Eine weitere Herabsetzung der Belastbarkeit der Landschaft, die in großem Maße bereits im 19. Jahrhundert begann, stellten die Eingriffe in den Wasserhaushalt der Landschaft dar. Vermehrte Trink- und Brauchwasserentnahmen, die Anlage künstlicher Wasserwege, die Eindämmung und Regulierung fließender Gewässer, der Ausbau der Energiegewinnung aus Wasserkraft veränderten die Ökotope und verminderten die Zahl der ökologisch wichtigen Feuchtstandorte ebenso wie die nach wie vor stattfinden Maßnahmen zur Bodenmelioration.

Schließlich ist noch auf den Ausbau der Verkehrswege hinzuweisen, die notwendigerweise auch in industriefernen, dünnbesiedelten Räumen Breschen in die gewachsenen Strukturen des Naturhaushalts schlugen.[109]

Auf dem Hintergrund dieser Entwicklung, die ähnlich in allen westlichen Industriestaaten ablief und auch von den später industrialisierten Ländern nicht vermieden wurde, entwickelte sich allmählich eine bewußte, internationale Protestwelle. Da vielleicht in keinem anderem der ersten Industrieländer der Raubbau an der Naturlandschaft in derart kurzer Zeit und in solcher Intensität betrieben wurde wie in den USA, ist es erklärlich, daß die ersten nachhaltigen Proteste von Menschen eingelegt wurden, die noch mit eigenen Augen den nahezu unberührten Zustand der Landschaft in den USA gesehen hatten. So erschien 1864 in den USA das grundlegende Werk „Man and Nature“ von Georg P. Marsh, auf das sich die „Conservation“ Bewegung in den USA gründet. Mit einer Untersuchung der Folgen des Raubbaues an Wäldern und Boden begründete Marsh die Tradition der Warnschriften, die kontinuierlich bis in unsere Tage den Menschen die Folgen ihres Handelns für die Umwelt bewußt machen wollen.

In Deutschland wurde diese Besorgnis um die Natur erst erheblich später als in den USA politisch aufgenommen. Während bereits 1863 in den USA der erste Nationalpark gegründet wurde, der einen Landschaftsraum von unreflektierter Nutzung durch Menschen ausnehmen sollte, konnten sich ähnliche Bestrebungen in Deutschland erst viel später durchsetzen. 1898 verlangte der Abgeordnete W. Wetekamp im Preußischen Abgeordnetenhaus erstmals die Einrichtung einer staatlichen Stelle, die sich dem Problem der Naturkonservierung durch Schutzparks widmen sollte. Von dort aus bis hin zu einer umfassenden Landespflegepolitik war aber noch eine lange Phase ständigen politischen Ringens durchzustehen.[110]

Daß es überhaupt so früh zu politischen Bewußtseinsbildungsprozessen über die Notwendigkeit politischer Maßnahmen zum Schutz der Landschaft kam, ist ein Verdienst der Agitation von Heimat- und Naturschützern, deren Motivation uns heute fragwürdig erscheinen muß. Auf dem Boden eines romantisch rückwärtsgewandten deutschen Nationalismus setzten sie die überall von offenen Augen zu beobachtende Gefährdung der Natur durch die technische Gesellschaft mit der Gefährdung deutscher blut- und bodenmäßiger Kraftentfaltung gleich.

Beispielhaft für diese Bewegung ist Ernst Rudorff, der im Jahre 1880 in den „Preußischen Jahrbüchern" die Gefährdung der Natur durch das moderne Leben anprangerte:

„In dem innigen und tiefen Gefühl für die Natur liegen recht eigentlich die Wurzeln des germanischen Wesens. Was unsere Urväter in Wodans heilige Eichenwälder bannte, was in den Sagen des Mittelalters, ... anklingt, um dann in neuer ungeahnter Fülle in Goethes oder Eichendorffs Lyrik ... hervorzubrechen; immer ist es derselbe Grundton, derselbe tiefe Zug der Seele zu den wundervollen und unergründlichen Geheimnissen der Natur, der aus diesen Äußerungen des Volksgemütes spricht. Ist es nicht, als wenn ein böser Dämon uns triebe, in der Jagd nach den Phantomen des Glanzes und des Genusses dies Allerheiligste, das uns gleichsam das Leben gegeben, zu zertreten, den Born zu verschütten, aus dem wir immer wieder verjüngenden Trank schöpfen konnten? Wer mag von nationalökonomischen Vorurteilen hören, der weiß, daß sie um solchen Preis erkauft sind, daß um ihretwillen die Keime zerstört werden, aus denen frisches geistiges Leben erblühen kann!"

Bei aller Irrationalität seiner grundsätzlichen Motvivation darf jedoch nicht übersehen werden, daß Rudorff viele Gefährdungen der Natur richtig einschätzte und bereits einen Gesamtzusammenhang der „Natur als Bedingung alles menschlichen Wirkens" sah. Aufgrund seiner eigenwilligen Sichtweise und der damaligen wissenschaftlichen Grenzen konnte Rudorff durch seine publizistische und organisatorische Tätigkeit immer nur den Schutz des „noch nicht" zerstörten Naturraumes anstreben, d. h. er forderte das Ausklammern bestimmter Räume von Veränderungsprozessen, also Konservierung von Teilen anstelle von Schutzmaßnahmen für das Ganze. Dieses Dilemma, nämlich Ausklammern von Teilräumen, wo die Gesamtheit des ökologischen Kontextes gefährdet war, blieb ein charakteristisches Merkmal der Natur- und Landschaftsschutzbewegung bis heute.

Rudorffs publizistische Arbeit gipfelte in der Gründung des „Deutschen Bundes Heimatschutz" 1904 in Dresden. Ungeachtet deutschtümelnder Tendenzen konnte sich dadurch eine Keimzelle naturschützender Agitation und Propaganda entwickeln, die für die Durchsetzung einer ökologischen Politik Voraussetzung war.[111]

Neben der vorwiegend publizistisch ausgerichteten Arbeit von Ernst Rudorff trug vor allem das politisch-praktische Geschick von Hugo Conwentz zur Verbreitung des Naturschutzgedankens und seiner Verwirklichung durch staatliche Maßnahmen bei. Seit 1880 Museumsdirektor in Danzig, verstand es Conwentz, durch seine Leistungen hervorragende Beziehungen zu einflußreichen Ministerialbeamten des preußischen Ministeriums für Landwirtschaft sowie des Kultusministeriums zu knüpfen. Diese Kontakte zusammen mit seinem sorgsam durch Vorträge gepflegten Ruf in der Fachwelt trugen Conwentz den Auftrag des Kultusministeriums ein, eine Denkschrift über Notwendigkeit und Möglichkeit naturschützender Maßnahmen zu erstellen. Für diese Arbeit wurde er zwei Jahte lang von seinem Dienst als Museumsdirektor freigestellt; 1904 konnte er das Ergebnis seiner Arbeit erstmals veröffentlichen. Bis 1911 erlebte die Denkschrift drei weitere Auflagen.

Conwentz' Analyse der Gründe, die zur „Gefährdung der Naturdenkmäler" führten, blieb zwar in vielen Zügen subjektivistisch und voluntaristisch, d. h. er machte den bösen Willen und die Gedankenlosigkeit von Jägern und erholungssuchenden Erwachsenen und Kindern für Schäden verantwortlich. Andererseits benannte er auch wirtschaftliche Gründe für die Gefährdung, wobei er – ähnlich wie Rudorff an der Einrichtung von Reservaten interessiert – der Landwirtschaft und der Baumaterialgewinnung usw. eine größere Bedeutung zumaß als der Industrie. Nur auf sieben von sechsundsechzig Seiten, die er den Ursachen der Naturgefährdung widmete, befaßte er sich mit den Wirkungen der Industrie auf die Landschaft und kam hier auch zu richtigen Feststellungen, ohne allerdings die Bedeutung dieser Ursachen- und Wirkungskomplexe in Gegenwart und Zukunft richtig einzuschätzen.

2.3.2. Naturschutz im politischen Kräftefeld vor dem Ersten Weltkrieg

Da Conwentz in seiner Denkschrift vor allem solche Maßnahmen zum Schutze der Naturdenkmäler vorschlug, die privat finanziert und somit den Staat kaum etwas kosten sollten und zudem noch praktikabel erschienen, beeilten sich die beteiligten preußischen Ministerien mit der Umsetzung der Vorschläge. Bereits 1906 wurde unter Conwentz' Leitung die „Staatliche Stelle für Naturdenkmalspflege in Preußen" eingerichtet. Mit dieser offiziellen Anerkennung konnte Conwentz seine Werbetätigkeit für den Gedanken des Naturschutzes enorm ausweiten: Konferenzen, Veröffentlichungen und Vortragsreisen hatten einen offizellen Anstrich. Ein Netz von regionalen und lokalen Komitees für Naturdenkmalspflege entstand und lieferte eine breite personelle Basis ehrenamtlicher Helfer für Werbungstätigkeit und Durchführung von Schutzmaßnahmen.

Für die Arbeit der Staatl. Stelle für Naturdenkmalspflege wurden vom Kulturministerium folgende Grundsätze erlassen: Zweck der Einrichtung war die „Förderung der Erhaltung von Naturdenkmälern im Preußischen Staatsgebiet“, wobei unter Naturdenkmälern „besonders charakteristische Gebilde der heimatlichen Natur“ verstanden wurden. Die Staatl. Stelle sollte die Naturdenkmäler ermitteln, erforschen, dauernd beobachten, Vorschläge zu ihrer Erhaltung machen und beraten. Die Erhaltung der Naturdenkmäler selbst sollte „Sache der Beteiligten“ bleiben.

Die Grenzen der Arbeit der Staatl. Stelle waren damit recht eng gezogen, aber als ein erster Ansatz bot die Stelle zweifellos die Chance, vom Naturschutzgedanken bis dahin nicht berührte Behörden und Privatpersonen auf die Naturdenkmäler überhaupt erst aufmerksam zu machen. Diejenigen preußischen Ministerien, in deren Zuständigkeitsbereiche ebenfalls Fragen der Landschaftsgestaltung gehörten, d. h. die für Landwirtschaft, Domänen und Forsten, der öffentlichen Arbeiten und des Inneren erwiesen sich denn auch als kooperationswillig und wiesen ihre nachgeordneten Behörden an, der Staatl. Stelle behilflich zu sein. Insbesondere erinnerte das Landwirtschaftsministerium an frühere Erlasse zu Fragen des Pflanzen- und Tierschutzes. Daß die Begrenzung des Naturschutzes auf einzelne Naturdenkmäler auf die Dauer gesehen nicht ausreichen konnte, daß die ehrenamtliche Tätigkeit und die freiwillige Zusammenarbeit der Helfer und der Behörden auf die Dauer zu wenig sein würde, mußte jedem Einsichtigen klar sein. Ein Anfang war immerhin gemacht.

Die Einrichtung der „Staatlichen Stelle für Naturdenkmalpflege in Preußen“ 1906, erst in Danzig, seit 1910 in Berlin, und von nachgeordneten Provinzial-, Bezirks-, Landschafts- und Kreiskomitees mit ehrenamtlichen Helfern war ein richtiger Schritt vorwärts.[112]

Nachdem die Bemühungen von Conwentz u. a. um den Naturdenkmalschutz erfolgreich angelaufen waren, fanden die vorwiegend auf naturromantischen und ästhetischen Empfindungen beruhenden Naturschutzbestrebungen ihren ersten wichtigen legislativen Niederschlag in den preußischen Gesetzen zum Schutze besonderes schöner Landschaftsteile von 1902 und 1907. Beiden Gesetzen lag eine konservierende, schonende Zielrichtung zugrunde. Das erste Gesetz wandte sich gegen das unkontrollierte Aufstellen von Reklame- und ähnlichen Schildern in der freien Landschaft. Durch dieses Gesetz wurden weite Teile Deutschlands von den häßlichen Landschaftsmerkmalen einer Konsumgesellschaft bewahrt, wie sie uns in einigen europäischen Ländern (Frankreich/Spanien) entgegentreten. Das zweite Gesetz beschäftigte sich mit der Bauordnung. Der Paragraph 8 des Gesetzes sollte besonders ausgezeichnete Landschaften vor verunstaltenden Bauten schützen. Bestimmt wurde, daß unter gewissen Voraussetzungen die Regierungspräsidenten mit Zustimmung des Bezirksausschusses landschaftlich hervorragende Gebiete abgrenzen konnte, in denen außerhalb geschlossener Ortschaften Baugenehmigungen versagt werden *konnten,* nicht mußten. Für die Praxis wurde hier ein Kampffeld geschaffen, auf dem sich verschiedenste Interessengruppen tummeln konnten. Denn nicht nur das Heimatgefühl der Bewohner, sondern auch „die Bewertung der Landschaft durch die öffentliche Meinung" ebenso wie die lokalen wirtschaftlichen Interessen sollten bei der Abgrenzung solcher Gebiete berücksichtigt werden.

Den Wirtschaftsinteressen wurde dabei besondere Bedeutung zugemessen:

„Es ist in jedem Fall zu prüfen, ob nicht wirtschaftliche Interessen von schwerwiegender Bedeutung gefährdet werden, denen gegenüber die auf ästhetischem Gebiete liegenden Wünsche zurücktreten müssen. Wo bereits eine zukunftsreiche industrielle Entwicklung eingesetzt hat oder mit ziemlicher Sicherheit auf eine solche zu rechnen ist, wo es sich um Bergwerksbetriebe handelt usw., kann von Maßnahmen der fraglichen Art Abstand genommen werden. Bestehen Zweifel in dieser Hinsicht, so kann dic Anhörung berufener Interessenvertretungen, der Landwirtschaftskammern, der Handelskammern u. a. in Frage kommen."[113]

Die behutsame Ausdrucksweise der preußischen Ministerialbürokratie macht deutlich, daß eine höchst flexible Handhabung dieses Gesetz von ihr gewünscht wurde. Was an Nutzen für den Landschaftsschutz dabei noch herauskommen konnte, war der Initiative der Mittelinstanzen der Verwaltung einmal mehr überlassen. Die Bevorzugung der wirtschaftlichen Interessen erscheint dabei von der Sichtweise der Zeit her nicht unverständlich. Solange Landschaftsschutz nur in ästhetischen statt in rational wissenschaftlichen Kategorien als notwendig angesehen wurde, konnten sich die scheinbar so vernünftigen ökonomischen Kriterien leicht durchsetzen. Das ökonomische Verwertungsinteresse eines Grundbesitzers beispielsweise oder das Interesse recht und schlecht lebender ländlicher Unterschichten an besseren Verdienst- und Arbeitsmöglichkeiten konnte schwerlich der Entfremdung der bürgerlichen Kultur von natürlichen Lebensprozessen etwas abgewinnen, wenn sich diese Entfremdung und das unbestimmte Gefühl eines Verlustes ästhetisierend in Verfügungsbeschränkungen über Landschaftspotentiale ausdrückten. Beschränkungen, die dann in den Schreibstuben dieser Kultur als „Bedürfnisse einer kulturell fortgeschrittenen Zeit" gefeiert wurden. Diese Wertung selbst drückt die Degenerierung einer industriell zivilisierten Welt aus, die das Gefühl für die Abhängigkeit von natürlichen Prozessen nur in Katastrophen wiedergewinnen kann.

Der Natur- und Heimatschutz blieb im allgemeinen eine lokal und regional verwurzelte vorpolitische Bewegung, die zwar manchmal für die Einrichtung von Naturschutzgebieten oder -denkmälern das Interesse der Behörden, gelegentlich auch der Landesregierungen gewinnen konnte. Meist handelte es sich aber um eine etwas herablassende Attitüde der Kulturbürokratie, mit der sie Forderungen der bürgerlichen Propagandisten der Heimatschutzbewegung begegnete. Die Tatsache der gemeinsamen bürgerlichen Kultur, die Definition gerade auch durch das regionale und nationale kulturelle Erbe, die den deutschen Nationalismus mit prägte, verschafften dem Naturschutzgedanken eine gewisse beschränkte Resonanz bei den Behörden der Bundesstaaten.

Da Kontaktmöglichkeiten zu einer entsprechenden Kulturbürokratie auf Reichsebene fehlten, blieben Einfluß- und Organisationsmöglichkeiten der Naturschutzbewegung und -politik bis in die 30er Jahre hinein auf die Ebene der Regionen, Provinzen, Bundesstaaten beschränkt. Der Individualität schutzwerter Einzelräume wurde dadurch – wenn überhaupt – sicherlich Rechnung getragen; der Verbreitung eines naturschützenden oder gar landschaftsschützenden Gesamtkonzepts wie etwa des von Conventz blieben so aber enge Grenzen gesetzt. Vergleicht man die Naturschutzmöglichkeiten des föderal strukturierten Reiches mit den ebenfalls föderal strukturierten USA, wird einmal mehr eine der wesentlichen Strukturschwächen des Reiches klar. Während es der amerikanischen Bundesexekutive, vor allem dem Präsidenten Theodore Roosevelt gelang, große Teile des Landes zu Naturschutzgebieten bzw. Nationalparks zu erklären und ansatzweise eine effiziente nationale Administration für die „Conservation of

Natural Ressources" aufzubauen, fehlten im Reich Kompetenz und Einsatz der Reichsleitung, Kaiser oder Kanzler, für den Erhalt möglichst naturnaher Landschaften. Zwar kam in den USA der Bundesregierung zu Gute, daß sie selbst über ausgedehnten Landbesitz verfügte; dennoch mußten erhebliche politische Widerstände überwunden werden, bis die Schutzmaßnahmen durchgesetzt werden konnten. In Deutschland hingegen hatten die „staatstragenden" Schichten, besonders der großgrundbesitzende Adel, eher ein Interesse daran, unter dem Schutz hoher Getreidezölle durch „landeskulturelle" Maßnahmen, d. h. die Vernichtung naturnaher Moor-, Geest- und Heidelandschaften ihre individuellen Profite aus der Landwirtschaft zu steigern. Abgesehen von den so künstlich hochgehaltenen Nahrungsmittelpreisen, die für die unteren Volksklassen eine Verminderung ihres ohnehin geringen Einkommens bedeuteten, wurde durch diese „landeskulturellen" Maßnahmen eine unschätzbar große Anzahl naturnaher Biotope vernichtet und die Verarmung des Ökosystems gesteigert.[114]

2.3.3. Stillstand oder Fortschritt in den zwanziger Jahren?

Die revolutionären Ereignisse der Jahre 1918/19 hinterließen auch im Bereich des Natur- und Landschaftsschutzes ihre Spuren: Der Artikel 150 der Weimarer Reichsverfassung stellte die Norm auf: „Die Denkmäler der Kunst, der Geschichte und der Natur sowie die Landschaft genießen den Schutz und die Pflege des Staates." Doch wie bei vielen anderen Dingen bedeutete die Aufnahme dieses Artikels 150 in die Verfassung nur scheinbar „eine wesentliche Zäsur in der Entwicklung der deutschen Naturschutzgesetzgebung".[115] Zwar stellte diese Verfassungsnorm eine Anerkennung der politischen Bedeutung der Aufgaben des Natur- und Landschaftsschutzes dar, doch blieb es bezeichnenderweise auf Jahre hinaus bei der Kleinstaaterei in den naturschutzrechtlichen Zuständigkeiten. Nicht einmal innerhalb der größeren Staaten gab es eine einheitliche Organisation des Naturschutzes. Über das völlige Fehlen einer zusammenhängenden Natur- und Landschaftsschutzplanung und -arbeit konnte auch die steigende Zahl von geschützten Naturdenkmälern und Naturschutzgebieten nicht hinwegtäuschen.

Dieses Chaos im Naturschutzrecht spiegelte nur die unzureichende und unstetige Unterstützung des Naturschutzes durch die politischen Kräfte im parlamentarischen und exekutiven Raum wider. Wesentliche

Anstöße zu Verbesserungen wurden dann auch aus ganz anderen Motivationen heraus in Gang gebracht und vorangetrieben. Die schwierige soziale Lage weiter Teile der Bevölkerung in den Industriegebieten, die unzureichenden Wohn-, Freizeit- und Verkehrsverhältnisse rückten durch die politischen und sozialen Unruhen der Kriegs- und Nachkriegsjahre stärker als früher ins Blickfeld der Politik. Die Macht, die in Preußen nach der Revolution von 1918 an die SPD, die Zentrumspartei und die Deutsche Demokratische Partei gefallen war, hatte einen großen Teil ihrer Basis in den arbeitenden Menschen der Industriegebiete. Um die Umwelt und die Lebensumstände dieser Menschen zu verbessern, wurden in Preußen nunmehr verstärkt Maßnahmen für die Verbesserung der Volksgesundheit und -erholung ergriffen. Damit wurden die Ziele des Naturschutzes, die bis dahin überwiegend „naturästhetisch" ausgerichtet waren, um „sozialpolitische" Aspekte ergänzt.[116]

Wie problematisch eine Begründung und Koordination des „naturästhetischen" Natur- und Landschaftsschutzes den politischen Institutionen erschien, machte der Vortrag des Ministerialrates Schnitzler auf dem Zweiten Deutschen Naturschutztag in Kassel 1927 deutlich. Zwar beschäftigte sich Schnitzler allein mit Überlegungen, die in Preußen bezüglich eines Naturschutzgesetzes angestellt wurden, doch dürfen die angesprochenen Probleme als symptomatisch für die Naturschutzpolitik in ganz Deutschland gelten. Schwierig und umstritten erschienen Bürokratie und Politikern

- die Zielsetzung,
- die Interessengegensätze und ihr Ausgleich,
- die Entschädigungsfrage,
- die Organisation des staatlichen Naturschutzes.

Die damals allein denkbare Orientierung des Naturschutzes schien Schnitzler im Bereich konservatorischer Maßnahmen liegen zu können; ein musealer Charakter der zu schützenden Natur war dem Beamten genug, wenn er forderte: „Der Ausgangspunkt des Naturschutzgesetzes muß grundsätzlich geschichtlicher, wissenschaftlicher, heimatkundlicher Art sein . . . es handelt sich um wichtige Zeugen der heimischen Vergangenheit." Damit waren die Naturschutzinteressen zwar einerseits aus den möglichen Versuchungen naturromantischer Schwärmerei, ästhetischer Auseinandersetzungen und Werturteilsfragen befreit, andererseits muß aber das Fehlen eines ökologischen Ansatzes auch für die damalige Zeit als rückständig beurteilt werden.

Wie gering die politisch-rechtliche Unterstützung für den Naturschutz war, erhellt sich auch gerade daraus, daß Schnitzler vor allem die Zustimmung aller Beteiligten bzw. Betroffenen für notwendig hielt, wenn es um die Einrichtung von Schutzgebieten gehen sollte. Da die Rechtsprechung des Reichsgerichts die seltsame Lage geschaffen hatte, daß Beschränkungen in der Verfügungsgewalt über das Eigentum bereits als Enteignung anzusehen waren, befürchtete die Bürokratie zu Recht eine Flut von Entschädigungsansprüchen, wenn Grundstückseigentümer durch Naturschutzmaßnahmen, z. B. ein Bauverbot, in ihrer Verfügungsgewalt eingeschränkt werden sollten. Der Ausweg hätte in einer klaren gesetzlichen Regelung bestanden, indem „ein Reichsgesetz die Länder ermächtigte, in dem von ihnen zu erlassenden Naturschutzgesetz Eigentumsbeschränkungen auch dann ohne Entschädigung anzuordnen, wenn die konkrete Beschränkung erst durch Maßnahmen einer Verwaltungsbehörde eintritt. Ob indes ein solches Reichsgesetz bei der Überlastung der Reichsstellen und des Parlaments mit hochpolitischen Fragen und sonstigen Gesetzentwürfen durchzusetzen" sei, hielt Ministerialrat Schnitzler für „mehr als fraglich".[117] Die preußischen Entwürfe für ein Naturschutzgesetz (1921–28) blieben vorläufig in den Schubladen; da es zu einem Rahmengesetz des Reiches für den Natur- und Landschaftsschutz vor 1933 nicht kam, blieb der Artikel 150 der Weimarer Verfassung eine weitgehend unerfüllte Forderung; die Länder blieben auf sich selbst angewiesen. In Preußen war es dem Rechtsberater der Staatlichen Stelle für Naturschutz, Benno Wolf, nach langen Verhandlungen mit Abgeordneten gelungen, die Voraussetzungen für die Bildung von Naturschutzgebieten zu schaffen, indem er die Einführung eines entsprechenden Ermächtigungsparagraphen in das Preußische Feld- und Forstgesetz erreichte (8. 7. 1920). Zugleich konnte durch diesen Erlaß eine Tier- und Pflanzenschutzverordnung ermöglicht werden, die allerdings die Liste der mit einander konkurrierenden Bestimmungen nur verlängerte.

Bis auf Thüringen wurden in allen Ländern des Reiches zwischen 1920 und 1933 teils eigene Natur- oder Heimatschutzgesetze, teils andere einschlägige Vorschriften verabschiedet. Zur ersten Gruppe gehörten Anhalt, Braunschweig, Bremen, Hamburg, Hessen, Lippe, Lübeck, Mecklenburg, zur zweiten u. a. Baden und Sachsen. In Bayern existierten entsprechende Vorschriften im Polizeistrafgesetzbuch bereits seit 1908.[118]

Obwohl die Ansicht verbreitet war, daß Naturschutz „in erster Linie Sache der Länder bleiben, nicht Sache des Reiches werden“ sollte, kann die unzureichende Entwicklung des Naturschutzrechts nicht allein aus förderalistischen Widersprüchen erklärt werden. Parlamentarische Initiativen zu einer entsprechenden Reichsgesetzgebung gab es jedenfalls. Die Ursachen scheinen eher in zwei anderen Bereichen zu liegen: dem Widerstand der Agrarier und der Schwäche der Naturschutzbünde.

Die geringe Unterstützung des Naturschutzanliegens aus dem parlamentarisch-politischen Raum war nicht zuletzt eine Folge der schwächlichen außerparlamentarischen Absicherung. Die Landesvereine des „Deutschen Bundes Heimatschutz“, der von Rudorff gegründet worden war, versuchten sich ebenso in „volkstümlicher“ Unterstützung des Naturschutzgedankens wie der „Naturschutzring Berlin-Brandenburg“. Die Kleinstaaterei war nicht nur in der politischen Sphäre dem Naturschutz hinderlich, sondern setzte sich in den Organisationen des Naturschutzes fort. Allein im „Naturschutzring“ waren 35 selbständige Verbände mit ca. 100000 Mitgliedern zusammengeschlossen. Diese scheinbar gewaltige Unterstützung wird jedoch bei nüchterner Betrachtung sehr fraglich, denn außer einer zweijährigen Tagung „Deutscher Naturschutztag“ brachte diese Organisation nichts Wesentliches zustande. Die beiden genannten Organisationen wurden nach 1933 verboten, ein Schicksal, das dem „Volksbund Naturschutz“ aufgrund größerer Affinitäten zum nationalsozialistischen Gedankengut „erspart“ blieb.

Da es den Naturschützern bis zu Beginn der zwanziger Jahre nicht gelungen war, sich einer wesentlich stärkeren Unterstützung als vor dem Weltkrieg zu versichern, blieb nach wie vor die Begründung und Werbung für den Naturschutzgedanken eine wesentliche Aufgabe der Naturschützer. Gab es nun in den zwanziger Jahren einen Wandel in der Argumentation der Naturschützer gegenüber den Zielen von Conwentz und Rudorff?

Die immer noch wenig ausgefeilte Argumentation der Naturschützer enthüllt das folgende Zitat aus einer Entschließung des „Deutschen Naturschutztages“ in Kassel 1927:

„Der Naturschutz ist ja nicht eine Leidenschaft weltfremder Schwärmer, sondern eine dringende Notwendigkeit und für die Seele des Volkes unerläßlich!“

Die nicht weiter konkretisierte „Notwendigkeit“ ergab sich für die Naturschützer weiterhin eher aus „Seltenheit“, „Schönheit“ einer Landschaft, aus „Vertiefung des Naturgefühls zur Ehrfurcht“ als aus der „Eigenart unserer Landschaft mit ihren Tier- und Pflanzengemeinschaften“, die es „nach Möglichkeit vor völliger Vernichtung und Ausrottung zu bewahren“ galt. Den meisten Propagandisten erschien das

„Hineinleben in die bewegte Ruhe der Natur, dieses In-eins-Leben mit Pflanzen und Tier, mit Luft und Licht, mit Wolken und Sternen ... als eins der besten Heilmittel, die unsere Zeit braucht.“

Weil vielen die Gesellschaft fehlentwickelt, krank und entwurzelt durch die Industrialisierung vorkam, hoffte man die Seele des Volkes zu retten, indem man ihr zur Beruhigung und Entspannung Naturreste anbot. Als Medizin für den Menschen des Industriezeitalters instrumentalisiert, sollten geschützte Naturreste Erholung ermöglichen.[119]

Diese Erweiterung des Naturschutzgedankens ging von der freiwilligen Selbstbegrenzung der menschlichen Nutzung der Natur aus, eine Begrenzung, die aber nur als Versuch der Kurierung von Symptomen gelten darf. Weiterhin fehlte nämlich in den Vorstellungen der Naturschützer eine genaue Ursachenanalyse der zunehmenden Belastung der Landschaft, eine ökologische Orientierung und der Gedanke einer vorbeugenden, landschaftspflegenden Landesplanung und -gestaltung. Weil sich die Naturschützer dieser Zeit – bis z. T. in die sechziger Jahre hinein – eben nicht die Frage stellten, wieweit die positiven Aspekte des Gebrauchs der Umwelt durch die Menschen nicht auch Gefährdungen des Lebensraumes mit seinen komplizierten Zusammenhängen darstellten, kam es nicht zu einer Verbreiterung der Naturschutzaktivitäten in Richtung auf Gewässerschutz, Luftreinigung etc. Statt dessen verharrten sie in dem (an und für sich ja durchaus wichtigen und lobenswerten) Bestreben, kleine Flächen als Reservate zu schützen. Daß der Aufschwung des Besucherstroms in solchen Schutzräumen möglicherweise zu neuen Schädigungen führen konnte, machten sich die Naturschützer ebenfalls selten klar.

Mit der Orientierung an Naturkonservierung, der eben doch mehr das schwärmerische Element als der Erholungswert unterlegt wurde, war nur schwerlich größere Außenwirkung zu erzielen. Nimmt man die Verbreitung der wichtigsten Zeitschrift der Naturschutzbewegung, die 1922 begründete „Naturschutz, Zeitschrift für Naturdenkmalspflege und verwandte Bestrebungen, insbesondere Vogelschutz", als einen Maßstab für Resonanz in sympathisierenden Verbänden und Interessenten, so ist die maximale Gesamtauflage von ca. 5000 doch ein ernüchternder Hinweis auf die relative Bedeutungslosigkeit. Wichtigstes propagandistisches Forum dieser „Kampfzeit", wie sich der führende Naturschützer Klose noch 1957 auszudrücken beliebte, waren die „Deutschen Naturschutztage", die nicht nur der Werbung um die Unterstützung der Bevölkerung, sondern auch der Kontaktpflege mit staatlichen Stellen dienten. Besonders der zweite Naturschutztag in Kassel und der vierte 1931 in Berlin, letzterer mit einer großen Naturschutzausstellung in den Messehallen verbunden, boten Foren für die Agitation hinsichtlich eines Reichsnaturschutzgesetzes. Auf dem Berliner Naturschutztag wurden die Ausstellungsbesucher durch ein mehrtausendfach verteiltes Flugblatt auf die Notwendigkeit eines Gesetzes hingewiesen: „Wie lang noch wollen Reichsregierung und Reichstag dieser Sachlage gegenüber untätig gegenüberstehen?"

„Eine nachhaltige Einwirkung auf breitere Volkskreise", vor allem eine Mobilisierung der Großstadtbevölkerung für das Naturschutzanliegen gelang jedoch nicht, wie das kritische Resümee eines engagierten Naturschützers feststellte. Die bis dahin benutzten Wege des Naturschutzes konnten keine Massenbasis erhalten, obwohl ja gerade die Stadtbevölkerung von der naturfeindlichen und -zerstörenden Entwicklung der Industriegesellschaft am stärksten betroffen wurde. Anteil an der Naturschutzbewegung nahmen „im großen und ganzen ... die gebildeteren Volkskreise", was angesichts der Tatsache verständlich ist, daß die große Masse der Bevölkerung mit handfesteren materiellen Sorgen befaßt war und sich den Luxus ästhetisierender Naturbetrachtung kaum leisten konnte.

Für den nachdenklichen Naturschützer ergab sich aus der relativen Erfolglosigkeit der Werbung die zwingende Folgerung, durch intensive Erziehungs- und Schulungsarbeit verstärkt um Anhängerschaft zu ringen. Als neues Mittel der Schulungsarbeit wurde in den zwanziger Jahren die Institution der Volkshochschule genutzt, um breitere Kreise der Bevölkerung anzusprechen. Außerdem versuchten die Naturschützer in alle Vereine hineinzuwirken, die in irgendeiner Weise Verbindungen zum Naturschutz boten. Wandervereine, Jugendvereine, Aquarienvereine usw., selbst der Touristenverein der freien (sozialistischen) Gewerkschaften, „Die Kulturfreunde" mit ca. einer Viertelmillion Mitgliedern, wurden angesprochen, um Vorträge und Schulungen durchzuführen. Wie gespalten aber gerade das Verhältnis zwischen den meist bürgerlichen Naturschützern und der Arbeiterschaft war, mag folgende Äußerung belegen:

„In diesen Menschen steckt zum größten Teile das Bewußtsein ihrer Lebensführung, dem freilich in sehr verschiedener Weise Ausdruck gegeben wird. Viele treibt es in die Kneipe oder – mit geballter Faust – auf die Straße. In ihren armen Hirnen kreisen nur wenige Gedanken, und die bewegen sich um Pfennige und Mark ... Diese Leute sind für uns so gut wie tot!

Neben, unter ihnen ein anderes Geschlecht ... Es vermag die Folgerung zu ziehen: Was mir die Stadt versagt, kann ich vielleicht vor ihren Toren finden ..."

Daß es bei solcher Einstellung Mißtrauen auf seiten der organisierten Arbeiterschaft gegen die Naturschützer gab, kann nicht verwundern. Im Ergebnis war daher eine breite Verankerung des Naturschutzanliegens in der Bevölkerung nicht zu erreichen; damit fehlte auch eine entscheidende Voraussetzung für mehr Gehör im politischen Raum.[120]

Wie machte sich nun im politischen Bereich die oben erwähnte „sozialpolitische" Komponente des Natur- und Landschaftsschutzes bemerkbar? Es waren vor allem zwei Maßnahmen, die bewußt auf die Verhältnisse in den Verdichtungsräumen Preußens, Großberlin und dem Ruhrgebiet, abzielten: die Gründung des Siedlungsverbandes Ruhrkohlenbezirk und das Baumschutzgesetz.

Nachdem der Regierungspräsident in Düsseldorf bereits 1911 eine „Grünflächenkommission" einberufen hatte, um eine übergreifende Planung von Grünzonen als Puffer zwischen den abgasgeschädigten Großstädten des Ruhrreviers zu initiieren, kam es 1920 zu einem Durchbruch in dieser Hinsicht. In diesem Jahr wurde der Siedlungsverband Ruhrkohlenbezirk (SVR) als überkommunaler Planungsverband geschaffen (Gesetz vom 5. 5. 1920). Ursprünglich hatten die Initiatoren[121] daran gedacht, in der schwierigen Wirtschaftslage nach dem Krieg durch den Bau neuer Wohnsiedlungen für ca. 100000 Menschen zusätzliche Arbeiter für die Kohleproduktion zu gewinnen. Durch gute Wohnmöglichkeiten sollten Arbeiter bewogen werden, sich für den Kohlebergbau zur Verfügung zu stellen.

Um diese neuen Siedlungen bauen zu können, war es erforderlich, die nötigen Flächen bereitzustellen und das Ruhrgebiet mit seinen wildgewachsenen Gemeinde-, Verwaltungs- und Siedlungsgrenzen einer überkommunalen Verkehrs- und Bebauungsplanung zu unterwerfen.

Andernfalls hätte man weiterhin weitreichende Planungsentscheidungen den einzelnen Städten und Kreisen überlassen müssen, die ja jeweils von ihrer besonderen Interessenlage her entschieden hätten. Besonders die „Adern" des Verkehrs und die „Lungen" des Gebietes, die Grünflächen, sollten in eine Generalplanung eingebracht werden. Damit wurde der SVR der erste regionale Sonderverband mit Raumordnungsaufgaben. Dadurch fand auch das Anliegen des Naturschutzes in die Aufgaben des SVR Eingang.

Die Sicherung und Erhaltung von Grünflächen wurde mit der Begründung zu einer Aufgabe des SVR erklärt, daß im Interesse der Volksgesundheit genügend Erholungsflächen für die Arbeiterbevölkerung in geringer Entfernung von den Wohnstätten erhalten bzw. geschaffen werden müßten. Noch bei den Vorberatungen für den Gesetzentwurf machte der Essener Oberbürgermeister und spätere Reichskanzler Luther, einer der Initiatoren des SVR-Gesetzes, Repräsentanten der zukünftigen Verbandsmitglieder klar, daß „die Übertragung dieser Aufgabe (der Grünflächensicherung) ja leider nicht identisch . . . mit der Lösbarkeit der Aufgabe" war. Hinzu kommen mußten gesetzliche Regelungen, „um das Abholzen von Wäldern – nicht schlechthin zu verbieten, aber – in solchem Maße zu beschränken und zu regeln, . . . (daß) einem solchen riesigen Siedlungsgebiet die Lungen" erhalten werden konnten.

Schutz gegen die weiteren leichtfertigen Verminderungen von Grünflächen und Baumbestand im Ruhrgebiet versuchte der SVR bald nach seiner Bildung durch eine Verordnung nach dem Gesetz gegen die Verunstaltung von Ortschaften und eine Polizeiverordnung zum Baumschutz zu erreichen. Nach der Polizeiverordnung war die Abholzung von Alleen, Baumgruppen und Gehölzen genehmigungspflichtig und eine gewisse Kontrolle über den Holzeinschlag dadurch gewährleistet. Da die Verbandsführung jedoch der Meinung war, daß mehr für den Schutz des Grüns getan werden müsse und die bestehenden Geseze nur „der Holzpflege, nicht aber dem Menschenwohl" dienten, unterstützte die Verbandsleitung die Bemühungen im preußischen Ministerium für Volkswohlfahrt, durch ein Baumschutzgesetz eine Handhabe für umfassende Vorsorge für die Grünflächen zu erhalten.[122]

Nicht allein im Ballungsgebiet der Ruhr, sondern auch im Großraum Berlin nahm die Wald- und Grünflächenvernichtung immer bedrohlichere Formen an. Dazu trugen wachsende Ansprüche an Verkehrs- und Siedlungsflächen ebenso bei, wie die schlechte Versorgungslage der

Bevölkerung mit Brennmaterial. Die z. T. politisch bedingten Schwierigkeiten der Kohleproduktion führten zu einem vermehrten Holzeinschlag, weil die Preisentwicklung bei Brennstoffen steil nach oben wies. Sogenannte Siedlungsgesellschaften erwarben bewaldetes Land in der Absicht, zunächst den Erlös des Holzeinschlags einzustreichen, ohne sofort anschließend der allgemeinen Wohnungsnot durch Siedlungsbau entgegenzuwirken.

Diese Entwicklung veranlaßte Parteien, Behörden und Bürgerinitiativen bzw. Vereine zu Gegenmaßnahmen. Die führende SPD-Zeitung „Vorwärts", machte unter der Schlagzeile „Die Axt am Berliner Wald" auf die Zustände aufmerksam. In der Verfassungsgebenden Preußischen Landesversammlung hatte eine Gruppe sozialdemokratischer Abgeordneter bereits Ende 1920 ein „Kahlschlaggesetz" als Entwurf eingebracht, um Kahlschläge oder Durchhauungen von mehr $^1/_{60}$ einer Waldfläche einem behördlichen Genehmigungsverfahren zu unterziehen. Das baldige Ende der Sitzungsperiode der Landesversammlung und später Verzögerungstaktiken der Rechtsparteien, die auf den heftigen Widerstand der Waldbesitzerverbände zurückzuführen waren, hatten eine Verabschiedung des Gesetzes bis 1922 verhindert. Die Sozialdemokraten hatten alleingestanden, weil auch das Zentrum größte Bedenken hatte. In der Landesversammlung hatte der einflußreiche Zentrumsabgeordnete Hess deutlich gemacht, daß das „Kahlschlaggesetz" „eine gewisse Form der Sozialisierung (sei), die von mir und meinen Freunden nicht mitgemacht wird". Hinzugefügt hatte er allerdings auch:

„Soweit es sich darum handelt, den schmalen Waldbestand in wirklich waldarmen Gegenden im Interesse der Volksgesundheit zu schützen, z. B. in Industriegegenden, sind wir der Ansicht, daß dafür andere Schutzmaßnahmen gefunden werden könnten."

Gestützt auf diese grundsätzliche Erklärung und bestärkt durch die eingehenden Beschwerden von lokal Betroffenen, konnte das preußische Wohlfahrtsministerium, das unter Leitung des Zentrumsministers Hirtsiefer stand, einen Gesetzentwurf „Zur Erhaltung des Baumbestandes und Erhaltung und Schaffung von Uferwegen im Interesse der Volksgesundheit" vorbereiten und im November 1921 dem Landtag vorlegen. In der Absicht, „der Park- und Waldvernichtung auf gesetzgeberischem Gebiet Einhalt" zu gebieten, sollten Baumbestände in der Nähe von und in Großstädten, Kurorten oder Industriegebieten als

Erholungsstätten für die Bevölkerung erhalten und Seen und Wasserläufe durch öffentliche Wege erreichbar werden. Geschützte Baumbestände und Uferwege waren in ein Verzeichnis aufzunehmen. Die entsprechenden Beschlüsse und Kontrollaufgaben wurden den parlamentarischen und staatlichen Mittelinstanzen (Provinzialausschuß, Oberpräsident usw.) zugewiesen.

Gegen den Widerstand der Agrarier, von Landwirtschaftskammern und Waldbesitzervereinen wurde das Baumschutzgesetz innerhalb weniger Monate beraten und verabschiedet (29. 7. 1922). So brachte eine progressive Mehrheit aus Sozialdemokraten, einem Teil der Zentrumsabgeordneten und liberalen Demokraten im Sonderausschuß des Landtags ein Gesetz zustande, das zwar von den ursprünglichen Vorstellungen der Sozialdemokraten weit entfernt war, aber doch wenigstens für die Großstädte Preußens eine Kontrolle der Abholzungen ermöglichte. Wenngleich vom Gesetzgeber so nicht motiviert, wurde zugleich die Chance eröffnet, die weitere ökologische Verwüstung der Ballungsgebiete zu verlangsamen. Bis zur Verabschiedung des Reichsforstgesetzes 1934 war dieses Gesetz der einzige wesentliche Ertrag langjähriger Bemühungen, Natur- und Landschaftsschutz in einem großen Staat durch Forsterhaltung zu fördern.[123]

Wirksam angewendet wurde das Gesetz allerdings nur im Großraum Berlin und im Gebiet des Ruhrsiedlungsverbandes. Nach dem Baumschutzgesetz war der SVR für seinen Zuständigkeitsbereich zugleich Beschluß- und Kontrollorgan für die Ausführung des Gesetzes. Dabei bemühte sich der Verband, die Verhinderung von Waldvernichtung nicht nur präventiv mit Holzeinschlagsverboten, sondern vor allem vorsorgend und pflegend zu betreiben. Anträgen auf Abholzungen wurde in der Praxis meist stattgegeben; dafür sprachen oft forstkulturelle oder wirtschaftliche Gründe. Abholzungsgenehmigungen wurden allerdings in der Regel mit Auflagen zur Wiederaufforstung verbunden. Um nicht durch evtl. finanzielle Schwierigkeiten des Eigners die Aufforstung zu gefährden, unterhielt der SVR eigene Baumschulen, die privaten Waldbesitzern kostenlos Jungpflanzen zur Verfügung stellten. In späteren Jahren wurden auch Arbeitslose im Zuge des freiwilligen Arbeitsdienstes bei der Wiederaufforstung eingesetzt. Daneben bemühte sich der SVR durch die Unterhaltung von Feuerwachstellen in den Wäldern am Rande des Ruhrgebietes um den Schutz vor Waldbränden. In Zusammenarbeit mit der Bezirksstelle für Naturschutz und mit Schulen wurde der Waldschutzgedanke propagiert. 1931 konnte der

Verband in einer Rückschau feststellen, daß seit 1925 zwar 1800 ha Wald verloren waren, aber 2900 ha wieder aufgeforstet oder sachlicher Pflege unterzogen worden waren. Finanzhilfen von Staat und Verband hatten Kommunen den Ankauf von Land für Erholungszwecke ermöglicht. Eine Verschlechterung des Verhältnisses zwischen Einwohnerzahl und Grünflächenbestand (9,2 E/ha gegenüber 1,3 E/ha in ganz Preußen) konnte so im Gebiet des SVR vermieden werden.[124]

Abgesehen vom Verbandsgebiet des SVR waren die Ergebnisse der Baumschutzbemühungen im weiteren Bereich der dichtbesiedelten Rheinprovinz eher bescheiden. Das Ministerium für Volkswohlfahrt hatte zwar sofort nach Verabschiedung des Baumschutzgesetzes Anweisung gegeben, durch vorläufige Polizeiverordnungen Abholzungen von Baumbeständen zu verhindern. Recht bald war auch eine Ausführungsanweisung zum Gesetz ergangen. Bis Ende April 1926 wurden in der Rheinprovinz insgesamt 24 646 ha Fläche unter Baumschutz gestellt, davon allein 20 019 ha im Regierungsbezirk Düsseldorf. Betroffen war der Besitz von ca. 110 000 Einzelpersonen. Die Anträge auf Baumsicherung kamen meist von den Gemeinden und wurden darum auch vom zuständigen Provinzialausschuß ohne Beanstandungen genehmigt. Bei der gesamten Aktion kam es nur in 99 Fällen zu Beschwerden gegen die Entscheidungen.

Dieser scheinbare Erfolg erweist sich jedoch bei genauerer Analyse als trügerisch. Zunächst entfalteten die preußischen Waldbesitzer durch ihre Organisationen und die Hauptlandwirtschaftskammer eine intensive Kampagne, die die Abschaffung des Gesetzes zum Ziel hatte. Parlamentarische Unterstützung erhielten die Interessenten durch die Deutschnationale Volkspartei. Beklagt wurde aus diesen Kreisen, daß „Übergriffe“ der Behörden den Verfügungsspielraum der Waldbesitzer zu weit einengen würden und damit „das Gesetz den Waldbesitzern die Freude am Walde“ nehme. Auch von seiten des Oberpräsidiums der Rheinprovinz wurde der Nutzen des Gesetzes in Frage gestellt. Der zuständige Referent der Provinzialverwaltung, ein Freiherr von Dungern, beurteilte das Verhältnis zwischen Arbeitsaufwand der Verwaltung und Erfolg äußerst negativ, da „kaum ein einzigesmal (!) ein Antrag, Bäume zu fällen, abgelehnt“ wurde. Zu Recht wurde damit die Frage aufgeworfen, ob ein Eintrag in ein Baumschutzkataster sinnvoller Schutz der Waldfläche sei, wenn dennoch alle Anträge auf Einschlag genehmigt wurden. Abgesehen davon, daß auch aus ökologischer Betrachtungsweise eine geregelte Waldbewirtschaftung mit Einschlag und standortangemessener Wiederaufforstung durchaus sinnvoll ist, weckt allerdings die Opposition der Waldbesitzerverbände, der Agrarier und des Oberpräsidiums doch den Verdacht, daß selbst der Nachweis einer geregelten Waldbewirtschaftung in Ballungsräumen als lästig, weil tendenziell doch waldschützend auf Kosten kurzfristiger ökonomischer Gewinnchancen empfunden wurde. Bei Kommunalverwaltungen und Regierungspräsidien jedenfalls brachte man, wie der Freiherr von Dungern indigniert feststellte, dem Baumschutzgesetz Zustimmung und Unterstützung entgegen – sei es, weil man es für ein geeignetes Instrument der Volksgesundheitsfürsorge hielt, sei es, weil man mit dem „offiziellen Strom" (v. Dungern) schwimmen wollte.

Die Opposition gegen das Gesetz erreichte schließlich, daß das Ministerium für die Volkswohlfahrt mit einem neuen Durchführungserlaß einer Verwässerung der Schutzbemühungen Vorschub leistete. Die Behörden wurden angewiesen, weniger formalistisch zu verfahren; Vorschläge der Waldbesitzer- und Bauernvereine zur Durchführung des Gesetzes sollten auf lokaler Ebene daraufhin geprüft werden, ob die Waldwirtschaft erleichtert werden könnte, ohne die Ziele des Gesetzes zu gefährden. Mit dieser Anregung zur Quadratur des Kreises wollte das Ministerium eine Novellierung des Gesetzes verhindern, die nur in einer weiteren Abschwächung der ursprünglichen Intention bestehen konnte. Wenige Tage nach dem Erlaß der neuen Ausführungsanweisung verlangte der rechtslastige Landwirtschaftsausschuß des Preußischen Landtages nämlich, durch eine Gesetzesnovelle den Anwendungsbereich des Baumschutzgesetzes auf Großstädte und Industriegebiete zu beschränken, wobei Waldbesitz in öffentlicher Hand oder solcher, der sich in Bewirtschaftung oder unter Kontrolle der Landwirtschaftskammern, also der Kontrolle der Agrarier selbst unterstellte, gänzlich vom Gesetz ausgenommen sein sollte. Obwohl durch die Taktik den Wohlfahrtsministerien die Novellierung des Gesetzes verhindert werden konnte, blieben für die Praxis, und das hieß ja nur Prävention zusätzlicher Kahlschläge, wenig Erfolgschancen. Obwohl genaue Zahlen nur schwer verfügbar sind, scheint es einen weiteren, wenn auch geringfügigen Rückgang der Waldflächen in Ballungsgebieten gegeben zu haben. Bedenkt man die allgemein zunehmende Belastung der Umwelt, erscheint das Ringen um den status quo im Waldflächenbestand nur als ein sehr relativer Fortschritt.[125]

2.3.4. Der scheinbare Endsieg im Naturschutz: Das Reichsnaturschutzgesetz

Besonders unzufrieden mit dem Wildwuchs im Naturschutz waren aus erklärlichen Gründen die Beamten der existierenden Naturschutzbehörden. Ihr Idealismus wurde durch die rechtlichen, personellen und materiellen Unzulänglichkeiten auf eine harte Probe gestellt, die viele verführte, vom nationalsozialistischen Führerstaat die Lösung der Probleme zu erwarten. Das beständige Drängen dieser Beamten nach erweiterten Kompetenzen und einer naturschützerischen Gesamtplanung fand in der Tat nach der nationalsozialistischen Machtübernahme offene Ohren.

Die Zerschlagung der Länderverwaltungen durch das Gesetz über die Neugliederung des Reiches vom 30. 1. 1934 und die „Erste Verordnung zur Vereinheitlichung und Verbilligung der Verwaltung" hatte zunächst die Unterstellung der preußischen Natur- und Vogelschutzbehörden unter den „Reichsforstmeister" Göring zur Folge. Damit war der langgehegte Wunsch nach einer zentralen Verwaltung des Naturschutzes der Verwirklichung wesentlich näher gekommen.[126]

Der entscheidende Anstoß zu einem neuen Versuch, die Naturschutzmaßnahmen durch eine einheitliche Gesetzgebung zu fördern, kam vom Reichsjustizministerium, das anscheinend aus allgemeinen rechtspolitischen Überlegungen heraus für eine Vereinheitlichung der Rechtslage eintrat. Am 15. 2. 1935 versandte das Ministerium nach Vorberatungen der Ministerien der Justiz, des Inneren und für Ernährung einen Referentenentwurf, der sich im wesentlichen auf den letzten Entwurf des preußischen Kultusministeriums aus dem Jahre 1927 stützte und neben dem Schutz von Tieren, Pflanzen und Naturdenkmäler den Schutz von „im Urzustand befindliche(n) Flächen (Naturschutzgebiete)" vorsah. Eine kommissarische Besprechung dieses Entwurfs wurde für den 26. 2. 1935 vorgesehen. Dieses Vorgehen des RJM rief schärfsten Protest des Reichsministeriums für Wissenschaft usw. hervor, da dieses Ministerium sich in der Tradition des Preußischen Kultusministeriums zumindest sachlich zuständig fühlte. Das Ministerium behauptete daher entgegen der Auffassung des RJM, die Federführung müsse beim RMdI liegen, und es wurde die Aufhebung der Referentenbesprechung verlangt, die für den 26. 2. 1935 vorgesehen war. Als auch das RMdI nunmehr Bedenken anmeldete und die Kompetenz für ein Naturschutzgesetz für sich reklamierte, war die Initiative des RJM in einem der typischen Kompetenzkonflikte des NS-Staates gescheitert.[127]

Die neue Lage wußte der damalige Generalforstmeister v. Keudell für sein Amt zu nutzen. Im Namen von Reichsforstmeister Göring, dem zweiten Mann des NS-Staates, lud er mit Schreiben vom 15. 6. 1935 die übrigen Ministerien zu einer Besprechung über einen neuen Referentenentwurf für ein Reichsnaturschutzgesetz (RNG) ein. Ungehindert von parlamentarischen und föderalen Problemen, war der brandenburgische Naturschutzbeauftragte Klose am 1. 4. 1935 von v. Keudell mit dem Auftrag versehen worden, einen Entwurf für ein RNG auszuarbeiten, mit dem die übrigen Reichsministerien sieben Wochen später überrascht wurden. Der erneute Widerstand des RMdI, begründet mit der Einwendung fehlender Zuständigkeit, wurde anscheinend durch persönliche Intervention Görings aufgegeben. Zwei Tage nach der Referentenbesprechung vom 24. 6. 1935 wurde der Entwurf ohne wesentliche Änderungen in einer Kabinettsitzung beraten, gebilligt und damit Gesetz. Ermöglicht wurde dies durch das berühmt-berüchtigte Ermächtigungsgesetz vom März 1933. Obwohl nach dem Zeugnis von Klose die NSDAP zunächst gegen das Gesetz Einspruch erhoben und erst auf Druck Görings zurückgenommen hatte und wenn auch Partei- und Gauleiter sich angeblich „nur recht selten für ein bedrohtes Stück Natur, weit häufiger jedoch für die materiellen Interessen der Gegenspieler“ einsetzten,[128] so schien es schließlich doch der „nationalsozialistische Staat“ gewesen zu sein, der erst die angemessenen ideologischen Voraussetzungen für den Erfolg des Natur- und Landschaftsschutzes geschaffen hatte. Denn in diesem „Staat“, „wo der Gemeinschaftsgedanke des deutschen Volkes sich auswirkt, gilt das Wort ‚Natur für alle‘, sein Ziel ist das schollengebundene, bodenverwurzelte Volk“. So konnte im Vergleich zu den Möglichkeiten, die das Reichsnaturschutzgesetz schuf, der vorherige Zustand in der demokratischen Republik einmal mehr abgewertet werden. Die vorangegangene Arbeit konnte lediglich als „Anfang eines Werkes“ erscheinen, „das zu vollenden der gegenwärtigen Zeit vorbehalten geblieben ist, die hierzu erforderlichen gesetzlichen Bestimmungen zu schaffen wußte und die auch in der Lage sein wird, die notwendigen Geldmittel bereitzustellen.“[129]

Organisatorisch blieben Naturschutz und Landschaftspflege nach wie vor Stückwerk und kompetenzmäßig zwischen vielen Ressorts aufgeteilt. Neben den Aktivitäten der Regierungsbezirke und Provinzialverwaltungen existierten nun für das ganze Reich die „Reichsstelle für Naturschutz" – im wesentlichen die Fortsetzung der früheren preußischen Behörde – und Bezirks- und Kreisstellen für Naturschutz. Nach wie vor waren die Geschäftsführer dieser Stellen ehrenamtliche Helfer, die sich oft die notwendigen materiellen und sachlichen Unterstützungen kaum zu sichern wußten. Negativ wirkten sich vermutlich auch die häufigen personellen und organisatorischen Veränderungen in der Spitze der Naturschutzverwaltung aus. Nach dem Wechsel der vorgesetzten Reichsbehörde, nämlich vom Kultusministerium zum Reichsforstamt, waren 1937/38 im Zuge der allgemeinen personellen Umbesetzungen in der Führung der Ministerien auch die Ablösung des Generalforstmeisters v. Keudell und des Leiters der Reichsstelle, Walter Schoenichen, zu bewältigen. Sein Nachfolger wurde Hans Klose.[130]

Die „neuen Züge", die der Entwicklung des Naturschutzes seit 1934 bescheinigt wurden, sind in erster Linie in der Rechtssystematik, weniger in tatsächlichen Verbesserungen in Umweltschutzangelegenheiten zu finden. Das RNG systematisierte zuerst einmal die schutzwürdigen Objekte in folgenden Kategorien:
- Naturdenkmäler
- Landschaftsteile
- Naturschutzgebiete
- Artenschutz
- allgemeiner Landschaftsschutz.

In den Kompetenzzumessungen sind für die Geschichte des Umweltschutzes drei Aspekte von besonderer Bedeutung:

1. Die Naturschutzverordnung vom 18. 3. 1936 versuchte in einem großen Wurf, den konservierenden Arten- und Biotopschutz auszudehnen und zu verbessern.

2. Neben den Schutz besonderer Gebiete und Naturdenkmäler trat die Pflege und Planung der übrigen Landschaft. In den nun gesetzlich möglichen Landschaftsschutzgebieten konnten besondere Ökotope und charakteristische Erscheinungen geschützt werden. Ein erster Ansatzpunkt über die reinen Konservierungsmaßnahmen hinaus bot eine Ergänzung zum § 19 Abs. 2 des RNG. Danach konnten in geschützten Landschaften früher entstandene Verunstaltungen und Schädigungen beseitigt, z. B. Schutt- und Abraumhalden begrünt

werden und störende Gegenstände wie Zäune und Buden etc. beseitigt werden. Wie nach Rechts- und Verwaltungspraxis bis dahin üblich, wurden behördlich genehmigte (Gewerbe)anlagen von diesen Bestimmungen ausgenommen; Betroffenen durfte auch nichts wirtschaftlich Unzumutbares auferlegt werden. Diese für das ganze Gewerbe- und Immissionsrecht seit 1900 typischen Einschränkungen finden sich auch in der dritten wichtigen Neuerung des RNG.

3. Mit § 20 RNG und § 14 Abs. 3 der Durchführungsverordnung wurde eine entscheidende institutionell-organisatorische und eine materielle Norm vorgegeben, die das Gesicht der deutschen Landschaften vielleicht entscheidend hätte gestalten können, hätte die Norm durchgesetzt werden können. Diese Vorschriften sollten nämlich die Naturschutzbehörden an *allen* Planungen und Genehmigungen beteiligen, die wesentlich in die freie Landschaft eingriffen, und dies nicht nur, wenn das Landschafts*bild* betroffen war, sondern auch bei dauernden Veränderungen in natürliche Pflanzen- und Tiergemeinschaften. Dies bedeutete faktisch die Anerkennung ökologischer Wirkungszusammenhänge als Beurteilungsrahmen für die Landesplanung. Allerdings wurde auch weiterhin die Abwägung zwischen wirtschaftlichen Notwendigkeiten und Möglichkeiten und dem Wunsch nach Erhaltung bestehender ökologischer Ordnungen als unabdingbar festgestellt. Immerhin gaben diese rechtlichen Möglichkeiten den Anstoß für eine beachtliche Aktivität oberster Reichsbehörden zwischen 1935 und 1941. Eine Fülle von Richtlinien wurde ausgearbeitet, die bei Wasserbau, Berg- und Straßenbau, Energieversorgung und Flurbereinigung einen schonenden Umgang mit der Natur sichern sollten.

Leider verhinderte einmal mehr die Kriegsführung, daß diese Richtlinien angewendet werden konnten. Von daher fällt eine Beurteilung dieser Maßnahmen schwer.[131]

Als konkretes Ergebnis der Anwendung des RNG bleibt daher zunächst nur festzustellen, daß bis 1940 die Zahl der Naturschutzgebiete und der Naturdenkmäler auf 800 bzw. 50 000 anstieg. Da das RNG nach 1946 in der Bundesrepublik Deutschland weitergalt, urteilte G. Olschowy 1971 zu Recht: „Das Reichsnaturschutzgesetz (muß) für seine Zeit als gute, vielleicht sogar die beste der damals geltenden gesetzlichen Regelungen erachtet werden ... Und wenn wir diese Grundlage nicht gehabt hätten, so würde es um Natur und Landschaft sehr schlecht bestellt sein." Bei diesem positiven Urteil darf aber nicht vergessen werden, daß gerade die nationalsozialistische Straßen- und Wasserbaupolitik und die forcierte Aufrüstung höchste Gefährdungen für das Ökosystem mit sich brachten. Wieviel Schaden Kultivierungsprogramme des Reichsarbeitsdienstes und der Bau von Militäranlagen der deutschen Landschaft zugefügt haben, kann beim gegenwärtigen Kenntnisstand nicht ermessen werden.[132]

3. Die Entwicklung der Umweltpolitik in der Bundesrepublik seit 1945

3.1. Phasen und Grundstrukturen

Obwohl die staatliche Neugestaltung des westlichen Teiles von Deutschland nach 1945 keine einschneidenden Änderungen in den umweltpolitischen Belangen mit sich brachte, ist doch auf einen ganz entscheidenden Unterschied zwischen der politischen Kultur vor und nach 1945/49 hinzuweisen. Die obrigkeitsstaatlichen Attitüden, die im königlichen und kaiserlichen Deutschland ausgebildet, in der Weimarer Republik nicht oder nur geringfügig verdrängt und in der nationalsozialistischen Tyrannei zu einem Höhepunkt geführt worden waren, wurden in der bewußten „Demokratiegründung" nach und nach durch politische Verhaltensweisen ersetzt, die pluralistischen Interessengruppierungen vielfältige Einflußmöglichkeiten und Durchsetzungschancen eröffneten. Die Parteien- und Verbändedemokratie entstand, wie sie auch in anderen westlichen, kapitalistischen Demokratien üblich war und ist. Die völlig veränderten politischen Interaktionsmöglichkeiten, dazu eine sich mehr und mehr demokratisch begründet verstehende Exekutive belebten die Umweltschutzpolitik um so mehr, je weiter sich die Bundesrepublik von den unmittelbaren Aufgaben der Nachkriegszeit, staatlicher Neuordnung und wirtschaftlichem Wiederaufbau entfernte.

Die politisch prinzipiell besseren Chancen für Umweltschutzpolitik in der Verantwortung für den Bürger wurden allerdings konterkariert durch die Bedrohung der Umwelt, die von dem beispiellosen industriellen Wachstum und konsumierbaren Wohlstand ausging. Die Zahl und der Einfluß verschiedenster umweltschädigender Konsumgüter wuchs in einer wahrscheinlich nicht voraussehbaren Geschwindigkeit. Die Folgen ihrer Produktion und ihres Gebrauchs wären wahrscheinlich noch lange Jahre und Jahrzehnte nachzuweisen, selbst wenn es gelänge, von heute auf morgen alle umweltschädigenden Einflüsse der jetzigen Lebensweise aufzuheben.

Geht man davon aus, daß die Erzeugung des Bruttosozialprodukts mit Umweltschädigungen notwendigerweise verknüpft ist – jedenfalls unter den gegenwärtigen Umständen –, dann folgt aus der Verdreifachung des Bruttosozialprodukts seit 1950 (real) eine Zunahme der Umweltbelastung trotz mehr Schutzmaßnahmen um mindestens das Doppelte. Nimmt man einzelne Bereiche als Indikator für Umweltschädigung, z. B. die Benutzung von PKWs, müssen Steigerungsraten der Umweltbelastung von mindestens dem Sechsfachen seit 1950 angesetzt werden.

Die Umweltpolitik seit 1945/49 läßt sich in drei Phasen gliedern. Jede von ihnen dauerte etwa ein Jahrzehnt. In der ersten, die bis ca. 1959/61 dauerte, prägte das Anknüpfen an alte Traditionen das Bild. Nachdem 1948/49 die Gelegenheit zur Neuordnung von umweltrelevanten Kompetenzen durch das Grundgesetz nicht genutzt worden war – so z. B. in Naturschutz und Wasserwirtschaft –, konnten die alten föderalen Strukturprobleme in anderer Form als in den zwanziger Jahren erneut Einfluß auf die Umweltpolitik nehmen. Nach wie vor war auch die Impulsgebung für Umweltschutzmaßnahmen eher zufällig. Sie geschah i. d. R. nur, wenn die Probleme zu genügend großen Widersprüchen geführt hatten; d. h. die meisten Maßnahmen wurden später als erkenntnismäßig bzw. wissenschaftlich-technisch notwendig ergriffen. Wasser- und Luftreinhaltungsfragen sind dafür beispielhaft. Die politische „Problemdichte" dieser Fragen blieb gering; die Bürger selbst blieben an der Diskussion im wesentlichen unbeteiligt. Wie früher wurden die verschiedenen Problembereiche nicht oder nur selten als Teil einer Gesamtproblematik erkannt, die durch die sozio-ökonomische Zielvorstellung, die Steigerung des Wohlstandes, verursacht wurde. Einzelne Maßnahmen blieben unkoordiniert nebeneinanderstehen.

Vier neue Momente traten in dieser ersten Phase hinzu, bestimmten aber auch in den folgenden die Struktur der Umweltpolitik:

1. Im Gegensatz zu früheren Zeiten war die übergreifende Zusammenarbeit der Parteien oder von Gruppen innerhalb der Parteien charakteristisch.
2. Die internationale Zusammenarbeit und die Orientierung am Ausland, besonders den USA, nahm zu.
3. Ein größerer Mitteleinsatz für Forschungsbereiche, die für den Umweltschutz von hoher Bedeutung waren, ermöglichte es, Folgen und Voraussetzungen der Umweltbelastung und die möglichen und

notwendigen Gegenmaßnahmen genauer zu bestimmen. Allerdings muß es als ein großes Versäumnis bewertet werden, daß den 1945 existierenden staatlichen Forschungsämtern keine kontinuierliche und konsequente Fortsetzung ihrer umweltpolitisch wichtigen Arbeit ermöglicht wurde.

4. Die Zusammenarbeit von Regierung, Industrie und forschungsorientierten Verbänden und Einrichtungen, z. B. dem Verein deutscher Ingenieure und der Deutschen Forschungsgemeinschaft (VDI bzw. DFG), ließ einen öffentlicher Kontrolle nur unzureichend unterworfenen umweltpolitischen Komplex entstehen, der für die Durchführung und Anwendung von Umweltschutzmaßnahmen die wesentlichen Steuerungsfunktionen übernahm.

Der Beginn der zweiten Phase kann mit dem Wahlkampf von 1961 und der SPD-Forderung nach „blauem Himmel über der Ruhr" angesetzt werden. Die zunehmende Problemdichte zeigte sich in verstärktem Interesse der Medien, Einflußnahme der internationalen Diskussion (etwa der World Health Organization) und einer zunehmenden Anzahl von Anfragen und Gesetzesinitiativen zu Umweltproblemen in Landtagen und im Bundestag. Allmählich begann sich eine ganzheitliche Betrachtungsweise und Handlungsorientierung durchzusetzen; typisch dafür sind das Bundesraumordnungsgesetz und der erste -bericht. Nicht nur in personeller Hinsicht bedeutete der Regierungswechsel von Erhard und der CDU/FDP-Koalition zu Kiesinger/Brandt und CDU/SPD-Koalition eine einschneidende Veränderung. Die gewachsene Bereitschaft zu staatlichen Interventionen schlug sich sowohl in der Wirtschaftspolitik als auch in der Umweltpolitik nieder, wenn es auch in diesem Bereich zunächst bei der Formulierung von Interventionsabsichten blieb. Zugleich mit den ersten vorsichtigen Verbesserungsbemühungen im legislativen Bereich begann der Ausbau der Bürokratien, die bessere politische Planungsdaten und Kontrollmöglichkeiten im Umweltschutz ermöglichen sollten.

Diese Ansätze konnten dann in der FDP/SPD-Koalition umgesetzt werden. Die Koalitionsbildung markiert umweltpolitisch den entscheidenden Wendepunkt. In dieser dritten Phase wurde das Umweltproblem zunehmend von den Bürgern als eine zentrale „political issue" verstanden. Wenn seitdem anerkannt wurde, daß eine in sich geschlossene politische Gesamtproblematik bestand, bedeutete dies jedoch nicht gleichzeitig umfassende Planung und Gestaltung einer übergreifenden Gesamtpolitik. Es blieb trotz einer relativen Zentralisierung der Kompetenzen beim Bund bzw. innerhalb der Exekutive beim Bundesministerium des Inneren, bei einer Aufteilung in verschiedene „Politiken“. Die Beibehaltung dieser Trennung wurde durch verschiedene Faktoren begünstigt.

Neben der historischen Entwicklung solcher einzelnen Politiken wie Gewerbe-, Gewässerschutz, Naturschutzpolitik und deren sukzessiver rechtlicher Normierung war das Eigengewicht der damit einhergehenden bürokratischen Organisationen bzw. ihrer Strukturen entscheidend. Dies gilt insbesondere für die Kompetenzkonflikte zwischen Bund, Ländern und Gemeinden. Verschärft wurde das Problem durch die Strategie der CDU-Länderregierungen, den Bundesrat systematisch zur Opposition gegen die SPD/FDP-Koalition einzusetzen.

Die grundlegenden Wert- und Zielkonflikte jeder Umweltpolitik wurden nicht entschärft, sondern durch die weltpolitische Lage besonders im Energiesektor weiter zugespitzt. Im Spannungsverhältnis zwischen individuellen Grundrechten wie Schutz der Gesundheit und Verfügung über das Eigentum und den Dimensionen der Sozialstaatlichkeit wie Vorsorge für Arbeitsplätze ließen die Handlungen der politisch Verantwortlichen die Tendenz erkennen, die traditionellen Werte der Wohlstandsvermehrung, der Arbeitsplatzsicherheit usw. gegenüber den umweltrelevanten zu bevorzugen. Die verbesserte Durchsetzung des „Verursacherprinzips“ im technologischen Umweltschutz belastete zwar die Unternehmen stärker als früher, ohne daß damit das ökologisch Notwendige in jedem Fall erreicht worden wäre. Da Umweltschädigungen nicht immer einzelnen zugerechnet werden können, mußten zu teuren und personalintensiven Aufsichts- und Kontrollmaßnahmen staatliche Förderungs- und Forschungsprogramme treten, deren Kosten von der Allgemeinheit zu tragen waren. Gerade die vergrößerte Umweltbürokratie verstärkte die Koordinationsprobleme. Als Ausweg scheint und schien sich anzubieten, statt aktueller Verbote und Eingriffe gegen Umweltschädigungen eine langfristige und räumlich umfassende Planung anzustreben. Ansätze in dieser Richtung waren durch das Umweltschutzprogramm des Bundes und die Planungen der Länder durchaus vorhanden. Das erhöhte Bedürfnis nach wissenschaftlicher Beratung der Politik führte zum Ausbau oder zur Neugründung staatlicher Forschungsanstalten, die sich ökologischen Problemen widmeten. Dadurch wuchsen zumindest potentiell Unabhängigkeit und Genauigkeit staatlicher Umweltpolitik.

3.2. Die Entwicklung der umweltprogrammatischen Diskussion

3.2.1. Die Parteien

Betrachtet man die phasenartige Entwicklung der Umweltpolitik in der Bundesrepublik, so verwundert es nicht, daß eine intensive programmatische Diskussion erst für die letzte Phase feststellbar ist. Wenn für die erste Phase überhaupt von einer solchen Diskussion gesprochen werden kann, dann nur unter dem Vorbehalt, daß die weit auseinanderliegenden Beiträge aus methodischen Gründen zusammen betrachtet werden können. In der ersten Phase wurde die programmatische Diskussion vor allem aus drei Richtungen gespeist: Aus dem Bereich der Verbände waren die Naturschutzvereinigungen und die Industrieverbände aktiv, im politischen Bereich entwickelten sich aus dem Verantwortungsbewußtsein einzelner Politiker überparteiliche Initiativen, und schließlich trugen einzelne Verwaltungsbeamte Entscheidendes zur Diskussion bei.

Die drei großen Parteien waren in den beiden ersten Phasen in ihrer Eigenschaft als interessenformulierende und willensbildende soziopolitische Institutionen in der umweltprogrammatischen Diskussion überfordert und im wesentlichen inaktiv. Frühe Äußerungen einzelner Politiker, die programmatisch verstanden werden können, ergaben sich meist aus konkreten Problemlagen, stellten keine prinzipielle Auseinandersetzung mit Umweltproblemen dar und waren für die Parteien insgesamt nicht repräsentativ. Wo die grundlegenden Stellungnahmen der Parteien fehlten, blieb allerdings Platz für überparteiliche Initiativen: Von größter praktischer Wirkung war der Zusammenschluß von Länder- und Bundesparlamentariern in der Interparlamentarischen Arbeitsgemeinschaft für naturgemäße Wirtschaftsweise. Die Programmdiskussionen der IPA stellten in den fünfziger und sechziger Jahren die wesentlichen Impulse für politische Fortschritte im Umweltschutz dar.[133]

Obwohl die IPA bereits 1952 gegründet wurde, umrissen ihre „Grundsätze“, der Zielkatalog der IPA, ein auch heute noch durchaus beachtenswertes Programm, in dem sich ein ökologisches Verständnis von Politik bereits in einem erstaunlichen Maße durchgesetzt hatte. So hieß es in den „Grundsätzen“:

„Alles was der Mensch benötigt, beruht auf der Nutzung der natürlichen Hilfsquellen der Erde. Diese sind die erschöpfbaren, wie Mineralien, Kohle und Erdöl, sowie die unter bestimmten Umständen sich erneuernden Hilfsquellen wie Kulturboden, Wasser, Pflanzen- und Tierwelt.

Die Begrenztheit der schöpfbaren Mittel erfordert sparsamsten Verbrauch.

Mit den sich erneuernden Hilfsquellen muß eine naturgemäße Wirtschaft betrieben werden, so daß sie nach dem Grundsatz der Nachhaltigkeit auch noch von den kommenden Generationen für die Deckung des Bedarfs der zahlenmäßig zunehmenden Menschheit herangezogen werden können.

Nutzung und unzureichende Pflege verursachten bisher Schäden. Da die Hilfsquellen jedoch in unmittelbarem Wirkungszusammenhang stehen, kann schon die Schädigung eines Teiles das Gleichgewicht im Gesamthaushalt der Natur nachhaltig stören. Dies wirkt sich nicht nur wirtschaftlich aus, sondern greift auch auf kulturelle und soziale Bereiche über.

Es sind schon mehr Schäden eingetreten, als allgemein angenommen wird. Die Folgen dieses Zustandes sind nicht abzusehen.

Unbedachte Nutzung der natürlichen Hilfsquellen, also Verbrauch, der mit ihrer Erneuerung nicht Schritt hält, beeinträchtigt die Lebensmöglichkeiten und verursacht Seuchen, körperlichen und geistigen Verfall. Dadurch werden Vorbedingungen zur Entwicklung negativer Kräfte gefördert, Freiheit, Gerechtigkeit und Friede bedroht. Es ist Aufgabe der Politik, das Zusammenleben der Menschen zu regeln. Politische Pflicht ist es deshalb, mit Maßnahmen im Sinne naturgemäßer Wirtschaft die Lebensgrundlagen zu schaffen und zu sichern."

In diesen Grundsätzen waren drei implizite Grundmuster heutiger politisch-ökologischer Argumentation bereits enthalten:

- die Begrenzheit und Endlichkeit des menschlichen Lebensraumes und seiner Ressourcen,
- ein Verständnis vom systematischen Zusammenhang der Umweltfaktoren,
- die Gefährdung der Lebensqualität in einem weiteren, nicht-ökonomischen Sinne.

Dieses Dokument beweist das ökologische Bemühen und das Problemerkennen, welches dem weitsichtigen, fragenden Politiker immerhin zu Beginn der fünfziger Jahre zur Verfügung gestanden hätte bzw. möglich gewesen wäre. Daß es trotz seiner einleuchtenden Argumentation die Grundsatzerklärung einer überparteilichen Minderheit blieb, mußte sich für eine ökologisch ausgerichtete Politik in der Bundesrepublik Deutschland als schwerwiegender Nachteil herausstellen. Bedenkt man, welche Umweltschäden durch eine rechtzeitige Berücksichtigung der „Grundätze" hätten vermieden werden können, welcher spätere finanzielle Aufwand unnötig geworden wäre, so kann man nur um so nachdrücklicher heute auf die Verwirklichung dieses Programms drängen.[134]

Von ihrer historischen und theoretischen Entwicklung her hatte die SPD die beste Chance innerhalb der drei Parteien, relativ früh eine geschlossene Umweltpolitik zu definieren. Wie vorher gezeigt wurde, waren sehr oft Sozialdemokraten an der Vorbereitung wichtiger umweltpolitischer Entscheidungen beteiligt; die historische sozialistische Theorie gründete ja großenteils auf der Erkenntnis des Widerspruchs zwischen der Entfaltung der Produktivkräfte durch die Menschen und den gleichzeitig unübersehbaren Schwierigkeiten, vom selbst geschaffenen Potential den rechten Gebrauch zu machen. Wie hat die SPD ihre Chance genutzt? Im Godesberger Programm der SPD (1959) wurde auf den genannten Widerspruch das gesamte Programm gegründet; so läßt sich jedenfalls die Formulierung verstehen: „Das ist der Widerspruch unserer Zeit, daß der Mensch die Urkraft des Atoms entfesselte und sich jetzt vor den Folgen fürchtet." Allerdings vermied es das Godesberger Programm, den erkannten Grundwiderspruch konkreter auszuformulieren und die bedrohlichen Folgen genauer auszumalen. Die Folgen wurden denn auch nur auf die menschliche Gesellschaft und menschliches Leben bezogen und zur Grundlage von Zielansprachen gemacht. Die Folgen für die nicht-menschliche Natur wurden nicht gesehen. So hieß es unter dem Stichwort „Soziale Verantwortung":

„Technik und Zivilisation setzen heute den Menschen einer Vielzahl von gesundheitlichen Gefährdungen aus. Sie bedrohen nicht nur die lebende, sondern auch künftige Generationen. Gegen diese Schädigungen kann sich der einzelne nicht schützen."

Die einseitige Orientierung auf die Perspektive „menschliche Gesundheit" führte folgerichtig auch nur zu einer allgemein formulierten Gegenstrategie, die wiederum den Aspekt der physisch-biotischen Umwelt des Menschen ausschloß: „Lebensbedingungen und Lebensformen sind so zu gestalten . . ., daß ein Leben in Gesundheit möglich wird."[135] Der Vorzug dieser allgemeinen Formulierung bestand allerdings darin, daß eine Konkretisierung in Richtung auf ein weiteres Verständnis von menschlicher Umwelt nicht ausgeschlossen war. Die zwei Jahre später geführte Bundestagswahlkampagne mit dem Slogan vom „blauen Himmel über der Ruhr" bewies, wie schnell eine Adaption solcher programmatischer Erklärungen an drängende Probleme möglich war.

Veranlaßt durch die Beteiligung an der Regierung in der Großen Koalition seit 1966 und in Erwartung möglicher weiterer Regierungsverantwortung in der Zeit nach 1969, bereitete die SPD im Frühjahr 1968 einen weiteren großen Programmentwurf vor, die „Perspektiven im Übergang zu den siebziger Jahren". Aufgrund des regen öffentlichen Interesses an diesem Programm wurde es zusammen mit ausführlichen Erläuterungen von 21 führenden Sozialdemokraten einer weiteren Öffentlichkeit durch eine Publikation vorgestellt. In diesem Programm wurde die Umweltsituation mit den folgenden Bemerkungen abgehandelt:

„Die in vielen Gebieten der Bundesrepublik bestehende Verunreinigung von Luft und Wasser und Belästigung durch Lärm beeinträchtigen die Lebensverhältnisse der Menschen. Dieser Zustand schädigt die Anziehungskraft ganzer Regionen; ihn zu beseitigen, bleibt für die ganzen siebziger Jahre eine Aufgabe der Gemeinschaft."

Und an einer anderen Stelle, im Zusammenhang mit den Perspektiven für die Gesundheitspolitik hieß es:

„In den siebziger Jahren dieses Jahrhunderts müssen die Anstrengungen zur Sicherung der Gesundheit gegen Umweltgefahren um ein Vielfaches gesteigert werden, weil die Bedrohung durch Verunreinigung von Wasser, Boden und Luft sowie zunehmende Belastung durch Lärm sonst nicht beherrscht werden kann."

Verwundert an diesen Aussagen zunächst, daß die SPD die mangelnde Anziehungskraft von umweltgeschädigten Regionen als ein besonderes Problem sah, so wird gleichzeitig eine recht realistische Einschätzung über die lange Zeitdauer für Verbesserungsmaßnahmen deutlich. Zwischen ökonomischer und gesundheitspolitischer Betrachtungsweise des Umweltproblems wurde in den „Erläuterungen" von Käte Strobel zwar dem Schutz der Gesundheit die Priorität eingeräumt, gleichzeitig war aber eine gewisse Unentschiedenheit der SPD unverkennbar, die die Frage der Qualität und des Stellenwertes der Umweltfragen betraf. So meinte Strobel, der

„unkontrollierten Zunahme von Luftverunreinigung und Lärmbelästigung ist zwar durch die gemeinsamen Anstrengungen der Länder, des Bundes, der Wissenschaft und der Industrie Einhalt geboten worden. Damit ist das Problem aber noch nicht gelöst. Denn der Belastbarkeit des Menschen sind einfach Grenzen gesetzt ... Die Gesundheit zu schützen, ohne den technischen Fortschritt zu hemmen, ist keine leichte und keine billige Aufgabe. Der Gesundheitsschutz darf die wirtschaftliche Vernunft nicht ausschalten. Aber er muß, wie gesagt, Vorrang vor wirtschaftlichen Interessen haben.

Zum einen verrät die Äußerung eine Unentschiedenheit darüber, ob der behauptete „Einhalt" gegen die Immissionen tatsächlich erreicht und genügend sei, zum anderen wurde ängstlich jede Feststellung bezüglich des „Grades" der Gesundheitssicherung und der „Belastbarkeit" der Wirtschaft vermieden und somit nur eine bequeme Leerformel angeboten, die jede spezifische parteipolitische Identifizierung ausschloß.[136]

Dieses Defizit sozialdemokratischer Umweltprogrammatik setzte sich fort in dem fehlenden Bewußtsein von ökologischen Kriterien einer Umweltschutzpolitik. Indem sich die SPD darauf festgelegt hatte, die Ausbeutung des Menschen durch den Menschen durch verstärkte Ausbeutung der natürlichen Ressourcen, sprich größeres Wirtschaftswachstum zu mildern, war als Grenze der Ausbeutung der Natur nur die Gesundheitsgefährdung der Menschen, nicht aber die langfristige und dauernde Leistungsfähigkeit der Natur in ihrem ökologischen Systemgefüge ins Blickfeld gerückt. Überdies scheint die Formulierung umweltpolitischer Programme durch die SPD/FDP-Regierung für die Partei nicht anregend gewirkt zu haben. Auch in der wesentlichsten programmatischen Erklärung der SPD in den siebziger Jahren, dem „Orientierungsrahmen für die Jahre 1975–1985", wurde der damalige ökologische Diskussionsstand nur ungenügend reflektiert. Bezeichnenderweise wurden Umweltfragen unter dem Kapitel „Städteplanung" abgehandelt. Für die SPD stand dabei im Mittelpunkt das Interesse, „zu hohe(n) soziale(n) Kosten für die Gemeinschaft und unzumutbare(n) psychische(n) und physische(n) Belastungen für den einzelnen" zu verhindern und nach Möglichkeit zu beseitigen.

Folglich wurde das Bekenntnis zu uneingeschränktem Wachstum mit einem kritischen Fragezeichen versehen, aber in der theoretischen Ableitung der Umweltpolitik wurde kein Fortschritt über den Stand von 1968 hinaus gemacht:

„Beim Abwägen der Umweltfolgen ist die Grenze dort, wo durch öffentliche oder private Vorhaben mit Sicherheit die Gesundheit der Bürger stärker gefährdet wird und nicht mehr wiedergutzumachende Dauerschäden der Stadt mehr drohen als durch die Nichteinführung."

Es wäre falsch, der SPD in Fragen der Umweltpolitik ein echtes Engagement abzusprechen, weil in den grundsätzlichen Äußerungen der Partei ökologische Aspekte zu wenig deutlich werden. In einzelnen Fällen und vor allem bei einzelnen Gruppen und Politikern der Partei fand dieses Engagement einen überzeugenden Ausdruck. Beispiele dafür sind das Dortmunder Wahlprogramm von 1972, in dem als Teil des neuen Zentralbegriffs politischer Kultur der siebziger Jahre, der „Lebensqualität", die Teilhabe an der Natur definiert wurde; oder auch die Äußerung H. J. Vogels, daß das ökologische System „der realen Gefahr eines zunächst partiellen Zusammenbruchs ausgesetzt" sei und die Umweltbelastung bei weiterem Wachstum des Sozialprodukts eher in geometrischem als in arithmetischem Maße wachse. Vogels Erkenntnis, daß Bestandteile einer sozialen Mindestausstattung wie sichere Arbeitsplätze, gute Luft, gesundes Trinkwasser und höhere Löhne nicht gegeneinander austauschbar seien, führte ihn konsequenterweise zur Forderung nach sektoraler Steuerung und konsequenter Umweltgesetzgebung durch Verbote und Steuerungsmaßnahmen. In dieser Hinsicht war die Nähe zu den instrumentellen Vorschlägen des Orientierungsrahmens '85 unübersehbar.[137]

Um die ökologische Dimension der sozialdemokratischen Programmdiskussion hat sich kaum einer so nachhaltig und eindrucksvoll verdient gemacht wie Erhard Eppler. Wenn er sich dadür einsetzte, die „Qualität der Lebensbedingungen" als Ziel politischen Handelns zu definieren, nicht aber unbedingt die „Qualität des einzelnen Lebens", meinte er die Umweltbedingungen ebenso wie Arbeitsplatzsicherheit und Rechtssicherheit. Zu fragen bleibt aber, ob es Eppler, dem Wertkonservativen, tatsächlich um mehr ging als um eine rationellere Umweltnutzung. So argumentierte er zum Thema Energieerzeugung und -nutzung:

„Daß es ökonomisch und ökologisch nicht ratsam ist, teure Energie unter zweimaligen Umwandlungsverlust in Strom und dann wieder in Wärme zu verwandeln, dürfte spätestens dann einleuchten, wenn wir begriffen haben, daß alle verfügbaren und denkbaren Energiequellen eines gemeinsam haben: sie werden teurer sein, als uns lieb ist . . . Eine betriebswirtschaftliche Rechnung mag ausweisen, daß Investitionen für Heizung mit Abwärme noch nicht rentabel sind. Auch dies wird neuerdings in Frage gestellt . . . Wenn jeder zweite Haushalt der Bundesrepublik mit der bislang vergeudeten Abwärme bereits bestehender Kraftwerke beheizt werden kann, ist nicht einzusehen, warum elektrisches Heizen sich weiter ausbreiten müßte."[138]

Daß Epplers Vorstellungen insgesamt zu einer geringeren Umweltbelastung führen würden, wenn sie sich durchsetzen könnten, ist durchaus wahrscheinlich; bezeichnend für den ökologischen Bewußtseinsstand der SPD bleibt aber, daß selbst von ökologisch sehr aufgeschlossener Seite die Argumentation in der Hauptsache nicht mit der Problematik „Umweltverträglichkeit", sondern mit ökonomischen Überlegungen und allenfalls noch mit der fraglichen gesellschaftlichen „Akzeptanz" bestritten wird. Zwar weist Eppler immer wieder hin auf die Grenzen der Belastbarkeit der Umwelt, doch ist der Hinweis nicht argumentative Basis für die These: „Ende oder Wende".

In der CDU Adenauers hatte die Praxis in der Regel den Vorrang vor dem Programm. Erst sehr spät beschäftigte sich die CDU mit Grundsatzfragen der Umweltpolitik, und es darf bezweifelt werden, ob die Partei – trotz der vielen guten Ansätze von einzelnen ihrer Mitglieder – ohne die Herausforderung der SPD-/FDP-Umweltschutzpolitik überhaupt zu programmatischen Aussagen sich durchgerungen hätte. Im letzten Abschnitt ihres Berliner Programms von 1971 katalogisierte die CDU unter den Punkten 126–131 Forderungen der Umweltpolitik, ohne in irgendeiner Weise die Notwendigkeit und den Bezugsrahmen ihrer Forderungen zu begründen oder die quantitativen Ausmaße ihrer Erfüllung näher zu bestimmen. Im Begriffsinstrumentarium bedienten sich die Verfasser durchaus aus dem Repertoire der damaligen Diskussion in nationalen und internationalen Gremien. Ausgehend vom Anspruch aller Menschen auf „Reinhaltung von Luft und Wasser, offene Flächen für Freizeit und Erholung und Schutz vor Lärm" forderte die CDU eine bessere Koordination der Anstrengungen in Bund, Ländern und Gemeinden sowie der Wirtschaft und Wissenschaft zur Einlösung dieses Anspruchs. Vom Verursacherprinzip war ebenso die Rede wie von „biologischem Gleichgewicht in den Gewässern", von der Berücksichtigung ökologischer Faktoren bei Standortentscheidungen ebenso wie von der Förderung der Ökologie als Wissenschaft an den Hochschulen. Stellten auch die Forderungen im einzelnen ein zwar leerformelartiges, aber durchaus ausfüllbares Gemisch richtiger Ansätze dar, so wirkte der umgebende Rahmen, d. h. die Argumentation der CDU in umweltpolitischen Sachentscheidungen und die fehlende analytische Dimension, konterkarierend: das Programm erschien nur wenig glaubwürdig. So wird auch verständlich, daß in der nächsten wichtigen Programmerklärung der CDU, der Mannheimer aus dem Jahre 1975, kein Wort zur Umweltschutzpolitik enthalten ist. Wie ist diese Enthaltsamkeit der meist stärksten Partei der Bundesrepublik zu erklären? Neben der perspektivelosen Verengung der Blickrichtung auf die Kontroversen um Ostpolitik, Freiheit-oder-Sozialismus-Debatten und die angebliche neue soziale Frage, die der CDU mindestens elf Jahre Opposition im Bund und 15 Jahre im bevölkerungs- und industriereichsten Bundesland Nordrhein-Westfalen eintrugen, ist es wohl die immanent systemkritische Komponente der Kritik am bisherigen Umgang mit der Umwelt gewesen, die die CDU von einer Profilierung in dieser Richtung abhielt. Obwohl in manchen der neokonservativen, vorindustriell anmutenden Industriekritiken der engagierten Umweltschützer Affinitäten zur konservativen Grundhaltung der Parteien mit dem großen „C" vorhanden gewesen wären, sind wohl die wirtschaftsliberalen, pro-industriellen Bedenken gegen zu starke staatliche Eingriffe und eventuelle wirtschaftliche Nachteile von energischer Umweltpolitik bestimmend gewesen.[139]

Wie „die Gesetzlichkeiten einer privaten Wirtschaft in Einklang mit den Zielen einer liberalen Wirtschaft" zu bringen seien und die „Steigerung der Leistungsfähigkeit wie der Menschlichkeit" umweltpolitisch zu ermöglichen sei, führte der CDU die Freie Demokratische Partei in ihren Freiburger Thesen zur Gesellschaftspolitik vor. Von diesen Thesen behauptete Hans-Dietrich Genscher 1974 mit einem gewissen Recht, daß sie die Umweltschutzpolitik der Bundesrepublik zu einem wesentlichen Teil geprägt hätten.

Da die FDP jener Tage die Erhaltung der Individualrechte jedes einzelnen wie die „Reform des Kapitalismus" zugleich auf ihr Panier geschrieben hatte, gelang es ihr besser als den beiden großen Parteien SPD und CDU, sich beim „Abschneiden alter Zöpfe" von historischen wirtschaftsliberalen Argumentationsfiguren zu lösen. Angesichts der jetzt erkannten Herausforderung durch die Umweltkrise forderte die FDP in ihren Freiburger Thesen von 1971 als Fortschreibung ihrer Auffassung von den Individualrechten eine Ergänzung des Artikels 2 des Grundgesetzes:

„Jeder hat ein Recht auf eine menschenwürdige Umwelt. Die Naturgrundlagen stehen unter dem besonderen Schutz der staatlichen Ordnung. Die Grenze der im Allgemeininteresse zulässigen Umweltbelastung wird durch Gesetz bestimmt."

In einem gewissen Gegensatz zu ihrem sonstigen Bemühen um freiheitliche Regelungen setzte sich die FDP für eine verstärkte Zentralisierung der umweltpolitischen Kompetenzen und verschärfte dirigistische Maßnahmen in einzelnen Bereichen ein, so etwa für den internationalen Handel, wenn Produkte nicht den gesetzlichen Bestimmungen der Bundesrepublik genügen sollten, oder für die Verbesserung der Umweltschutztechnologie. Bei den entstehenden Kosten sorgte sich die FDP viel weniger als SPD und CDU um die Höhe der Kosten und wirtschaftlichen Belastungen, die in der Regel vom Verursacher und nur in Ausnahmefällen nach dem Gemeinlastprinzip aufgebracht werden sollten. Ergänzend wurde die Notwendigkeit besserer Umweltpolitik betont, welche die Einwirkungen beabsichtigter Planungen auf die Umwelt untersuchen sollte; denn „auch für künftige Generationen müssen noch Rohstoffe, frische Luft und reines Wasser vorhanden sein". Eine „Umwelt in bestem Zustand" sah die FDP als ein unabdingbares Menschenrecht an und setzte damit ein Kriterium an, das eine permanente Bemühung um Erfüllung fordert.[140]

Obwohl die Freiburger Thesen innerhalb der FDP von einem starken rechten Flügel abgelehnt wurden, erwies sich die Umweltprogrammatik als weithin konsensfähig. Dafür spricht einerseits die Tatsache, daß der damalige Repräsentant des rechten Flügels, Ertl, sich in einem Aufsatz in der Zeitschrift „liberal" ausdrücklich zu den inhaltlichen Vorstellungen des Programms bekannte, und andererseits die Tatsache, daß auch in späteren Erklärungen keinerlei Abstriche an der Programmatik vorgenommen wurden. In den „Kieler Thesen zur Wirtschaft im sozialen Rechtsstaat" von 1977 wurden das Recht des einzelnen auf eine menschenwürdige Umwelt erneut bekräftigt und Umweltschutzerfordernisse ausdrücklich zu einer wirtschaftlichen „Notwendigkeit" erklärt. Jedoch dürften die Investitionsfähigkeit der Unternehmen nicht leiden und ökologisch vorteilhaftes Wirtschaftswachstum nicht verhindert werden. Dies allerdings, formulierte die FDP erfreulich ehrlich, bedeute im wesentlichen „eine Beschränkung des Zuwachses beim Konsum zugunsten einer umweltfreundlicheren Produktion", denn die Investitionsfähigkeit der Unternehmen konnte nach liberalem Verständnis nur durch eine Preisbildung auf höherem Niveau erhalten bleiben.[141]

3.2.2. Verbände: BDI, DGB und Naturschützer

Die grundsätzliche Einigung der Parteien, in der technologischen Richtung der Umweltpolitik das Verursacherprinzip in der Kostenverteilung wo immer möglich anzuwenden, und die technische Notwendigkeit, politische Maßnahmen auf der Produktionsebene anzusetzen, mußten wie in früheren Jahrzehnten die Industrieverbände als Lobby herausfordern.

Der Beginn der industriellen Lobbytätigkeit in bezug auf Umweltfragen wurde allerdings nicht durch eine kostenträchtige Auflagenpolitik verursacht, sondern durch die Verknappung eines wichtigen industriellen Roh- und Hilfsstoffes: des sauberen Wassers. Im Zuge der umweltwirksamen politischen Entscheidungen der fünfziger Jahre entwickelte der wichtigste Verband der deutschen Industrie, der BDI, eine Doppelstrategie. Sie bestand in der Forderung und Anerkennung des Bedürfnisses nach einer „brauchbaren" Umwelt, die nötigenfalls durch staatliche Eingriffe zu sichern war, und in einem gleichzeitigen Bestreben, Kostenbelastungen für die Industrie tunlichst zu vermeiden, sei es durch Verhinderung von staatlichen Eingriffen, sei es durch die Agitation für finanzielle Hilfen des Staates.[142]

Die Politik der Kostenbegrenzung erfuhr eine schwere Niederlage, als durch Änderungen im Genehmigungsrecht (GWO), verbesserte Technische Anleitungen und die Immissionsschutzgesetze der sechziger und siebziger Jahre der jeweilige „Stand der Technik" als Maßstab für die umweltschützende Ausrüstung einer Produktionsstätte gefordert und das wirtschaftlich Zumutbare nicht mehr an der Wirtschaftslage des Einzelbetriebes, sondern am Branchendurchschnitt gemessen wurde. In den politischen Auseinandersetzungen, die zu diesen Änderungen führten, versuchte der BDI recht erfolgreich, dort, wo schon nichts mehr zu verhindern war, zu mildern oder zu verzögern. Gegen die Orientierung am „Stand der Technik" versuchte der BDI, den traditionell im Umweltrecht verankerten Begriff des „allgemeinen Wohls" auszuspielen. Eine Art ‚Verfolgungsneurose' brachte die Vertreter des BDI dazu, immer wieder zu betonen, wie wichtig es sei, „eine weitere Versachlichung der Diskussion über die Umweltgestaltung" zu erreichen. Doch „die Vernunft walten zu lassen und das richtige Maß zu finden", bedeutete für den BDI, sich nur soweit auf Umweltschutzmaßnahmen einzulassen, wie es „aus Gründen des Allgemeinwohls" notwendig erschien. Dies Allgemeinwohl verlange den Verzicht „auf übertriebene Forderungen". Diese Forderungen oder durch sie entstehende Kosten exakt zu definieren oder zu quantifizieren, lag dem BDI natürlich fern. Zwar erklärte sich der BDI immer wieder bereit, den Kampf gegen die Verschlechterung der Umweltbedingungen aktiv zu unterstützten, aber dies alles dürfte nicht „zu Lasten der sozialen Sicherheit gehen". „Besserung der Umweltverhältnisse" und „Erhaltung der Arbeitsplätze" dürften als gleichwertige Ziele nicht durch Gesetzgebung und Verwaltung aus der Balance gebracht werden, sprich: „besondere Behutsamkeit" sollte bei Umweltschutzmaßnahmen angewendet werden. Nach einiger Zeit intensiver ‚Öffentlichkeitsarbeit' mit diesen unbewiesenen Behauptungen konnte der BDI 1967 feststellen, „daß diese Auffassung, das umweltschützerisch Notwendige, nicht das technisch Mögliche" anzustreben, „mehr und mehr selbst in den Äußerungen maßgeblicher Regierungsvertreter widerklingt und ... Anerkennung findet". Kein Wunder – sah sich doch die Bundesrepublik mit der bis dahin schwersten Wirtschafts- und Regierungskrise konfrontiert, der Rezession von 1966 und der Bildung der Großen Koalition.[143]

Nach wie vor schien dem BDI die Gefahr eines Hanges zum „Perfektionismus" bedrohlich. Deswegen verhielt sich der BDI auch weiterhin sehr zurückhaltend und skeptisch gegenüber der Ankündigung der Bundesregierung, den Immissionsschutz umfassend in einer neuen gesetzlichen Regelung zu präsentieren. Im Abwasser- und Immissionsschutzrecht sah die Industrie eine „äußerst gefährliche Tendenz zu einer Normierung, die selbst bei voller Anerkennung der Bedeutung, die der Reinhaltung von Wasser und Luft als einer Maßnahme des vorbeugenden Gesundheitsschutzes beigemessen werden muß, sachlich nicht zu rechtfertigen ist". In dieser Argumentation enthüllte sich die Enge der BDI-Politik. Die Argumentation ging nicht von einem ökologischen Kontext, d. h. der Zielrichtung aus, mit einer optimierten Kosten-/Wirkung-Relation Eingriffe und Belastungen der Umwelt möglichst gering zu halten, sondern wollte nur einen unmittelbaren Schutz vor Gesundheitsschädigungen als Maximalziel akzeptieren. Da diese weniger anspruchsvolle Zielprojektion geringere betriebswirtschaftliche Kosten versprach, glaubte der BDI, daraus auch mit Recht als Summe aller Einzelanstrengungen die optimale volkswirtschaftliche Kostenbelastung ableiten zu können. Indem der BDI dann auch noch „Wahrung gesundheitspolitischer Belange" nur als einen „Teil des Allgemeinwohls ... neben anderen Belangen ... wie z. B. die Sicherung der

Arbeitsplätze“ gewertet wissen wollte, versuchte er mit dem nicht weiter qualifizierten Begriff des Allgemeinwohls eine politisch und gesellschaftlich notwendige Prioritätenbildung zu torpedieren.[144]

Die meisten hypothetischen Annahmen des BDI über die Folgen der Umweltpolitik sind bis in die jüngste Vergangenheit hinein niemals einer exakten wissenschaftlichen Analyse und Untersuchung unterzogen geschweige denn erhärtet worden. Andererseits konnte sich der BDI darauf berufen, daß die genauen Belastungen der Umwelt durch die industriellen Aktivitäten bis dato nur selten schlüssig bewiesen bzw. zweifelsfrei durch Kausalketten erklärt werden konnten. Dennoch kann die geschickte Aufnahme eines umweltpolitischen Bekenntnisses durch den BDI über eines nicht hinwegtäuschen: Dem politisch sehr rationalen und ökologisch allein sinnvollen Gedanken der maximalen Begrenzung der Umweltrisiken durch das technische Optimum stand der BDI in entschiedener Gegnerschaft gegenüber.

Was für die Betroffenheit der Industrieverbände in der Umweltpolitik gesagt wurde, gilt auch für die Interessenvertretung der Arbeitnehmer: Die Durchsetzung des Verursacherprinzips und der Ansatz für Umweltschautz auf der Produktionsebene müssen Arbeitnehmerinteressen berühren – entweder in der Form wachsender Betriebsrisiken in einzelnen Branchen und Betrieben (Arbeitsplätze und Lohnniveau) oder auf der gesamtwirtschaftlichen Ebene als Einkommensminderung, die durch die Abwälzung finanzieller Folgelasten des Umweltschutzes über den Markt oder die staatliche Finanzpolitik entstehen kann. Da in der Vergangenheit die zentrale gesellschaftliche Frage der Einkommensverteilung weitgehend so gelöst wurde, daß aus der Mehrproduktion eines möglichst ungezügelten Wachstums die Entschädigung der Arbeitnehmer für alle sozialen Kosten kapitalistischer Produktionsweise entnommen wurde, stellt sich auch für die zukünftige Verteilungsproblematik eine große Herausforderung für die Gewerkschaften: Wie soll das gesellschaftliche Produkt verteilt werden, wenn aus Umweltschutzgründen das Mehr entweder von den zusätzlichen Kosten für den Schutz aufgezehrt oder ein „Mehr“ überhaupt nicht produziert werden sollte bzw. kann.[145]

Diesen Fragen und Problemen widmete sich der DGB erst 1972 in seinen „Leitsätzen zum Umweltschutz“. Nach einer Vorbereitung durch den „Lebensqualität-Kongreß“ im Jahre 1972 und unter der Anforderung, für das damals beratene Bundesimissionsschutzgesetz eine fundierte Stellungnahme abgeben zu müssen, verabschiedete der

DGB 1974 sein grundlegendes Umweltschutzprogramm. Ähnlich wie vorher die Parteien, legte auch der DGB ein plakatives Umweltschutz-Glaubensbekenntnis mit Leerformelcharakter ab. Die Frage der Ziele und Methoden der Umweltschutzpolitik wurde aus gewerkschaftlicher Sicht akzentuiert, ohne daß über den damaligen Forderungskatalog etwa des Rates der Sachverständigen für Umweltfragen oder die erklärten Ziele der Regierungspolitik wesentlich hinausgegangen worden wäre. Die gewerkschaftliche Sicht der Umweltprobleme äußert sich z. B. in der These 17 des DGB-Umweltprogramms; gefordert wird darin die „Sicherung der Arbeitsplätze bei umweltpolitisch begründeten oder motivierten Voll- und Teilstillegungen", damit Arbeitnehmer ohne Furcht um die Sicherheit ihrer Arbeitsplätze aktiv für den Umweltschutz eintreten könnten. Gerade diese These ist ein Beweis dafür, wie sehr die Gewerkschaften sich darum sorgen müssen, die Loyalität ihrer Mitglieder zu sichern, wenn die Kostenstruktur von Umweltschutzmaßnahmen offenkundig wird. Von daher ist es auch nicht verwunderlich, daß die Gewerkschaften insgesamt gesehen kein besonders antreibendes Element in der Umweltschutzpolitik darstellen. Kann aber eine Arbeitnehmerorganisation damit zufrieden sein, insgesamt wenigstens kein Hemmnis und jeweils eine Nasenspitze progressiver als die Unternehmerverbände zu sein?[146]

Diese Diskussion muß in den Gewerkschaften sicherlich erst noch weitergeführt werden, wobei die Gefahr der Überlagerung dieser Thematik durch aktuellere konjunkturelle Probleme nicht zu übersehen ist. Daß gleichwohl auf betrieblicher Ebene beschränkte, einzelfallbezogene Umweltschutzplanung und -programmatik entwickelt wird, sollte dabei nicht übersehen werden. Die Motivation dafür entspringt aber allzu oft dem massiven Interesse am Arbeitsschutz, weil die gesundheitliche Belastung und Gefährdung zu hoch ist; weniger gewichtig ist dabei ein allgemeines ökologisches Interesse, das gegenüber dem Arbeitsschutz nur eine geringerwertige Legitimationsfunktion hat.[147]

Als 1950 mit der Gründung des „Deutschen Naturschutzringes" zum ersten Male eine einheitliche, übergreifende Organisationsform für die bis dahin unkoordiniert nebeneinander arbeitenden Naturschützervereinigungen geschaffen wurde, mochte wohl mancher Naturschützer auch die Hoffnung auf eine bessere und umfassendere Programmatik des Natur- und Heimatschutzes gehegt haben. Doch dazu kam es nicht. Die Naturschutzvereinigungen gewannen durch diese überregionale

Organisationsform nicht wesentlich an Stärke, und programmatisch beschränkten sie sich auf das bisher Erreichte: die Ziele des Reichsnaturschutzgesetzes. Die Arbeit der Naturschutzverbände war im wesentlichen darauf gerichtet, den staatlichen Stellen in der Durchsetzung dieser Ziele hilfreich zur Seite zu stehen und eine gewisse Unterstützung durch breitere Bevölkerungsschichten zu mobilisieren. Betrachtet man die Ergebnisse dieser Arbeit in den fünfziger Jahren, kann von größeren Erfolgen kaum die Rede sein.

Der Aufschwung, den die Umweltschutzdiskussion in den sechziger Jahren nahm, ging natürlich auch am „Deutschen Naturschutzring" nicht ohne Wirkungen vorbei. Nach einer programmatisch zu verstehenden Ergänzung seines Namens („Bundesverband für Umweltschutz") bestand die erste große Leistung in der Zielformulierung in dem Entwurf eines Bundesgesetzes für Naturschutz und Landschaftspflege, den der Verband am 27. 8. 1970 vorlegte. Mehr und mehr rückte auch das Interesse an einer angemessenen Durchsetzung der Umweltschutzziele in den Vordergrund, was durch die intensive Diskussion um die „Verbandsklage" belegt wird. Erst 1975 jedoch gelang es dem Verband, ein Grundsatzprogramm vorzulegen, das eine langfristige Steuerung der Verbandsarbeit ermöglichen sollte.[148]

In den sechziger Jahren gab es von seiten der Naturschutzorganisationen nur einen bedeutenden ökologischen Programmentwurf, nämlich die „Grüne Charta von Mainau". Leider wurde ihr kein größeres politisches oder öffentliches Interesse entgegengebracht. Zum Teil war dies bereits durch die Urheberschaft begründet. Die Charta ging von dem „Deutschen Rat für Landespflege" aus, ein Zusammenschluß von Wissenschaftlern und Waldgroßgrundbesitzern, die die Öffentlichkeit für die Probleme der Landschaft mobilisieren wollten. In der Charta wurde ein Programm für eine „gesunde" Landschaft in der Industriegesellschaft entworfen, das zwar durchaus vernünftige Erklärungen enthielt, aber als Aktion über die Köpfe der Menschen hinweg, und von keiner namhaften gesellschaftlichen Organisation aufgegriffen, eine Wende im öffentlichen Problembewußtsein nicht herbeiführen konnte. Wegen seiner Fernwirkung für die Umweltschutzdiskussion der siebziger Jahre und als Dokumentation dessen, was als politische Umweltplanung bereits zu Anfang der sechziger Jahre möglich gewesen wäre, verdient es die „Grüne Charta", zitiert zu werden. In dem Bestreben, zu einem praktischen Miteinander technisch-wirtschaftlicher Anforderungen und natürlich bedingter Möglichkeiten zu kommen, stellte die Charta in Abschnitt IV fest:

„Auch Technik und Wirtschaft sind unerläßliche Voraussetzungen unseres heutigen Lebens. Die natürlichen Grundlagen von Technik und Wirtschaft können weder willkürlich ersetzt noch beliebig vermehrt werden. Deshalb ist es notwendig, gemeinsam die Lage zu überprüfen, zu planen, zu handeln, um den Ausgleich zwischen Technik, Wirtschaft und Natur herzustellen und zu sichern . . . Um des Menschen willen ist der Aufbau und die Sicherung einer gesunden Wohn- und Erholungslandschaft, Agrar- und Industrielandschaft unerläßlich."

In 12 Forderungen wurde die Absicht konkretisiert. Besondere Erwähnung verdienen die Punkte:

- rechtlich durchsetzbare Raumordnung für alle Planungsebenen unter Berücksichtigung der natürlichen Gegebenheiten, d. h. in moderneren Formulierungen gesprochen, Raumordnung mit Prüfung der Umweltverträglichkeit aller geplanten Maßnahmen,
- verstärkte Maßnahmen zur Erhaltung und – das ist wichtig – Wiederherstellung eines gesunden Naturhaushaltes, wobei vor allem an Boden-, Klima- und Wasserschutz gedacht wurde, und
- ausreichende gesetzgeberische Maßnahmen zur Förderung und Sicherung eines gesunden Lebensraumes.

Natürlich bedurfte eine solche programmatische Grundsatzerklärung einer Ausfüllung im einzelnen. Die feste Organisationsform, die der „Deutsche Rat für Landespflege" unter Schirmherrschaft des Bundespräsidenten Heinrich Lübke annahm, war als Vehikel solcher Konkretisierung durchaus geeignet. Besonders die von dem Bundesverfassungsrichter E. Stein verfaßten „Leitsätze für gesetzliche Maßnahmen auf dem Gebiet der Landespflege" betonen erneut das Ziel, die Leistungs- und Nutzungsfähigkeit des Naturhaushaltes insgesamt und seiner Komponenten zu sichern, vom Konservieren zum Wiederherstellen und Gestalten überzugehen, indem die Instrumente einer rationalen Planung benutzt werden sollten, und die soziale Verantwortung von Naturnutzern stärker zu betonen.[149] Da es dem „Rat" aber nicht gelang, in den politischen Institutionen meinungsbildend zu wirken, blieben die umweltpolitischen Forderungen zunächst nur Idee und Herausforderung.

3.2.3. Die Bürgerinitiativen

Eine der erstaunlichsten und in der Wirkung nachhaltigsten Veränderungen der politischen Kultur der Bundesrepublik war und ist das quantitative und qualitative Wachsen der Bürgerinitiativen. Obwohl Bürgerinitiativen bereits relativ früh, wenn auch unter anderem Namen, in der Umweltpolitik eine Bedeutung hatten, muß doch Umfang und Zielrichtung des Beteiligungswillens breiter Bevölkerungsgruppen als eine qualitative Steigerung des Umweltbewußtseins und der Handlungsbereitschaft gewertet werden. Je nach Definition des Begriffes Umweltschutz darf nach den vorliegenden empirischen Untersuchungen davon ausgegangen werden, daß 1975/76 etwa 40–45% aller existierenden Bürgerinitiativen sich mit Umweltfragen befaßten. Dabei schwankten die Interessen, oft je nach regionaler Herkunft, zwischen Orientierung auf Probleme des Verkehrs, der Energieversorgung, der Stadtplanung und des Landschafts- und Naturschutzes. Die Mitglieder der Bürgerinitiativen rekrutieren sich überwiegend aus Angehörigen der Mittelschicht mit relativ hohem Bildungsgrad, – nicht verwunderlich angesichts der notwendigen hohen Problemerkennungskapazität, Artikulationsmöglichkeiten und des nötigen Selbstbewußtseins, wie sie durch die etablierte Struktur von Politik und Wirtschaft gefordert werden.[150]

Obwohl die Bürgerinitiativen in der Regel als „single purpose movements“ entstanden, lag und liegt der Motivation der Beteiligten der prinzipielle Anspruch zugrunde, das Allgemeinwohl in bestimmten Situationen besser zu repräsentieren als diejenigen, die nach dem Prinzip „Legitimation durch Verfahren“ nach rechtsstaatlichen Grundsätzen Entscheidungsmacht erhalten haben. Der letztlich unaufhebbare Widerspruch zwischen den Lebensansprüchen einzelner oder kleinerer Gruppen gegenüber größeren Gruppen ist durch die Strukturschwächen repräsentativer Demokratien heutiger komplexer Gesellschaften nur schwer durch Kompromißlösungen in Gleichgewichtszuständen zu halten. Er hat gerade im Umweltschutz durch eine immanent systemkritische Komponente die Fronten verhärtet. Gleichzeitig war den einzelnen Initiativen ein allgemeiner programmatischer Gegenentwurf zur gegebenen Art des Wirtschaftens legitimatorisch gesehen unmöglich. Daher war es nur konsequent, daß sich die verschiedenen Bürgerinitiativen zu einer übergreifenden Organisation zusammenschlossen, die sowohl durch die Einflußnahme auf die Gesetzgebung die Entstehung neuer Umweltgefahren nach Möglichkeit verhindern und gemeinsame überregionale Aktionen ermöglichen sollte als auch mit gesteigerter Legitimation eine allgemeine Umweltprogrammatik formulieren konnte. Der 1972 gegründete Bundesverband Bürgerinitiativen Umweltschutz (BBU) organisierte bereits 1977 ca. 950 Gruppen mit ca. 300000 Einzelmitgliedern.[151]

In seinen grundsätzlichen programmatischen Äußerungen versuchte der BBU, den schwierigen Weg zwischen einer grundlegenden Kritik am „Industrialismus" und einer verantwortlichen Politik für alle Menschen der Welt und für deren Lebensverhältnisse sowie der Nachwelt zu skizzieren. Zur Wahl stehe: „entweder Wachstum bis zur Katastrophe oder Umkehr vor dem Abgrund durch Schaffung einer Gleichgewichtswirtschaft". Da „Umweltzerstörung, wirtschaftliche Ungleichheit, soziale Ungerechtigkeit und wachsende Abhängigkeit des einzelnen von unerkannten und unbeherrschten gesellschaftlichen Mächten" Grundstrukturen des „Industrialismus" seien, erkannte der BBU die traditionellen Argumente gegen mehr Umweltschutz, nämlich Gefährdung des Wirtschaftswachstums, des technisch industriellen Fortschritts, der Arbeitsplatzsicherheit und der Wettbewerbsfähigkeit auf dem Weltmarkt, nicht an, sondern forderte eine grundlegende Veränderung der politischen und wirtschaftlichen Strukturen sowie der persönlichen Verhaltensweisen. „Umweltgerecht", „einfacher", „solidarisch" und „gesprächsbereit" zu leben erschien als persönliche und gesellschaftliche Lebensform notwendig, „Überparteilichkeit, Gewaltlosigkeit, demokratische und dezentrale Organisationsstruktur" als politische Form der neuen Umweltpolitik.

Blieb damit noch immer ein zwar tendenziell radikales, in den Durchsetzungsmöglichkeiten aber beschränkt umsetzbares Programm im Leerformelbereich, so muß dem BBU doch zugestanden werden, daß daraus konkrete und politisch diskussionswürdige, z. T. sogar entscheidungsreife Stellungnahmen abgeleitet wurden. Dies war besonders in den beiden Bereichen Energiepolitik und Partizipationsmöglichkeiten der Bürger (Verbandsklage etc.) sehr deutlich: Die existierenden Parteiprogramme von SPD und FDP wurden unter dem Druck der vorformulierten Alternativen geändert; die politische Lobbytätigkeit des BBU vermochte in Teilbereichen die Gesetzgebung zu beeinflussen.[152]

3.3. *Die Bemühungen um Schutz des Wassers, der Luft, der Natur und der Landschaft*

3.3.1. Schutz der Gewässer durch ein einheitliches Wasserrecht

Der Zusammenbruch von 1945 und die Reorganisation der Länder in den westlichen Besatzungszonen hatte auf dem Gebiet des Wasserrechts eigenartige Folgen. Da die Wasserrechte der früheren deutschen Bundesstaaten weitergalten, kam es zu der merkwürdigen Situation, daß in einigen Ländern mehrere Wasserrechtsgebiete nebeneinander bestanden. Insgesamt waren 1949 119 Gesetze und Verordnungen zum Wasserrecht gültig, allein im Gebiet des Rheins galten 70 Rechtsnormen für Wasserentnahme und Abwässereinleitung. Diese Rechtszersplitterung behinderte das Wirtschaftsleben und die Wasserreinhaltung; wasserwirtschaftliche Vorhaben wurden erschwert, wenn sie sich über mehrere Rechtsgebiete erstreckten. Wasserversorgung und Wasserreinhaltung wurden unerträglich behindert.

Diese Lage konnte durch die Verabschiedung des Grundgesetzartikels 75, Abs. 4 nicht behoben werden. Der Parlamentarische Rat hatte dem Bund darin nur eine Rahmenkompetenz zugebilligt, die zwar allgemeine bundesrechtliche Regelungen ermöglichte, aber die Regelung von Einzelheiten ausdrücklich den Ländern überließ. Diese unzulängliche Kompetenzklärung bestimmte die politischen Auseinandersetzungen um das Wasserrecht in den folgenden Jahrzehnten.[153]

Sofort nach ihrer Etablierung bemühte sich die Bundesregierung um eine Lösung der bedeutsamen Wasserrechtsproblematik. Von den Ländern forderte sie 1950 aktuelle Situationsberichte an, die sowohl bei der Wasserver- als auch der -entsorgung erhebliche Mängel aufdeckten. Bedingt durch die jahrelangen Unterbrechungen der Wasserwirtschaftspolitik durch Kriegs- und Nachkriegssituation[154] konnte der Wasserbedarf immer weniger aus dem Grundwasser gedeckt werden. U. a. weil die Einwohnerdichte im Westen durch die großen Flüchtlingszahlen rapide angewachsen war, mußte Trink- und Brauchwasser zunehmend aus dem Oberflächenwasser entnommen werden; vielfach blieben nur die Wasserläufe als Quelle übrig. Die Entnahme aus dem Oberflächenwasser wurde aber „auf das äußerste durch die stark gestiegene Verschmutzung dieser Wasserläufe mit häuslichem und gewerblichem Wasser erschwert, wenn nicht überhaupt in Frage gestellt.“ Zwar waren damals etwa 75% der Bevölkerung des Bundesgebietes an eine Kanalisation, aber nur 40% an eine Kläranlage angeschlossen. Die meisten dieser Anlagen besaßen auch lediglich eine mechanische Reinigung. 1958 hatte sich dieses Verhältnis von Einwohnerzahlen zu Kläranlagenanschluß noch nicht wesentlich verbessert. 6,6 Mrd. cbm Abwasser, wovon etwa 70% auf die Industrie, 30% auf die Einwohner entfielen, flossen weitgehend ungeklärt den Oberflächengewässern zu.

So war das Oberflächenwasser nicht einmal mehr für die industrielle Brauchwasserversorgung zu nutzen, was natürlich die Gefahr einer Behinderung des industriellen Wachstums einschloß. Diese wenig erfreuliche Aussicht bewog die Interessenverbände, sich sehr aktiv an der Debatte um Änderungen im Wasserrecht zu beteiligen. Namentlich der Bundesverband der Deutschen Industrie tat sich dabei hervor.[155]

Bei den Vorüberlegungen der Bundesministerien zum Erlaß von Rahmenvorschriften des Bundes zum Wasserrecht mußte also aus sachlichen Gesichtspunkten die Reinhaltungsfrage eine bedeutende Rolle spielen. Wenngleich ökologische Zusammenhänge in der damaligen Zeit noch nicht die Überlegungen leiteten, hatte aber die Bürokratie erkannt, daß man mit der bisherigen Orientierung an Einzelfallregelungen nicht mehr weiterkam. Die Probleme der Gesamtbelastung eines Gewässers, besonders etwa während der trockenen Jahreszeit, mußten unbedingt berücksichtigt werden. Aufgegeben wurde außerdem die Verengung des Blickwinkels auf die Verschmutzung der Oberflächengewässer, da auch die Gefahren der Verschmutzung des Grundwassers nicht länger unberücksichtigt bleiben konnten.

Die Überlegungen der Behörden hinsichtlich der Gewässerreinhaltung gingen von der hohen Bedeutung aus, die die Beschaffenheit der Abwässer und ihr Mengenverhältnis zum Reinwasser für die Trink- und Brauchwasseraufbereitung hat. Wird nämlich aus einem Gewässer zuviel Wasser entnommen, verschlechtert sich bei gleichzeitiger Einleitung von Abwasser die Wasserqualität. Die Wasserqualität des Gewässers verschlechtert sich dann in dem Maße, wie das nötige „Verdünnungswasser“ entnommen wird und anschließend fehlt. Da mangelhaft geklärte Abwässer Wasserläufe über weite Strecken hin verschmutzen, wäre eine bundesgesetzliche Regelung des Wasserhaushalts und der Wasserwirtschaft ohne Regelung der Wassergüte sinnlos gewesen.

Ein interministerieller Ausschuß kam bei der Untersuchung der Problematik zu dem naheliegenden Schluß, daß in Anbetracht der Umstände ein „Notgesetz über die Reinhaltung der Gewässer unter

Einschluß der Bundeswasserstraßen" und ein „Notgesetz über eine gesundheitliche Überwachung von Anlagen zur Trink- und Brauchwasserversorgung und zur Abwässerbeseitigung" „vordringlich" seien. Um den Entwurf von entsprechenden Gesetzen zu beschleunigen, sprach sich der Ausschuß für die Beteiligung der „zuständigen fachtechnischen Vereinigungen" aus. Diese industrienahen Verbände, u. a. die „Abwassertechnische Vereinigung" sollten mit der Ausarbeitung von Richtlinien und ausformulierten Gesetzesvorschlägen beauftragt werden. Die Ausarbeitung eines umfassenden Bundeswassergesetzes, meinte der Ausschuß, solle hinter den „Notgesetzen" nicht zurückstehen; allerdings sei wegen der zu erwartenden Zeitdauer für eine Verabschiedung einer umfassenden Regelung die Erarbeitung der „Notgesetze" unumgänglich; diese könnten später Teile des Bundeswassergesetzes bilden.[156]

Gegen diese Auffassung wandten sich die Bundesländer in einem Beschluß vom 25. 4. 1952. Notgesetze würden nur eine neue Zersplitterung des Wasserrechts bewirken. Statt dessen wurde die Bundesregierung aufgefordert, eine beschleunigte Verabschiedung von Rahmenbestimmungen nach Art. 75 GG zu veranlassen, wobei der Begriff der Rahmengesetzgebung so weit wie möglich ausgelegt werden sollte. Erstaunlicherweise blieb die Bundesregierung nun untätig. Erst nachdem das Präsidium des BDI am 25. 10. 1954 erneut die Forderung nach einer Rahmengesetzgebung für den Wasserhaushalt aufgestellt hatte und auch eine Entschließung des Bundestages vom 17. 2. 1955 Maßnahmen dieser Art verlangte, wurde die Bundesregierung wieder aktiv. Später versuchte die Bundesregierung, ihr Zögern mit der fehlenden Kompetenz zur umfassenden konkurrierenden Gesetzgebung zu erklären. Doch dies kann, obwohl grundsätzlich richtig, nur als Vorwand betrachtet werden, der die heftigen Interessenkonflikte um diese Gesetzgebung verdecken sollte. Diese Sicht bietet sich allein schon aus der Reihenfolge der Ereignisse als wahrscheinlich an.

Miteinander im Widerstreit befanden sich in erster Linie die Bundesministerien, die – jedes auf seine Weise – die Interessen der verschiedenen Klientelen, ob Verbände oder Kommunen, so wahrnahmen, daß „in einer Reihe von Grundsatzfragen eine einheitliche Auffassung der Ressorts nicht erzielt werden konnte". Anscheinend ruhte die Arbeit an den Gesetzentwürfen von 1952–54, bis die Resolution des Bundestages erneute Aktivität hervorrief. Im März 1955 wurde unter Vorsitz des Bundesministers für besondere Aufgaben, Waldemar Kraft, der jetzt sozusagen als Oberschiedsrichter fungieren sollte, der interministerielle Ausschuß „Wasser" in erweiterter Besetzung reaktiviert. Er wurde mit der Entscheidung darüber beauftragt, welche der vorbereiteten Einzelgesetzentwürfe weiterentwickelt werden sollte. Mitte Mai 1955 entschied man sich für einen Rahmengesetzentwurf zur Ordnung des Wasserhaushalts; die Idee der Notgesetze wurde damit endgültig aufgegeben. Für das Rahmengesetz griff man auf Vorarbeiten des Bundesministeriums für Landwirtschaft und das Wirtschaftsministeriums zurück. Eine Entscheidung des Bundesverfassungsgerichts vom 1. 12. 1955, in der eine grundsätzliche Klärung des Charakters von Rahmengesetzen getroffen wurde, mußte für die endgültige Vorlage noch berücksichtigt werden, ehe der Entwurf am 17. 12. 1955 dem Bundesrat zur Stellungnahme vorgelegt wurde.[157]

Sofort entflammte der alte Kompetenzstreit. Während aus fachlicher Sicht die Länderministerien im wesentlichen zustimmten, brachten die Landesregierungen verschiedene verfassungsrechtliche Bedenken gegen den Entwurf vor. Von 51 Änderungsvorschlägen berücksichtigte die Bundesregierung 19, ehe der Entwurf am 4. 2. 1956 dem Bundestag zugeleitet wurde. Beratungen des Sonderausschusses des Bundestages brachten die Mehrheit der Mitglieder rasch zu der Erkenntnis, daß die Rahmenkompetenzen des Bundes eigentlich unzureichend und eine Verfassungsänderung nötig sei. Dadurch hätte der Bund für die Wasserwirtschaft die konkurrierende Gesetzgebung erhalten können. Die Fraktionen der SPD, FDP und einiger kleinerer Parteien brachten einen entsprechenden Initiativantrag ein, der von Landwirtschaft und Industrie gestützt wurde. Die CDU/CSU hielt sich abseits; zu stark war die Orientierung an der förderalistischen Grundüberzeugung.

Als „Wegbereiter für ein späteres einheitliches Bundesgesetz" glaubte der Ausschuß dennoch vorab wegen der anerkannt hohen Dringlichkeit die Verabschiedung des Rahmengesetzentwurfs so betreiben zu sollen, daß keine Gefahr der Ablehnung durch den Bundesrat bestand. Infolgedessen klammerte der Ausschuß alle umstrittenen Fragen aus. Übrig blieb als Kernstück des Gesetzes die Vorschrift, daß grundsätzlich jede Benutzung eines Gewässers, auch des Grundwassers, einer behördlichen Erlaubnis oder Bewilligung bedurfte. Daneben wurden Bestimmungen zur Sicherung der Wasserversorgung, über die Aufstellung eines Wasserbuches und wasserwirtschaftlicher Rahmenpläne gesetzt. Für die Reinhaltung der Gewässer wurden Normen gegen nachteilige Einwirkungen, eine umfassende Gefährdungshaftung und der Erlaß von Reinhalteverordnungen vorgesehen. Mit einer Gegenstimme wurde das Gesetz schließlich am 27. 6. 1957 verabschiedet; am 1. 3. 1960 trat das Wasserhaushaltsgesetz (WHG) in Kraft.[158]

Das Problem der nun noch zu schaffenden ergänzenden Landeswassergesetze versuchte eine Arbeitsgemeinschaft der Wasserrechtsreferenten der Länder zu lösen. Durch Musterentwürfe sollte eine möglichst einheitliche Regelung der Materie erfolgen. Die Länder setzten sich jedoch bei ihren parlamentarischen Beratungen von diesen Musterentwürfen weitgehend ab. Als Folge drohte wiederum eine Rechtszersplitterung, die vor allem die Industrie als Hauptverbraucher und -verschmutzer zu einer scharfen Stellungnahme veranlaßte:

> „Die Zersplitterung und Uneinheitlichkeit des Wasserrechts hat sich schon immer als ein Hemmnis für das Wirtschaftsleben erwiesen. Dieser Zustand wird ... für unabsehbare Zeit fortdauern, wenn sich die Länder nicht entschließen, im Interesse der Rechtseinheit auf solche Sonderregelungen zu verzichten, die nicht durch regionale Besonderheiten zwingend gefordert werden."

Nur in Schleswig-Holstein, Baden-Württemberg und Berlin gelang es, die Ländergesetze zugleich mit dem Wasserhaushaltsgesetz in Kraft treten zu lassen; in allen übrigen Ländern waren noch weitere Beratungen erforderlich.[159]

Hindernisse verfassungsrechtlicher Art vereitelten die Versuche, durch ein „Gesetz zur Reinhaltung der Bundeswasserstraßen" wenigstens die größeren Wasserläufe mit Hilfe von Gütekriterien sauberer zu machen. Obwohl das Gesetz vom Bundestag mit großer Mehrheit verabschiedet worden war, konnte es wegen einer Klage der Bundesländer vor dem Verfassungsgericht nicht in Kraft treten. Später wurde es für verfassungswidrig erklärt. Deutlicher noch als früher erwies es sich als gravierender politischer Fehler, daß es 1957 nicht gelungen war, den Widerstand der CDU/CSU gegen eine Verfassungsänderung zu beseitigen, um die notwendige Zweidrittelmehrheit zu erreichen. Mit dieser Hypothek begann das zweite Jahrzehnt der Bundesrepublik, ohne daß ein grundlegender Fortschritt in der politisch-rechtlichen Formulierung der Wasserreinhaltung zu verzeichnen gewesen wäre.[160]

Auch weiterhin erwies sich der Bundesrat in den sechziger Jahren als Hort der konservativen Auffassung in der Regelung der Wasserwirtschaft. Nachdem sich der Bundestag mit einem Entwurf eines Dritten Änderungsgesetzes zum WHG endlich dazu durchgerungen hatte, allgemein verbindliche Normen und Anforderungen für die Abwässereinleitung in oberirdische Gewässer zu bestimmen, hatte der Bundesrat dazu seine Zustimmung versagt. „Je nach Industriezweig und der Fabrikationsmethode“ und je nach „Art des Abwassers der einzelnen Kommunen können Anforderungen“, so lautete die Begründung, „nur individuell an jeden Einleiter gestellt“ werden, zumal „Art, Wasserführung, Vorbelastung und Weiterverwendung der Gewässer berücksichtigt werden müssen“. Mit ähnlicher Begründung hatte bereits sechzig Jahre früher die Reichsregierung Normvorschriften abgelehnt. So richtig dieser Hinweis theoretisch auch sein mag – in der Praxis hatte sich ja längst die Unbrauchbarkeit dieses Verfahrens manifestiert. Die Länder als Ausführungsorgane der Wassergesetze hatten ja durch ihre mangelhaften Anstrengungen eine weitere Verschlechterung der Lage zugelassen. Die Suche nach neuen Methoden der Abhilfe, wie sie der Bundestag vorschlug, war daher nur legitim und verantwortungsbewußt.[161] Immer deutlicher zeigte sich jetzt, daß zumindest bei einem Teil der Politiker die Sensibilität für Fragen des Umweltschutzes und der Wasserreinhaltung wuchs. Nicht die Ämter und Behörden der Exekutive, sondern die vergleichsweise wenigen Abgeordneten der IPA brachten zusätzliche Verbesserungen des Gewässerschutzes zuwege, so den Schutz vor Einleitung gefährlicher Mengen von Detergentien in Waschmitteln. Zunächst verlangte die Parlamentariergruppe um den Abgeordneten Dr. Schmidt aus Wuppertal (CDU) von der Bundesregierung Auskunft über die Wirkung der synthetischen Waschmittel auf die Gewässer. Obwohl die Bundesregierung in ihrer Antwort versicherte, sich ernsthaft um die Bewältigung des Problems gekümmert zu haben, wollte sie erst laufende Untersuchungen abwarten, bevor Maßnahmen gegen die anerkannt schädlichen Detergentien vorgeschlagen werden sollten. Dieser Versuch der Bundesregierung, Maßnahmen auf die lange Bank zu schieben, scheiterte an dem entschlossenen Bemühen der Gruppe um Schmidt. Sie legte einen Gesetzentwurf vor, der schädliche Detergentien verbieten sollte. In der Begründung wurde ausgeführt, es müsse als „höchst unerwünscht gelten“, wenn neben Geschmacksbeeinträchtigungen des Trinkwassers „dem menschlichen Körper ständig Fremdstoffe“ durch das Trinkwasser zugeführt würden. Da bekannt geworden war, daß bereits andere unschädliche Detergentien mit zufriedenstellender Wirkung entwickelt worden waren, sahen die Antragsteller keinen Grund, länger als für eine Übergangsfrist von zwei Jahren mit dem Verbot schädlicher Detergentien zu warten. In dem parlamentarischen Beratungsverfahren wurden nur unwesentliche Abstriche an diesem zentralen Anliegen der Antragsteller vorgenommen. Sie betrafen vor allem den Zeitpunkt, zu dem schädliche Detergentien in jedem Fall verboten sein sollten. Die Bestimmung des Zeitpunktes und die Anforderungen an erlaubte Detergentien sollte die Bundesregierung durch Rechtsverordnung festlegen. In dieser Form verabschiedet, wurde das Gesetz ein wesentlicher Beitrag zur Entlastung der Gewässer. Ohne die Initiative der IPA hätte möglicherweise noch länger eine wissenschaftlich-technisch unnötige Belastung der Umwelt weiterbestanden.[162]

Die Ergebnisse nahezu zwanzigjähriger Bemühungen um die Reinhaltung der Gewässer waren äußerst gering. Der Bundesraumordnungsbericht von 1967 zog ein deprimierendes Resumee:

„Die den Vorflutern innewohnende begrenzte Selbstreinigungskraft ist in nahezu allen Flußgebieten auf weiten Strecken bis an die oberste Grenze ausgenutzt, häufig auch bereits überschritten. Das Grundwasser ist vielerorts durch wasserbauliche Maßnahmen in seiner Menge reduziert bzw. durch das Anhäufen von Abfallstoffen in seiner Qualität beeinträchtigt."

Da für die Wassernutzung zu fast 56% Oberflächenwasser, d. h. Wasser mit ungenügender oder gar ohne Vorreinigung benutzt werden mußte, konnte die Trinkwasserversorgung nur mit hohem technischen Aufwand und unter hohen Kosten gesichert werden. Nach der Abwasserstatistik von 1963 wurde das Abwasser

– von 30,2% der Bevölkerung nicht in Sammelkanalisationen erfaßt,
– von 19,3% der Bevölkerung ungereinigt in die Vorfluter eingeleitet,
– von 23,2% mechanisch, also unvollkommen gereinigt,
– von 37,3% der Bevölkerung teil- oder vollbiologisch behandelt.

Ähnlich sah es bei den größtenteils noch gefährlicheren, weil schwieriger abbaubaren industriellen Abwässern aus.

Der Raumordnungsbericht hob die Reinhaltung der Gewässer denn auch als „eine für die weitere Entwicklung des Bundesgebietes vordringliche Aufgabe" heraus. Nachdem bereits für Kanalisationen und Abwässerbehandlung Ausgaben in Höhe von 1,8 Mrd. DM allein im Jahre 1967 getätigt worden waren, schätzte der Bericht die zukünftigen Kosten einer „Sanierung der Abwasserverhältnisse" auf weitere 30 Mrd. DM.[163]

Erfreulich war lediglich, daß sich die Politiker in der zweiten Hälfte der sechziger Jahre verstärkt der Probleme bewußt wurden und ihre

Handlungsbereitschaft gestärkt wurde. Dies schlug sich in der V. Legislaturperiode (1965–69) in insgesamt 66 schriftlichen und mündlichen Anfragen von Bundestagsabgeordneten zum Thema Wasserreinhaltung nieder. Allein sechs der elf schriftlichen Anfragen waren unter Beteiligung des bereits erwähnten IPA-Politikers Schmidt zustandegekommen. Berichte der Bundesregierung, auch die Verabschiedung eines Dritten Änderungsgesetzes zum WHG verbesserten die Voraussetzungen für die Gewässerreinhaltung. Wenn trotzdem keine wesentlichen Verbesserungen erreicht wurden, so konnte dies nur umso eher als Aufforderung zu energischen Maßnahmen in den siebziger Jahren verstanden werden.[164]

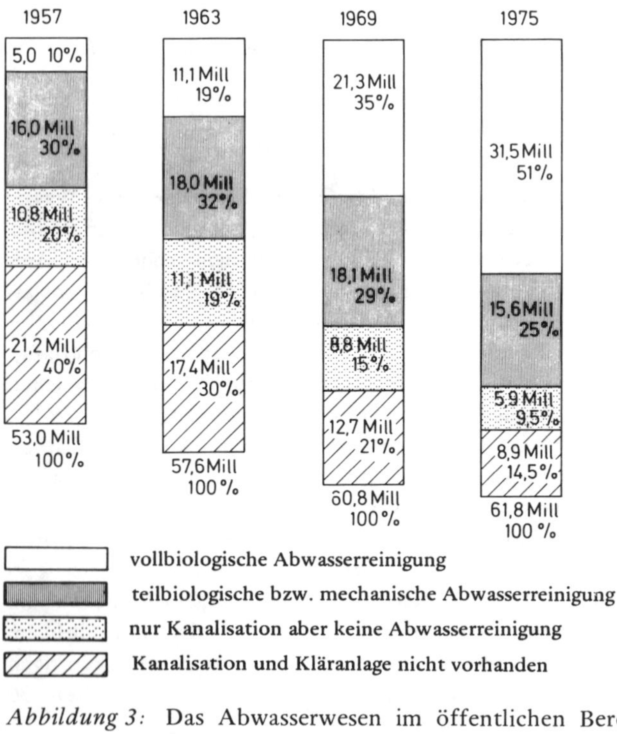

Abbildung 3: Das Abwasserwesen im öffentlichen Bereich in der Bundesrepublik Deutschland (*Quelle:* Engelhardt, Umweltschutz, S. 85).
Stand und Entwicklung in Mill. Einwohner und %

Die Entwicklung der Wasserreinhaltung in den fünfziger und sechziger Jahren zeigte deutlich, daß die politischen und administrativen Maßnahmen mit der Geschwindigkeit der wirtschaftlichen und sozialen Veränderungen kaum Schritt halten konnten. Immer kompliziertere technologische Prozesse mit neuen Umweltrisiken, immer bessere Ausstattung der Wohnungen mit sanitären Anlagen und wasserverbrauchenden Haushaltsgeräten forderten immer wirksamere Einrichtungen zur technischen Reinhaltung der unentwegt steigenden Abwassermengen. Die Geschichte der meisten regionalen Abwassergenossenschaften und kommunalen Kläranlagen ist deshalb wohl weniger von organisatorischen und Zielfindungsproblemen geprägt worden als vor dem Zweiten Weltkrieg. Spätestens seit dem WHG von 1957 war die Geschichte der Kläranlagen von kontinuierlichen Finanzierungsfragen und quantitativen wie qualitativen Umbau- und Ausbaumaßnahmen bestimmt. Da politisch nur selten auf der Produzentenebene eingegriffen wurde (Ausnahme: Detergentiengesetz), kam es in der Abwasserfrage zu einem hoffnungslosen Wettlauf zwischen den Planungs- und Finanzierungskapazitäten der meist kommunalen Träger der Abwasserreinigung und den Veränderungen in Quantität und Qualität der Abwassermengen, – ein Problem, das auch zukünftig nicht allein durch bessere Wasserreinhaltungsnormen und ihrer Kontrolle zu lösen war.[165]

3.3.2. Immissionsschutz in Nordrhein-Westfalen und im Bund

Die Luftreinhaltung wurde erst nahezu 50 Jahre später als die Wasserreinhaltung in ähnlicher Dringlichkeit als politisches Problem entdeckt. Während in den 1950er Jahren nahezu 600000 t Staub pro Jahr allein auf Nordrhein-Westfalen niedergingen, war das Problembewußtsein in dieser Umweltschutzfrage unterentwickelt. Nur einzelne Politiker, vor allem solche die sich im Interparlamentarischen Arbeitskreis für naturgemäße Wirtschaftsweise zusammenfanden, einzelne Gemeinden, der Deutsche Städtetag und der SVR bildeten eine Vorhut problemorientierter Mahner, die die Befunde der Wissenschaftler ernst nahmen und politische Konsequenzen zu ziehen bemüht waren. Auf der Seite der Verbände kamen Anregungen vom VDI und der Vereinigung der Dampfkesselbesitzer.

Obwohl die Debatte um die Luftreinhaltung nie ganz verstummte, die ehemalige Reichsstelle in rudimentären Formen ihre Arbeit ebenso fortsetzte wie die Gewerbeaufsichtsämter und wissenschaftlichen Einrichtungen, wurde die Debatte aber doch vor allem durch eine Denkschrift des Direktors des Siedlungsverbandes Ruhrkohlenbezirk, Sturm-Kegel, entscheidend belebt. Sturm-Kegel schlug vor, die Luftreinhaltung in ähnlicher Weise wie die Wasserreinhaltung durch Genossenschaften betreiben zu lassen. Anstelle von Einzelmaßnahmen sollten sie in einem geschlossenen Gebiet für die Luftreinhaltung sorgen.

In seiner Begründung ging Sturm-Kegel davon aus, daß

- die Luftverschmutzung in den 30 Jahren zuvor ständig zugenommen habe, weil nicht alle Gewerbebetriebe ausreichende Gegenmaßnahmen ergriffen,
- eine Massierung von Emissionsquellen zu verzeichnen sei,
- wachsende Koks- und Stahlerzeugung und eine Umstellung auf Staubkohle als Heizmaterial bei Großfeuerungsanlagen zur Erhöhung der Emissionen geführt hätten.[166]

Nach Bekanntwerden dieses Vorschlages wurde er vom Bund der Deutschen Industrie (BDI) sogleich heftig kritisiert. Der industrielle Spitzenverband bestritt zum einen die Voraussetzungen, auf denen Sturm-Kegels Forderung beruhte. Der BDI behauptete, daß generell seit etwa 20 Jahren die technischen Gegenmaßnahmen gegen Staubemissionen entscheidend verbessert worden seien. Die Konzentration der Kraftwerke und Kokereien habe den Einbau besserer Schutzmaßnahmen ermöglicht und erleichtert. „Trotz der Ausweitung ihrer Produktion", meinte der BDI selbstbewußt, „haben die Industrie und die Energiewirtschaft ihre Staub- und Gasausscheidungen in den letzten 30 Jahren insgesamt gesehen erheblich verringern können." Hingegen seien kleinere und mittlere Feuerstätten (Hausbrand) und der Verkehr als Verursacher bisher zu wenig berücksichtigt worden. Da die „an einzelnen Stellen nicht immer befriedigenden Luftverhältnisse" – dies wenigstens gab der BDI zu – bisher zu keinerlei nachweisbaren gesundheitlichen und seelischen Folgen geführt hätten, folgerte der BDI, sei kein Anlaß zur Besorgnis gegeben. Logischerweise tat der BDI Kritik an den industriellen Luftverschmutzern als „polemisch" ab. Er hielt die Rechtsvorschriften im ganzen für gut bis vorbildlich und sah kein besonderes Bedürfnis nach Verbesserungen. Lediglich eine Ergänzung der Liste genehmigungspflichtiger Anlagen in der GWO und eine

„Überarbeitung" der Technischen Anleitung (TA) zur GWO wurde als wünschenswert zugestanden.

Der BDI bestritt nicht nur die Voraussetzungen des Sturm-Kegelschen Vorschlags, sondern meldete außerdem rechtliche Bedenken gegen Luftreinhaltungsgenossenschaften an. Es sei schwierig, die tatsächlichen Verursacher von Luftverschmutzungen zu ermitteln. Eine gerechte Beitragsfestsetzung für die einzelnen Mitglieder sei deshalb kaum möglich. Einrichtungen gegen Emissionen könnten zudem nicht als Gemeinschaftseinrichtungen wie bei der Abwässerklärung, sondern nur als Einzelmaßnahme beim jeweiligen Verursacher gebaut werden. Dies hätte zur Folge haben können, daß letztlich nicht allein die Verursacher, sondern andere Genossenschaftsmitglieder für die Vorrichtungen zahlen müßten. Die notwendigen weitgehenden Eingriffe in das Eigentums- und Verfügungsrecht eines einzelnen wurden vom BDI als verfassungsrechtlich bedenklich abgelehnt. Schließlich sei zu befürchten, daß solche Genossenschaften in ineffiziente Konkurrenz zur Gewerbeaufsicht treten und durch Kompetenzprobleme und Verwaltungswirrwarr die Verbesserung der Luftreinhaltung erschweren statt verbessern könnten.[167]

Der zweite Teil der Argumentation des BDI hatte sehr viel mehr für sich als der erste, welcher die Notwendigkeit von Verbesserungsmaßnahmen überhaupt bestritt. Wenngleich es auch schwierig sein mochte, aufgrund der damaligen Meßmöglichkeiten objektive Daten über die Luftverschmutzung in größeren Räumen vorzulegen – wenn gemessen wurde, geschah dies in der Regel an zu wenigen Meßpunkten –, so steht doch fest, daß die Behauptungen des BDI zumindest überzogen und leichtfertig waren. Staubniederschlagsmessungen, die z. B. in Hürth (Rheinisches Braunkohlenrevier) seit 1935 vorgenommen wurden, zeigten zwar einen Rückgang der Staubniederschlagsmengen 1954/55 gegenüber 1935/40. Trotz der Minderung um 65 g/m²/Monat lagen aber die Staubniederschläge mit ca. 60g/m² immer noch besorgniserregend hoch. Im Ruhrgebiet nahmen die Staubniederschläge dagegen in den Jahren 1953–56 kontinuierlich zu. Die Landesanstalt für Bodennutzungsschutz in NRW führte von Mai bis September 1952 im Rheinischen Braunkohlenrevier Staubmessungen durch, die für ein Gebiet von ca. 300 km² einen bunten Fleckerlteppich von Staubniederschlägen von 0,5g/m² bis zu 2,5 g/m² pro Tag (= ca. 15–75 g/m²/Monat) zeigten.[168] Hinzu kommt, daß die Industrie durch die Produktgestaltung indirekt für einen Großteil der Luftverschmutzung Verantwortung trägt (z. B. Autoabgase = ca. 50% der Luftverschmutzung).

Politische Reaktionen blieben daher unvermeidlich. 1955 griff Dr. Schmidt, damals noch Landtagsabgeordneter der CDU in NRW, die Anregung Sturm-Kegels auf. Zusätzlich inspiriert wurde Schmidt durch einen Besuch beim Mellon Institute in Pittsburgh, USA, wo seit längerem ein Zentrum der Luftreinhaltungsforschung entstanden war. Schmidt formulierte einen Initiativantrag der CDU, der die CDU-Landesregierung aufforderte,

- festzustellen, welche Messungen von Luftverschmutzungen bisher schon in NRW durchgeführt worden seien,
- weitere Messungen und Untersuchungen anzuregen und zu fördern,
- auf Landes- und Bundesebene die Möglichkeiten zur Verbesserung der gesetzlichen Bestimmungen zu prüfen und sich für solche einzusetzen.

In der Landtagsdebatte begrüßten alle Parteien prinzipiell diese Initiative, aber der SPD-Sprecher Jochem verwies wie die FDP darauf, daß letztlich allein eine bundesgesetzliche Regelung Abhilfe schaffen könne und dazu Druck auf die CDU-geführte Bundesregierung ausgeübt werden müsse. Nachdem der Antrag im NRW-Landtag angenommen worden war (13. 12. 1955), legte die SPD am 4. 7. 1956 dem Bundestag eine ähnliche Entschließung vor. Beide Regierungen antworteten den Parlamenten im Jahre 1957, die Landesregierung im April, die Bundesregierung im Juli. Zeitpunkt und Art der Antworten legen die Vermutung nahe, daß eine Kooperation bei der Erarbeitung der Berichte stattfand.

Beide Antworten konstatierten die Existenz von gebietsweise unerträglichen Luftverunreinigungen, wobei als Indikatoren vor allem Staub und Schwefelverbindungen genannt wurden. Weiter wurde dargelegt, daß Luftreinhaltungsmaßnahmen sich auf alle Verursacher erstrecken müßten, Mindestanforderungen für Emissionsbeschränkungen notwendig und dafür eine verbesserte Messung der Immissionen erforderlich sei. Überwachung und Kontrolle der Luft seien verbesserungswürdig. Die Berichte zogen auch die lange überfälligen Schlüsse hinsichtlich der Änderung der Rechtslage; sie forderten nämlich

- die Verbesserungen der GWO bezüglich des Verzeichnisses genehmigungspflichtiger Anlagen,
- die Zulässigkeit nachträglicher Auflagen,

- die Möglichkeit kostenpflichtiger Überwachung durch unabhängige Sachverständige,
- die Einschränkung der Duldungspflicht der Nachbarn nach § 906 BGB,
- eine verbesserte Technische Anleitung (TA) für Genehmigungs- und Kontrollverfahren,
- Vorschriften über die Emission von Autoabgasen in der Straßenverkehrsordnung.

In einem wesentlichen Punkt unterschieden sich die Berichte der Landes- und Bundesregierung. Während die Bundesregierung meinte, „alle Fragen zur Reinhaltung der Luft (sollten) durch Bundesgesetz geregelt werden“, wollte die Landesregierung von NRW auf zusätzliche eigene Maßnahmen nicht verzichten.[169]

Tatsächlich wurde aber die Initiative zu einer wirksameren Gesetzgebung nicht von den Regierungen, sondern von der IPA ergriffen. Die Arbeitsgemeinschaft entwarf in interfraktioneller Zusammenarbeit ein Gesetz zur Änderung der GWO und des BGB. Am 25. 4. 58 wurde der Entwurf dem Bundestag vorgelegt und an die Ausschüsse für Gesundheit und Wirtschaft überwiesen. Im Gesundheitsausschuß gingen die Beratungen weitgehend einmütig vonstatten; auch der Wirtschaftsausschuß erhob keine grundsätzlichen Bedenken – hatte die Industrie, vertreten durch den BDI, sich ja bereits in ihrer Denkschrift mit den angestrebten Änderungen teilweise einverstanden erklärt. So konnte der Bundestag bereits 1959 ein Gesetz beschließen, daß in drei Punkten die wesentlichsten Veränderungen des Luftreinhaltungsrechts seit 60 Jahren mit sich brachte.

1. Unter Mitarbeit eines „ständigen Ausschusses zur Luftreinhaltung“ sollte die Bundesregierung ermächtigt sein, den Katalog genehmigungspflichtiger Anlagen nach § 16 GWO zu ändern und zu erweitern. Der Ablauf des Genehmigungsverfahrens sollte durch eine neue TA so gesteuert werden, daß jeweils der neueste Stand der Technik berücksichtigt werden konnte.
2. Verschärft wurde § 25 der GWO insofern, als a) eine Verbesserung des Nachbarschaftsschutzes geboten wurde, indem bereits zu befürchtende Nachteile die Behörden zum Einschreiten veranlassen sollten, und b) nachträgliche Anordnungen und Auflagen ermöglicht wurden, auch wenn keine wesentliche Veränderung der Anlage getroffen wurde. Dadurch konnte jeweils der neueste Stand technischer Umweltschutzmaßnahmen in einem Betrieb eingeführt wer-

den, ohne daß erst eine schwer abzugrenzende „wesentliche Veränderung" der Produktionsanlagen stattgefunden hatte. Als dritter Aspekt wurde das Kriterium der „wirtschaftlichen Vertretbarkeit" von Schutzmaßnahmen dahingehend interpretiert, daß nicht das wirtschaftliche Leistungsvermögen eines einzelnen Betriebes, sondern ein Branchendurchschnitt berücksichtigt werden sollte.

3. Die Duldungspflicht von Immissionen, die ihren Ursprung von benachbarten Grundstücken nehmen (§ 906 BGB), wurde eingeschränkt. Der Verursacher mußte zum Schutz der betroffenen Nachbarn diejenigen Schutzmaßnahmen ergreifen, die für einen Durchschnittsbetrieb seines Gewerbes zumutbar waren. Andernfalls mußte er bei schuldhaftem Fehlverhalten Schadenersatz leisten.[170]

Die Veränderungen der Rechtslage betrafen also im wesentlichen die Emissionen aus Gewerbebetrieben; Verkehr und Haushalte wurden dadurch nicht erfaßt. Auf die Dauer erwies es sich als nachteilig, daß diese Verursachergruppen nicht erfaßt wurden, denn die zunehmende Motorisierung und die Verbreitung der Ölheizungen mit ihren hohen SO_2-Abgaben hätten dringend einer Beobachtung und Kontrolle bedurft. Auch blieb ein weiter Bereich gewerblicher Betriebe nicht genehmigungspflichtig. Zwar versuchte die Gruppe der IPA-Parlamentarier diese Nachteile des Änderungsgesetzes zur GWO und zum BGB durch einen später eingebrachten Gesetzesentwurf zu ergänzen, scheiterte damit aber kläglich. Der IPA-Antrag, ein Gesetz zur Entschwefelung flüssiger und gasförmiger Brennstoffe, setzte nämlich an der richtigen Stelle an: die Ölgesellschaften sollten verpflichtet werden, nur noch Brennstoffe mit geringeren Schadstoffkonzentrationen in den Handel zu bringen. Dies hätte Veränderungen in den Produktionsanlagen, d. h. den Raffinerien bedingt. Dagegen meldeten die Betroffenen und die Industrieverbände massiv Protest an und brachten mit ihren wirtschaftlichen und technischen Argumenten den Wirtschaftsausschuß des Bundestages auf ihre Seite. Obwohl die Gefährlichkeit zunehmender SO_2-Immissionen gar nicht mehr bestritten werden konnte, wurde behauptet, die flüssigen und gasförmigen Brennstoffe würden gegenüber festen mit gleichem Schwefelgehalt diskriminiert und die Entschwefelung von Abgasen sei möglicherweise leichter, d. h. billiger als die Entschwefelung von Rohöl.

In dieser Argumentationsweise liegt etwas Typisches: Ungeachtet des Anteils und der Bedeutung einzelner Energieträger, ungeachtet der technischen „Zugriffsmöglichkeiten" wurde versucht, die notwendigen Kosten von Umweltschutzmaßnahmen möglichst nahe an den Verbraucher, d. h. dezentrale Entscheidungsträger zu schieben, um betriebliche Durchsetzungschancen am Markt möglichst offenzuhalten.

Im Endeffekt konnte sich der Wirtschaftsausschuß des Bundestages in Übereinstimmung mit dem DIHT gegen den Gesundheitsausschuß durchsetzen, der die Entschwefelung für gesundheitspolitisch notwendig und wirtschaftlich vertretbar erklärt hatte.

Trotz der Lücken und Mängel im Änderungsgesetz zu GWO und BGB zeigten sich CDU und FDP mit dem Gesetz weitgehend zufrieden; hingegen verdeutlichten die Sozialdemokraten durch eine Erklärung vor der dritten Lesung des Gesetzes, daß sie die neuen Bestimmungen nur als „einen Anfang für weitergehende Maßnahmen auf dem Gebiet der Reinhaltung der Luft" hielten. Neben einem Entschließungsantrag, der weitere Maßnahmen zur Luftreinhaltung im Verkehrswesen und bei Wohnhausfeuerungen forderte, brachte die SPD auch die sehr vernünftige Forderung vor, in Zukunft durch räumliche Strukturplanung, mit Hilfe von Staub- und Rauchkatastern, eine übermäßige Belastung der Bevölkerung in einzelnen Teilen des Landes zu verhindern. Außerdem verlangte die SPD gezieltere Forschungsförderung in diesem Bereich und erwartete – allzu optimistisch, wie sich zeigen sollte –, daß die Bundesregierung zugleich mit dem Inkrafttreten des Gesetzes auch die entsprechende TA erlassen werde.[171] Als diese Vorstellungen der SPD weitgehend unbeachtet blieben, versuchte die SPD im Jahre 1961, ihre Vorstellungen von Luftreinhaltung zu einem Wahlkampfthema zu machen. Ungestraft durch das Wählerverhalten, konnte sich in diesem Jahr die CDU über die SPD-Forderungen nach dem „blauen Himmel über der Ruhr" lustig machen, zumindest soweit es die Bundespolitik anging. Angesichts der Untätigkeit der Mehrheit der Bundespolitiker, vor allem auf der Seite der CDU und FDP, kann der geringe Grad des öffentlichen Interesses an Umweltschutzbelangen kaum überraschen. Andererseits war die Zurückhaltung der Politiker ein Reflex auf das nicht vorhandene Problembewußtsein in der Bevölkerung. Gelegentliche Veröffentlichungen in den Medien waren kaum geeignet, bei dem Schwierigkeitsgrad technologischer Argumentationen mehr als nur einen Teil der gebildeten Ober- und Mittelschicht anzusprechen.[172]

In NRW entwickelten sich die Immissionsfragen aufgrund des höheren Problemdrucks anders. Im braunen, grauen oder schwarzen

Revier war die Umweltbelastung so unübersehbar, daß auch die CDU-Landesregierung den Mut fand, den Entwurf eines Landesimmissionsschutzgesetzes vorzulegen, das bald Vorbildcharakter für Maßnahmen anderer Länder bekam. Obwohl der Entwurf das bestehende Bundesgesetz nur ergänzte, sollten doch wichtige, bisher nicht beachtete Quellen der Luftverschmutzung eingeschränkt werden. Die Regierung erklärte ein Landesgesetz für besonders dringlich, denn: „gegenüber anderen Ländern liegt hier eine außergewöhnliche Massierung von Industrie und Siedlungen vor, die Industrieemissionen führen an vielen Orten zu der bekannten ‚Dunstglocke'". Andernorts nicht erfaßte Luftverschmutzer müßten deswegen in NRW einer Kontrolle unterworfen werden.

Der Entwurf erfaßte alle Arten von Immissionen der Luft, nicht nur Rauch und Gase, sondern auch Lärm, Erschütterungen usw. Die Vermeidung von Emissionen möglichst an der Quelle und die Begrenzung der Immissionen durch die Bestimmung von Grenzwerten sollten durch technische Anforderungen und Vorschriften, die Einhaltung der Grenzwerte durch Kontrollmessungen sichergestellt werden. Zur Verbesserung der Kontrollen und der Messungen mußten die Gewerbeaufsicht und die Kommunen mit großen Sach- und finanziellen Mitteln ausgestattet werden, wofür die Beträge von einmalig 100 000 DM und jährlich 600 000 DM angesetzt wurden. Zur Festlegung der technischen Anforderungen an die Emissionsquellen sollte die Landesregierung Verordnungen erlassen können, die sie mit Hilfe der VDI-Kommissionen vorbereiten wollte.

In der Argumentation für das Gesetz dominierte immer (noch) die Frage der Gesundheit der Menschen selbst, nicht aber ihres natürlichen Lebensraumes. Die CDU erachtete den Immissionsschutz „als eine zentrale Aufgabe der modernen Sozialpolitik" und griff damit Formulierungen der zwanziger Jahre erneut auf. „Unserer Generation", führte der Abgeordnete Grundmann für die Gesetzesinitiative der CDU-Regierung als Begründung an, „ist die Aufgabe gestellt, zu verhindern, daß Nebenfolgen der technischen und wirtschaftlichen Expansion uns um unsere Gesundheit bringen und damit für den Menschen die Frucht des technischen und wissenschaftlichen Fortschritts gefährden." Aber, so lautete die wichtige Einschränkung: „Bei allen Maßnahmen müssen wir darauf bedacht sein, daß unsere Wirtschaft leistungsfähig bleibt." Diese Formulierung des unzweifelhaft immer vorhandenen Zielkonflikts deutete Vorentscheidungen an; allzu einschneidend sollte es nun im Immissionsschutz doch nicht werden. Die Opposition konterte denn auch durch ihren Sprecher Ey, „daß dieses Gesetz zu inhaltsarm ist und als Werkzeug stumpf ist“. Abgesehen von der Tatsache, daß alle genehmigungspflichtigen Anlagen nach §§ 16 und 24 der GWO ohnedies nicht erfaßt werden konnten, ergäben die im Entwurf formulierten Kriterien „erhebliche Nachteile“ und „wie es der jeweilige Stand der Technik und die Natur der Anlage gestattet“ in der Praxis „soviel Gummi, daß mir die Leute heute schon leid tun, die damit arbeiten müssen“.

Trotz dieser scharfen Formulierung erreichte die SPD bei den Ausschußberatungen nur unwesentliche Änderungen, die als Erweiterungen des ursprünglichen Entwurfs gelten könnten. Im wesentlichen beschränkte sich das Gesetz darauf, kleinere Gewerbebetriebe und Heizungsanlagen, die eben von der bundesgesetzlichen Regelung ausgenommen waren, als Verursacher von Luftverschmutzung einer Kontrolle zu unterwerfen und den Bürgern des Landes einen verbesserten Schutz gegen Immissionen zu versprechen. Nicht berücksichtigt wurde bei den Beratungen ein erneuter Vorstoß Sturm-Kegels, der noch einmal den Gedanken der Luftreinhaltungsgenossenschaften in die Diskussion brachte.

Den Verantwortlichen in Parlament und Regierung war klar, daß die Verabschiedung des Landesimmissionsschutzgesetzes von einer Verbesserung der Aufsicht begleitet sein mußte, wollte man nicht nur zum Fenster hinaus geredet haben. Gerade hier, im Vollzugsbereich, lagen nun die entscheidenden Probleme. Die personelle Besetzung der nordrheinwestfälischen Gewerbeaufsichtsämter war für die zunehmenden Aufgaben in den fünfziger und sechziger Jahren genauso wenig zureichend wie fünfzig Jahre vorher. Die Personalbesetzung erreichte 1960 in Relation zum Sollstand der Planstellen nur 94,5% im höheren, 79% im gehobenen und 75% im mittleren Dienst. Verschärfend kam hinzu, daß der höhere Dienst relativ überaltert war und eine beträchtliche Personallücke für die sechziger Jahre drohte. Zusätzliche Aufgaben, wie sie durch das Landesimmissionsschutzgesetz der Gewerbeaufsicht übertragen wurden, waren also zunächst nur bei Vernachlässigung der übrigen Dienstpflichten zu lösen. Die Gründe für diese personelle Unterdeckung lagen wohl in der damals wie heute mäßigen Attraktion der Gehälter, insbesondere im gehobenen Dienst. Die Vorbildung dieser Fachkräfte – i. d. R. Ingenieurausbildung – wurde in der Industrie im allgemeinen besser honoriert; dazu kamen größere Aufstiegsmöglichkeiten und abwechslungsreichere Arbeit. Langfristig gelang es der Regierung aber, die personellen Schwierigkeiten in erträglichen Grenzen zu halten.[173]

Einen großen Schritt vorwärts im Schutz gegen akute Gesundheitsgefährdungen durch Smogluft stellte die „Verordnung über Verkehrsbeschränkungen bei austauscharmen Wetterlagen“ vom 2. 12. 1964 dar. Nachdem es zwei Jahre vorher im Dezember 1962 im Ruhrgebiet eine solche austauscharme Wetterlage gegeben hatte, bei der mangels genügend Luftbewegung eine allmähliche Verdichtung der Schadstoffanteile der Luft zu gefährlichen Atem- und Kreislaufbeschwerden bei Kindern, älteren Leuten und Kranken führen kann, hatte die Landesregierung die Initiative ergriffen und sich mit dem nötigen Instrumentarium versehen, wenigstens eine der besonders wichtigen Emissionsquellen, den Kraftfahrzeugverkehr, nötigenfalls beschränken zu können. Ergänzt wurde die Verordnung, die später für das ganze Bundesgebiet ein Vorbild darstellte und im Zusammenhang mit dem Bundesimmissionsschutzgesetz noch erheblich verbessert wurde, durch einen Smogwarndienst; an bestimmten Meßstellen wurde in den besonders belasteten Gebieten eine Luftanalyse vorgenommen, die ggf. zur Auslösung eines Alarms bzw. u. U. weitergehender Maßnahmen führen konnte.[174]

Tabelle 3: Festgelegte Höchstwerte für Immissionen
(IW2 = kurzzeitige Höchstbelastung)

nach der TA Luft		1964		1974	
	Einheit	IW1	IW2	IW1	IW2
Staub – in Ballungsräumen	mg/m^2d	420 850	650 1300	350	650
Chlor	mg/m^3	0,30	0,60	0,10	0,30
Kohlenmonoxid	mg/m^3			10,0	30,0
Schwefeldioxid	mg/m^3	0,400	0,750	0,140	0,40
Schwefelwasserstoff	mg/m^3	0,150	0,300	0,0050	0,010
Stickstoffdioxid	mg/m^3	1,00	2,00	0,10	0,30

Quellen: Feldhaus, Umweltschutz, S. 44 f., und ders., Bundesimmissionsschutzgesetz, S. 180 f.

Auch die weitere Entwicklung im Immissionsschutz in der Mitte der sechziger Jahre wurde im wesentlichen durch die bereits bekannten Akteure geprägt: IPA, BDI, und VDI. Hinzutrat auf der Ebene der Bundesexekutive das Ministerium für Gesundheit, das 1961 nach der Bundestagswahl neu eingerichtet wurde.

Die Haltung der deutschen Industrie zur Luftreinhaltung seit 1961 läßt sich als ein „ja, aber" bezeichnen. Einerseits wurde im Dachverband BDI durchaus die Notwendigkeit gesehen, weitere Verbesserungsmaßnahmen zu unterstützen, andererseits wehrte sich der BDI aus einer grundsätzlich mißtrauischen Haltung heraus gegen seiner Meinung nach allzu weitgehende Einzelregelungen. Die Frage, wieweit der BDI durch seine offiziellen Vertreter damit repräsentativ für die gesamte Industrie sprach, muß dabei offen bleiben.

Mit der Einsicht in die Notwendigkeit einer verbesserten Luftreinhaltung akzeptierte der BDI die Tatsache wachsenden politischen Handlungsdruckes. Parteien, Wissenschaftler, Gruppen der Bevölkerung in Umweltschutzverbänden und Bürgerinitiativen sorgten zunehmend dafür, daß Umweltschutzfragen primär politisch und nicht wie vorher vor allem technisch betrachtet wurden. Sich aktiv an der Gestaltung der Immissionsschutzmaßnahmen zu beteiligen, bot dem BDI Möglichkeiten der positiven Profilierung als Befürworter von Schutzmaßnahmen und zugleich die Möglichkeit, auf die gesetzliche und rechtliche Umsetzung des politischen Problems größtmöglichen Einfluß zu gewinnen.

So übergab der BDI gleich nach Inkrafttreten des Luftreinhaltegesetzes von 1959 dem Bundesministerium für Arbeit und Sozialordnung, welches für die Ausarbeitung der ergänzenden TA Luft zuständig war, eine ausführliche Stellungnahme, die den Standpunkt der Industrie in die Debatte einbringen sollte. Erfolgreich bemühte sich der BDI auch um eine ihm angemessen erscheinende Vertretung und personelle Besetzung der Ausschüsse bzw. Kommissionen, die in Kooperation von Behörden und Wirtschaft die Rechtsverordnungen ausarbeiten sollten. Daß die TA Luft erst 1964 vorgelegt werden konnte, war neben wissenschaftlichen und praktischen Problemen sicherlich auch auf die Verzögerungstaktik des BDI zurückzuführen.[175] (Vgl. Tab. 2)

An der TA Luft kritisierte der BDI vor allem, daß die Orientierung am Kriterium „Stand der Technik" weit über die Vorschriften bzw. die zugrunde liegenden Vorstellungen hinausgehe. Diese Vorstellung sah der BDI in der Abwehr und Vermeidung konkreter Gefahren, die durch Gewerbebetrieb entstehen könnten, nicht aber in der möglichst umfassenden „Gesundheitsvorsorge“ durch Verwirklichung des wissenschaftlich-technischen Optimums. Die grundsätzliche Orientierung an dem jeweiligen Stand der Technik, die gerade die TA Luft zur bedeutendsten damaligen Umweltschutzrichtlinie machten, wurde vom BDI ausdrücklich als „gesetzeswidrig“ bezeichnet. Der BDI unterstützte alle Anstrengungen, den wissenschaftlichen Erkenntnisstand zu verbessern weil er sich davon für die Industrie entlastende Erkenntnisse versprach. Messungen würden, erwartete der BDI, „zweifellos aufzeigen . . ., in welchem Umfange nicht nur die Industrie, sondern z. B. auch Hausbrand und Verkehr für die Verunreinigung der Luft verantwortlich sind.“ Diese Argumentation, die zur Entschärfung der TA Luft beitragen sollte, erweckt den Eindruck, als hätte der BDI in der Gleichbehandlung im Nichtstun die Alternative zur verbesserten Luftreinhaltung gesehen.

Gezielte, manchmal aber auch unbeabsichtigte Hilfe erhielt der BDI dabei aus dem politisch institutionellen Raum. Aufgrund der Existenz dreier Konkurrenzebenen, die sich z. T. gegenseitig blockierten, gewann die Position des BDI einen großen Teil ihrer Einwirkungsmöglichkeiten. Diese drei Konkurrenzebenen waren: der Bundestag mit seinen Ausschüssen für Gesundheit und Wirtschaft, die Bundesregierung mit der Konkurrenz von Wirtschafts- und Gesundheitsministerium und die föderale Ebene mit Bundes- und Landes- bzw. Länderinteressen.[176]

Zunächst einmal begünstigte die im Bundestag und bei den Parteien herrschende Grundauffassung über den Charakter von Umweltschutzmaßnahmen die Position des BDI. Bis hin in die Reihen der IPA-Mitglieder herrschte die Auffassung vor, daß Gesundheitsinteressen das wesentliche Problem bei der Luftreinhaltung und anderen Umweltfragen sei. Da nicht die Frage nach der Möglichkeit menschlicher Existenzbedrohung durch den nachteilig veränderten Lebensraum gestellt wurde, schien sich das gesamte Problem auf eine Wertentscheidung zwischen körperlicher Gesundheit oder seelischem Wohlbefinden und wirtschaftlichen Produktions- und Versorgungsmöglichkeiten zu reduzieren. Dabei war das zweite meist genauer meßbar und damit scheinbar „objektiver“. Diese Wirtschaftslogik in Verbindung mit der starken, äußerst wirksamen Vorstellung, gesellschaftliche Ungleichheiten am besten durch einen ständig wachsenden Kuchen und seine gleichmäßige bzw. stabilisierte Verteilung zu verdecken, brachte quer durch die Parteien des Bundestages dem Wirtschaftsausschuß des Bundestages eine politische Überlegenheit gegenüber dem Gesundheitsausschuß.

Auf der zweiten Ebene war 1961 mit der Gründung des Bundesministeriums für Gesundheit, Jugend und Familie dem Bundesministerium für Wirtschaft ein institutioneller Widerpart erwachsen, der allerdings zunächst nicht ernst zu nehmen war. Die entstehenden heftigen Auseinandersetzungen zwischen diesen beiden Ministerien waren mindestens gleich stark von organisationsspezifischen wie sachlichen Gesichtspunkten geprägt. Während Fragen der Gewerbeordnungspolitik beim BMW ressortierten, waren 1961 dem BMGes Luft- und Lärmprobleme unter gesundheitlichem Aspekt als Kompetenz zugewiesen worden. Einzelne Referenten des Ministeriums versuchten durch viel eigene Initiative, ihre Organisation und sich selbst zu profilieren und durch eine enge Zusammenarbeit mit dem Bundestagsausschuß für Gesundheit einen starken politischen Rückhalt zu gewinnen. Daran mangelte es in Öffentlichkeit, Parteien und Regierung. Wichtigstes Ergebnis dieser ersten Aktivitätsphase war 1966 die Aufforderung des Gesundheitsausschusses an die Bundesregierung, eine umfassende Immissionsschutzregelung auszuarbeiten. Dieser Beschluß ging auf eine Initiative des BMGes zurück, das sich auf diese Weise selbst einen umfassenden Arbeitsauftrag verschaffte. 1968 konnte dann ein Referentenentwurf für ein „Gesetz zur Reinhaltung der Luft und zum Schutz vor Lärm" als Diskussionsentwurf vorgelegt werden; darin war die bisherige Rechtslage nochmals zusammengefaßt und um Vorschläge ergänzt, die den Bestimmungen und Zielrichtungen des nordrheinwestfälischen Landesimmissionsschutzgesetzes entsprachen.

Die politische Meinungsbildung und Auseinandersetzung konnte sich an diesem Entwurf entwickeln; sowohl Parteien als auch die Ressorts waren daran beteiligt, wobei aber der Kontroverse zwischen BMGes und BMW das größere Gewicht zukam.

Der Streit konzentrierte sich auf die Frage, ob eine Novellierung der GWO oder ein Spezialgesetz im Sinne des Diskussionsentwurfs das geeignete Mittel sei, zu einem verbesserten Umweltschutz zu kommen. Dahinter steckte die Frage, welche Behörde mit ihren Zuständigkeiten die Federführung haben sollte und welche Klientel – die Industrie oder die diffuse Gruppe der Umweltschützer – die besseren Durchsetzungschancen erhalten würde. Das BMW fügte denn auch den rechtspolitischen Vorbehalten wirtschaftspolitische Argumente gegen ein Immissionsschutzgesetz an. Weil die Wirtschaftskrise 1967/68 gerade überwunden war, konnte das BMW umso nachdrücklicher auf die finanziellen Folgelasten, mögliche unternehmerische Investitionsbeschränkungen und evtl. ungünstigere Wettbewerbschancen der deutschen Industrie hinweisen. Das BMW verlangte eine intensive Beratung mit längeren Fristen, was mit dazu beitrug, eine gesetzliche Regelung der Immissionsschutzfrage in der V. Legislaturperiode (1965–69) unmöglich zu machen. Auf dem Umweg über das BMW hatten sich die Argumente des BDI durchgesetzt.[177] Zu einer besseren bundeseinheitlichen Regelung kam es daher erst in den siebziger Jahren. Eine entscheidende Unterstützung für die Opposition gegen ein Bundesimmissionsschutzgesetz kam von den Ländern. Wenn diese auch andere Motive hatten als die industriellen Interessenvertreter, war doch eine weitere Verzögerung der Schutzmaßnahmen die Folge dieses Widerstandes. Folgende Einwände wurden von seiten der Länder geltend gemacht:

„1. Es fehle eine umfassende Erfahrung in der Durchführung des geltenden Rechtszustandes im Bundesrecht. 2. Es fehle eine Konzeption der im Gesetz beabsichtigten Durchführungsbestimmungen. 3. Von der Rechtsgrundlage her bestehe kein Notstand. Die Problematik liege nicht so sehr im Gesetzgeberischen als vielmehr in technischen und wirtschaftlichen Fragen. 4. Eine bundeseinheitliche Regelung bringe einen Bruch der Rechts- und Verwaltungskontinuität in den Ländern. Von den Ländern wurden die Initiativen des Bundes vor allem als politisch-optische Effekte angesehen, da sie in der Sache vorerst keinen Fortschritt brachten."

Diese Einwände der Länder waren zum Teil durchaus berechtigt. Vor allem die Auffassung Nordrhein-Westfalens, Bayerns und Baden-Württembergs, der Bund könne eine zügige Durchführung des Gesetzes sachlich und personell nicht sichern, war unter den gegebenen Umständen nicht von der Hand zu weisen. Die Länder ihrerseits hatten kein Interesse daran, durch ihren Arbeitsausschuß Immissionsschutz selbst zu einer Verbesserung der Verhältnisse auf Bundesebene beizutragen.[178]

3.3.3. Landespflege: Fortsetzung der Traditionen

Drei Problemkreise waren für Naturschutz- und Landschaftspflegepolitik der ersten Nachkriegszeit bestimmend:

1. Sicherung eines politischen und rechtlichen Rahmens

2. organisatorischer Wiederaufbau des staatlichen Naturschutzes
3. neue Formierung der Zusammenarbeit zwischen staatlichen Stellen und „Basis“ bzw. Naturschutzverbänden

1. Gravierender als der organisatorische Rückschlag, der ja im wesentlichen alle deutschen Behörden betraf, war die Veränderung der politischen Rahmenordnung durch das Bonner Grundgesetz. Bei den Beratungen des Parlamentarischen Rates 1948/49 wollten die Anhänger des Naturschutzgedankens gegenüber der unverbindlichen Werterklärung in Art. 150 der Weimarer Verfassung eine bessere Kompetenzzuweisung an den Bund sicherstellen. Nach einem Beratungsentwurf sollte in Artikel 75 des Grundgesetzes der Bund zu einer Rahmengesetzgebung ermächtigt werden über
– das Jagdwesen, den Naturschutz und die Landschaftspflege,
– die Bodenverteilung, die Raumordnung und den Wasserhaushalt.
Nachdem der Hauptausschuß des Parlamentarischen Rates diese Fassung zunächst gebilligt hatte, erhoben die alliierten Besatzungsmächte Ende Februar 1949 bei ihrer allgemeinen Prüfung des Verfassungsentwurfs auch Bedenken gegen die Fassung des Artikels 75.

Der Initiative einer kleinen Gruppe von Abgeordneten um Dr. Lehr, de Chapeaurouge und Blomeyer war es zu verdanken, daß in der Dritten Lesung des Entwurfs die ursprüngliche Fassung wieder aufgenommen und mit großer Mehrheit verabschiedet wurde. Zwar dauerte es auf dem Gebiet des Naturschutzes ebenso wie in manchen anderen Kompetenzbereichen, für die der Bund durch Artikel 75 Grundgesetz eine Rahmengesetzgebung zugesprochen erhielt, sehr lange, nämlich weit über 20 Jahre, bis von dieser Kompetenz ein ausreichender Gebrauch gemacht wurde, doch wurde immerhin ein leichtfertiger Rückschritt in den politischen Rahmenbedingungen vermieden.

Die Aufnahme dieser Regelung ins Grundgesetz war insofern auch konsequent, als sich durch die Bestimmungen in den bereits existierenden Landesverfassungen unterschiedliche Akzentuierungen in der Naturschutzpolitik andeuteten. Besonders fortschrittlich wirkte die Bayerische Verfassung, die neben programmatischen Forderungen zum Naturschutz auch ein individuelles Grundrecht auf „Naturgenuß“ postuliert. Im Rahmen anderer staatlicher Ziele und Aufgaben wurden auch die „Wohlfahrtswirkungen“ einer möglichst ungestörten Natur als ein gleichrangig anzustrebendes Ziel anerkannt.[179]

2. Hinsichtlich der Praxis des Landschafts- und Naturschutzes ließ das langjährige Fehlen einer funktionsfähigen zentralen Behörde Rückschritte in der Koordination der Naturschutzverwaltung zu. Die „Reichsstelle für Naturschutz" war zwar vor der Eroberung Berlins ausgelagert worden, doch wichtige Aktenbestände und nahezu die gesamte sachliche Ausstattung gingen bei der Übersiedlung in das Heidedorf Egestorf nahe Hamburg verloren. Zunächst war die weitere Existenz der „Reichsstelle" durch das weiterhin gültige RNG rechtlich und durch die Unterstützung einiger Länder auch finanziell und personell gesichert; durch den Anschluß an die behördliche Spitzenorganisation in der britisch-amerikanischen Bizone wurde die Kontinuität der Tätigkeit weiter abgesichert. Aber erst Ende 1952 wurde die endgültige rechtliche Klärung der Stellung erreicht. Die übergangsweise als Zentralstelle bezeichnete Behörde konnte seit 1953 als „Bundesanstalt für Naturschutz und Landschaftspflege" in Bonn ihre Tätigkeit fortsetzen und in personeller Hinsicht erweitert ihr Tätigkeitsfeld allmählich wieder ausweiten. Die Wiedererrichtung einer zentralen Behörde war bis zuletzt auf hartnäckigen Widerstand einiger Länder, voran Bayerns, gestoßen, die am liebsten die mittlerweile eingetretenen Veränderungen fortgeschrieben hätten.

In der Übergangszeit hatten sich nämlich in den elf Ländern jeweils oberste Naturschutzbehörden etabliert, die mit unterschiedlicher politisch-administrativer Unterstützung versehen wurden. Auch wenn durch die Fortgeltung des RNG eine einheitliche Rechtslage bestehen blieb, scheint die Verwaltungspraxis, vor allem was die Zusammenarbeit von Planungs- und Wirtschaftsbehörden angeht, recht bald unterschiedlich gehandhabt worden zu sein. Weil die obersten Naturschutzbehörden häufig in den Ministerien für Landwirtschaft ressortierten, waren Zielkonflikte selbst innerhalb des eigenen Ressorts nicht selten. Die gesamte Naturschutzverwaltung hatte mit dem Problem zu kämpfen, daß Wiederaufbau und maximale Nutzung aller Ressourcen in der Nachkriegszeit oberste Priorität besaßen. Einen gewissen Ersatz für das Fehlen einer vereinheitlichten Bundesnaturschutzverwaltung bot die Zusammenarbeit der Naturschutzbeauftragten der Länder, die sich seit 1947 jährlich regelmäßig trafen und sich zu einer „Arbeitsgemeinschaft deutscher Beauftragter für Naturschutz und Landschaftspflege" zusammenschlossen.[180]

3. Verständlicherweise wollten die Naturschutzbehörden, die tagtäglich ihren schwachen Stand innerhalb der staatlichen Politik zu spüren bekamen, sich durch eine intensive Zusammenarbeit mit ihrer Klientel, den Natur- und Heimatschutzvereinen, Stärkung und Rückendeckung verschaffen. Aus diesem Grund lud der Leiter der Zentrale und früheren Reichsstelle, Klose, interessierte Vereine zu einer Tagung ein, die die Gründung eines „Deutschen Naturschutzringes" bezwecken sollte. Ziel der Organisation sollte u. a. sein, „den Einfluß der bisherigen Naturschutzfront durch eine Organisation zu ergänzen, die nominal mit Hunderttausenden angeschlossener Mitglieder aufwarten konnte". Diese Begründung läßt unbeabsichtigt deutlich werden, worin von Anfang an die Schwäche des am 26. 8. 1950 gegründeten Naturschutzringes bestand. Eine Fülle heterogener Vereine, meist nur nominal, nicht von den Aktivierungsmöglichkeiten her stark, schuf sich eine Dachorganisation, die lange Zeit über allgemeine Koordinationsaufgaben nicht hinauskam. So wichtig eine solche Dachorganisation auch war – das Fehlen eines einheitlich strukturierten Unterbaues und demokratischer Willensbildungsmöglichkeiten für das Ganze blieb ein Merkmal deutschen Vereinsgeistes. Daß in späteren Jahren Bürgerinitiativen und ihre Dachorganisation mit erklärtermaßen anderen Organisationsprinzipien viel wirksamer arbeiten konnten, erklärt sich z. T. sicherlich aus dem Unterschied zwischen der Tätigkeit von Vereinskoordinatoren und partizipationsbereiten Bürgern.[181]

In Übereinstimmung mit den Verhältnissen in allen übrigen umweltrelevanten Bereichen vollzogen sich die Natur- und Landschaftsschutzmaßnahmen bis zum Beginn der siebziger Jahre weitgehend im Verborgenen, d. h. als Aktionen weniger interessierter Politiker, staatlicher Bürokratie, der Gerichte und der Naturschutzverbände. Im internen Diskussionsprozeß dieser Spezialisten gelang wenigstens eine hinreichende Klärung 1. der Ziele von Natur- und Landschaftsschutz, 2. der Auswirkungen der Industriekultur auf die Landschaft.

Die rechtlichen Bestimmungen, die in der NS-Zeit eingeführt worden waren, erwiesen sich immerhin als so flexibel und grundlegend, daß bis zur Mitte der sechziger Jahre lediglich Verbesserungen in Einzelpunkten vorgenommen wurden. Somit war ein Zustand erreicht, der weniger Verbesserungen der Gesetze als vielmehr der Implementierung und Durchführung erforderte. Das „Vollzugsdefizit" erschien nun als das entscheidende Problem der Natur- und Landschaftspflege.

Dieses Vollzugsdefizit läßt sich auf eine speziellere und eine allgemeinere Problematik zurückführen. Die speziellere bestand in den Schwierigkeiten der Natur- und Landschaftsschützer, selbst den Wandel vom Konservatorischen, Pflegerischen, Behütenden zur aktiven Gestaltung der Landschaft nachzuvollziehen, der wissenschaftlich längst vollzogen war. Erst 1955 stellte eine Konferenz der Naturschutzbeauftragten ausdrücklich die drei Tätigkeitsziele: Erhaltung einer naturgemäßen Wirtschafts-, Wohn- und Erholungslandschaft neben die klassischen Aufgaben der Erhaltung und Sicherung von Naturresten und „schönen" Landschaften. Damit erst setzte sich eine „ganzheitliche Auffassung von Natur und Landschaft", also eine ökologische Betrachtungsweise im modernen Sinne bei den staatlichen Repräsentanten des Naturschutzgedankens durch. Diese relativ späte Wendung scheint zumindest teilweise durch das Erbe der geistig-kulturellen Heimatschutzideologie verursacht.

Auch danach verging noch eine geraume Zeit, bis den politischen Entscheidungsträgern klar wurde, daß „Maßnahmen zur Erhaltung und Gestaltung der freien und besiedelten Landschaft" neben Schutz und Pflege durch sparsame, planmäßige und pflegliche „Nutzung und Bewirtschaftung der einzelnen natürlichen Landschaftsfaktoren, d. h. den Kräften und Bestandteilen des Naturhaushaltes" verbessert werden mußten. Das ästhetische Problem des „Erlebniswertes der Landschaft und die Schönheit der Natur" war ansatzweise in den zwanziger Jahren durch „die sozialen Fragen der Erholung und der Freizeit" als Motivation der Landespflege ergänzt worden. In den fünfziger und sechziger Jahren wurde Weitsichtigen immer deutlicher, daß es in Naturschutz und Landschaftspflege mittlerweile um mehr ging, nämlich die existenzielle Problematik des Überlebens und der Gesundheit.[182]

Die allgemeinere Problematik beschrieb W. Weber 1958 so:

„Der entscheidende Mangel unserer Landschaftspflege beruht in ihrer hinkenden Effektivität. Wir schöpfen nicht die Möglichkeiten aus, die uns das ‚Recht der Landschaft' bietet. Der industrielle Fleiß, der Erwerbstrieb, das Hingegebensein an den technischen Fortschritt haben uns alle so sehr ergriffen, daß wir im Konfliktfalle doch eher für unsere neuen Pläne und Unternehmungen optieren als dafür, die Landschaft in Frieden zu lassen oder Kosten und Mühe aufzuwenden, um ihr gestörtes Gleichgewicht wiederherzustellen . . . Das ganze Schwergewicht der Abwehr der zivilisatorischen Einwirkungen auf die Landschaft liegt bei der schmalen Schicht von Beamten der staatlichen Mittelbehörden, die mit ihren wasserrechtlichen, bergrechtlichen, gewerblichen, verkehrs-, forst- und baurechtlichen Genehmigungs-, Auflage- und Überwachungsbefugnissen retten sollen, was zu retten ist. Die Autorität, die ihnen hierfür zur Verfügung steht, ist gering geworden, und ihr Autoritätsverlust wird auch durch den Zuspruch der gutgesinnten ehrenamtlichen Helfer und durch Appelle an die öffentliche Meinung nur zum Teil wettgemacht." [183]

Allerdings war es wohl weniger der Autoritätsverlust der erwähnten Beamten, der zur Ineffizienz beitrug, sondern vielmehr fehlte es an den objektiv notwendigen Arbeitsmöglichkeiten für die Kontrollinstanzen. Der Mangel an materieller und personeller Ausstattung überforderte die vorhandenen Kontrolleure; hinzu kommt der oganisationssoziologisch nachweisbare Druck zum Interessenausgleich und zum Kompromiß mit gutorganisierten Interessenvertretern, dem technokratisch nur schwer Paroli zu bieten war.

Nachdem wichtige wissenschaftliche, rechtliche und organisatorische Voraussetzungen für Natur- und Landschaftsschutz in den zwanziger und dreißiger Jahren geschaffen worden waren, wurde die Entwicklung nach dem Kriege durch die allmählich wachsenden personellen und finanziellen Investitionen bestimmt, die der wachsende Wohlstand und die steigenden Staatshaushalte ermöglichten. Damit wurde nachvollzogen, was in anderen Staaten schon weiter fortgeschritten war. So betrug etwa in Nordrhein-Westfalen die Höhe der Aufwendungen für diesen Bereich im Jahre 1966 ca. 0,34 DM pro Einwohner. Demgegenüber erreichten die Niederlande als ein Land mit langer Tradition im Umweltschutz etwa 4,40 hfl oder ca. 4,85 DM pro Einwohner (nach damaligem Wechselkurs).

Während in bescheidenem Umfang weiterhin Versuche zur Erhaltung und Erweiterung einzelner „Naturreste" gemacht wurden, ging gleichzeitig die allgemeine Umweltzerstörung mit Riesenschritten weiter. Angefangen beim Wachsen der allgemeinen industriellen Produktion und ihrer Emissionen über den zunehmenden Flächenverbrauch für Wohnungs- und Straßenbau erstreckte sich diese Steigerung der Umweltbelastung bis hin zur Flurbereinigung mit ihrer Zerstörung langgewachsener Ökotope und der chemisierten Agrarindustrie, die zunehmend als ein wesentlicher Schadensfaktor begriffen wurde.

Die Erhaltung der Naturreste in geschlossenen Gebieten stellt gegenüber der allgemeinen Problematik den wichtigsten Erfolg der Landespflege dar. Durch das 1956 begonnene Naturparkprogramm entstanden bis 1976 insgesamt 54 solcher Parks mit (1974) ca. 3,8 Mio. ha Fläche. Von diesen Parks wurden die meisten während der sechziger

Jahre eingerichtet, der Flächenzuwachs betrug allein in dieser Zeit 2,7 Mio. ha. Entsprechend der Aufgabenverteilung, die durch das Grundgesetz geschaffen worden war, hätte man eine Finanzierung überwiegend aus Ländermitteln erwarten dürfen. In den ersten Jahren des Programms waren jedoch die Bundeszuschüsse für die Naturparks erheblich höher als die eingesetzten Ländermittel; dieses Bild änderte sich erst nach 1962, und so darf man wohl sagen, daß die Initialzündung für eine verbesserte Erhaltung von Naturresten durch die finanziellen Möglichkeiten des Bundes bewirkt wurde.[184]

Welche politischen Konsequenzen wurden aber aus der bekannten Tatsache gezogen, daß die Bundesrepublik in jedem Nachkriegsjahr ca. 260 km^2 freier Landschaft verlor und daß Ende der sechziger Jahre bereits ein Zehntel des Gebietes überbaut war oder unter massivem Einfluß von Abfällen und Abgasen der Zivilisation litt? Es fehlte ein auch nur rudimentärer politischer Ansatz, größere Teile der Gesellschaft für die Probleme der allgemeinen Naturzerstörung bzw. des Natur- und Landschaftsverbrauchs in der privatkapitalistischen Industriegesellschaft zu interessieren. In der beglückenden Gewißheit des Wirtschaftswunders war ein Besuch im Naturschutzpark allenfalls Teil einer konsumierbaren Produktenwelt des Freizeitsektors der Gesellschaft, ein Besuch, dessen Begleiterscheinungen dann zusätzlich in die ökologische Struktur solcher Gebiete eingriff.

Die Belastung der Landschaft in der Bundesrepublik wurde auf Anordnung der Bundesregierung erstmals 1969 in einer Studie der Bundesanstalt für Vegetationskunde zu ermitteln versucht. Die Untersuchung konnte bereits eine umfängliche Liste von Belastungen anführen, sah sich aber zu einem qualitativen Gesamturteil nicht imstande, da hierfür die wissenschaftlichen Vorarbeiten, besonders solche, die sich mit dem Zusammenwirken einzelner Einflußfaktoren beschäftigten, nicht hinreichend vorhanden waren.[185]

Aus diesen Abklärungen ergaben sich zwei zentrale politische Aufgaben, nämlich einmal eine Intensivierung der politischen Bemühungen um Unterstützung der Bürger und zum zweiten die Verbesserung des rechtlichen und administrativen Instrumentariums. Beide Aufgaben wurden wesentlicher Bestandteil der Umweltpolitik der siebziger Jahre, die gerade durch diese Thematik großenteils charakterisiert wurde.

3.4. Die umweltpolitische Wende

3.4.1. Intensivierung der politischen Zieldiskussion

Obwohl bereits bis 1969 eine Reihe von verstärkten umweltpolitischen Bemühungen festzustellen war, ist eigentlich nicht ganz klar, was die SPD/FDP-Regierung 1970 bewog, mit den Vorarbeiten für ein Umweltprogramm größeren Zuschnitts zu beginnen.[186] Als Erklärung bieten sich an:

- das allgemein gestiegene Problembewußtsein, das sich beispielsweise verstärkt in den Medien bemerkbar machte,
- die internationale Diskussion um verbesserten Umweltschutz im Rahmen der UNO und die Intensivierung des Umweltschutzes in den USA,
- Schaffung eines innenpolitischen Gegengewichts gegen die virulenten Folgen der Ostpolitik der Regierung Brandt/Scheel. Diese Schwerpunktbildung begünstigte politisch eher die SPD, der liberale Innenminister Genscher konnte mit einem Umweltprogramm, durch das weitgehend Kompetenzen seines Ministeriums gefördert wurden, innerhalb der Koalition und der FDP sein Gewicht verstärken,
- bessere Durchsetzungschancen der zuständigen Sachbearbeiter in den Ministerien aufgrund der neuen personellen Konstellationen.[187]

Wie dem auch sei, am 6. 7. 1970 beschloß die Bundesregierung, nach folgenden Kriterien ein Sofortprogramm für den Umweltschutz zu erstellen: Stand der Vorarbeiten, Dringlichkeit und Bedeutsamkeit der Maßnahmen. Ein sofort gebildeter Kabinettsausschuß unter Leitung des Innenministeriums konnte als wesentliche Punkte in das Sofortprogramm aufnehmen: Entwürfe für

- das Immissionsschutzgesetz,
- ein neues Änderungsgesetz zum Wasserhaushaltsgesetz,
- ein Abfallbeseitigungsgesetz

sowie Maßnahmen gegen Lärm und den Einsatz von DDT. Eine Aufnahme von Maßnahmen zur Verbesserung des Natur- und Landschaftsschutzes kam wegen einer Kontroverse zwischen BMI und BML nicht zustande. Die wesentliche Aufgabe dieses Sofortprogramms, das am 17. 9. 1970 vorgelegt wurde, bestand zum einen in der Abklärung der Zuständigkeitsbereiche der Exekutive, zum anderen in der legitimatorischen Funktion für die Öffentlichkeit: Bonn schien im Umweltschutz präsent. Als drittes Ergebnis dieser umweltpolitischen Bilanz des Kabinetts wurde die Ausarbeitung eines umfassenden Umweltprogramms beschlossen, das verbindliche Aussagen zu zukünftigen Aktionszielen, Zuständigkeiten, Durchsetzungsmethoden, Finanzierung und Zeitabfolgen enthalten sollte.

Obwohl in der Leitung des federführenden Innenministeriums ein klares Bewußtsein davon vorhanden war, das Umweltpolitik sinnvoll eigentlich nur in einem ökologisch-systemaren Ansatz anzugehen war, wurden die Konsequenzen dieser Erkenntnis nicht gezogen. Wenn Staatssekretär Hartkopf forderte,

„Verwaltung und Wirtschaft (sollten) lernen, biologische Kreisläufe, die Begrenztheit und Endlichkeit des Naturhaushalts zu beachten ... wissen wir doch, daß es biologische Grenz- und Schwellenwerte gibt, die durch übermäßige Beanspruchung lebenswichtiger Landschaftselemente überschritten werden, was schließlich das Leistungsgefüge der Natur zerstört",

so war anscheinend diese Erkenntnis weder in den Ressortbesprechungen noch im Kabinettsausschuß Handlungsleitlinie. Die Schwerkraft überkommener administrativer Handlungsstrategien bewirkte das Festhalten an „medialen" Problemlösungsversuchen hinsichtlich Wasser, Luft, Abfall usw. Dementsprechend wurde das Umweltschutzprogramm von medial organisierten, also sektoralen Arbeitsgruppen beraten und zusammengestellt. Proteste des Deutschen Rates für Landespflege und Widerstand einer hinzugezogenen Wissenschaftlergruppe blieben erfolglos. Die deutsche Administration auf Bundesebene war vorerst unfähig, eine den Problemen angemessene Organisationsstruktur zu entwickeln.[188]

Die mittelbaren Rückwirkungen einer solchen Arbeitsorganisaton auf die Inhalte der Umweltpolitik sind evident. Folgende Projektgruppen wurden in Bundesministerien für die inhaltliche Ausgestaltung des Umweltprogramms, d. h. Bestandsaufnahme, Umweltschutzmethoden, Zielkataloge gebildet:
unter Federführung des BM des Innern: Reinhaltung der Luft, Wasser, Lärmbekämpfung, Raumordnung und Städtebau;
unter Federführung des BM für Ernährung, Landwirtschaft und Forsten: Naturschutz und Landschaftspflege;
unter Federführung des BM für Bildung und Wissenschaft: Umweltfreundliche Technik, Umweltradioaktivität und Strahlenbelastung;

unter Federführung des BM für Jugend, Familie und Gesundheit: Umweltchemikalien und Biozide;
unter Federführung des BM der Verteidigung: Hohe See und Küstengewässer.

Die personelle Besetzung dieser Arbeitsgruppen mußte nach Lage der Dinge völlig unterschiedlich sein, da neben Verwaltungsvertretern Wissenschaftler und Experten der Industrie sowie Vertreter der Interessenverbände zur Mitarbeit eingeladen wurden, Zwar griff man hier eine alte Übung auf, die ja durchaus eine gewisse Berechtigung hat. Doch die sektorale Anlage trennte die Experten z. B. in eine Gruppe, die überwiegend von Industrievertretern besetzt war, etwa die Gruppe „Umweltfreundliche Technik", und andere, die sich eher aus Wissenschaftlern und Naturschutzverbandsvertretern zusammensetzten. Ohne an den Ergebnissen des Umweltprogramms im einzelnen Kritik üben zu wollen, muß hier festgehalten werden, daß Verfahren und Ergebnisse in gewissem Maße durchaus einseitig und interessenorientiert sein können; aufgrund der Materiallage wäre selbst eine vorläufige Wertung wenig begründet.[189]

Gestützt wird der Verdacht durch die Äußerung eines gewiß Unverdächtigen, der an führender Stelle die Umweltpolitik der siebziger Jahre mitbegründete: Der Staatssekretär im BMI, Dr. Günter Hartkopf, sagte in einem Interview über die Widerstände am Beginn der Umweltpolitik: „. . . das war in erster Linie ein Kampf gegen die Wirtschaft und die ihr Nahestehenden". Und weiter: „Der Kampf gegen die Industrie war im Anfang insgesamt schwierig."[190]

Einen Vorgeschmack von dem, was die Industrie an Widerstand aufbot, gaben die Gesetzgebungsverfahren um das Benzinbleigesetz. Nachdem festgestellt worden war, daß im Laufe der Jahre von den Mineralölfirmen der Bleianteil im Benzin, der der Erhöhung der Klopffestigkeit der Motoren dient, von 0,3 g/l auf ca. 0,7 g/l erhöht worden war, hatte das BMI in einem Entgiftungsplan die Reduzierung des hochgiftigen Bleis im Benzin vorgesehen. In einer ersten Stufe sollte 1971 der Anteil auf 0,4 g/l und ab 1976 auf 0,15 g/l gesenkt werden. Das sogenannte Benzinbleigesetz wurde von der Mineralölindustrie aufs schärfste bekämpft: In polemischer Weise wurde argumentiert, 1976, in einem Wahljahr, würden Tausende von Automotoren wegen eines zu geringen Bleianteils im Benzin zerstört stehen bleiben. Da die technischen Gegenmittel in der Form spezieller Mineralölzusätze aber vorhanden waren – sie verursachten natürlich den Benzinherstellern höhere Kosten –, blieb die Argumentation der Industrie bloße Panikmache.[191]

Angesichts der administrativen und interessenpolitischen Schwierigkeiten, die die Entstehung des „Umweltprogramms“ der Bundesregierung begleiteten, muß das Programm selbst als eine recht optimale Zusammenstellung widersprüchlicher Ansätze bezeichnet werden, der in ihrer Gesamtheit größere Bedeutung zuzumessen ist als einzelnen, durchaus kritikbedürftigen Teilen. Obschon eine grundlegende ökologische Orientierung fehlte, darf man doch die gewählten Maßstäbe als die zweitbesten werten, auch wenn sie den alten Hochmut Adams, der sich die Erde untertan machen will, nicht verleugnen wollen und können:

„Maßstab jeder Umweltpolitik ist der Schutz der Würde des Menschen, die bedroht ist, wenn seine Gesundheit und sein Wohlbefinden jetzt oder in Zukunft gefährdet werden. Unser Grundgesetz gewährt weder ein ausdrücklich festgelegtes Grundrecht auf eine menschenwürdige Umwelt noch enthält der Grundrechtskatalog einen Anspruch auf Erhaltung der Gesundheit. Daher gilt es, auch an Hand ausländischer Vorbilder zu prüfen, wie dem Bürger ein Anspruch gegenüber dem Staat gewährt werden kann, der diesen verpflichtet, gegen die Verursacher schwerer Umweltschäden vorzugehen.“[192]

Ziele des Programms waren die Durchsetzung

- einer „Umweltplanung auf lange Sicht“, später meist als Vorsorgeprinzip bezeichnet. Schutz und Entwicklung der Naturgrundlagen sollten ermöglicht, die Beschränkung auf Beseitigung bereits eingetretener Schäden aufgehoben werden;
- des Verursacherprinzips. Im Rahmen der sozialen Marktwirtschaft sollte derjenige die Kosten für Umweltbelastungen tragen, der sie verursacht. Nur wenn die Kosten einzelnen nicht zugerechnet werden konnten, sollten staatliche Stellen für die Allgemeinheit die Kosten tragen;
- einer umweltfreundlichen Technik. Technologische Forschung und Innovation sollten sich an Umweltkriterien orientieren. Dazu kamen als weitere Punkte
- Stärkung des Umweltbewußtseins in der Bevölkerung und
- wirksamere internationale Zusammenarbeit, insbesondere im Rahmen der EG.

Bei alledem sollte die Leistungsfähigkeit der Volkswirtschaft nicht überfordert werden. In Zusammenarbeit mit Wirtschaft, Wissenschaft,

Ländern und Gemeinden sollten die Ziele in wirksame Maßnahmen umgesetzt werden (sogenanntes Kooperationsprinzip).

Einzelne Teilziele im Rahmen des Programms wirkten zwar sehr ambitiös, so wenn gesagt wurde, die Bundesregierung strebe an, „bis 1980 die Schadstoffe im Abgas von Kraftfahrzeugen mit Ottomotoren schrittweise auf ein Zehntel der Durchschnittswerte von 1969 zu reduzieren". Andererseits legte die Regierung die richtigen Schwerpunkte, wenn sie zumindest die Luftreinhaltung mit einer Doppelstrategie von Vorbeugen und Entsorgen betreiben wollte. Hier war der politische Wille wesentlich deutlicher als bei der Wasserreinhaltung auf die Veränderung produktionstechnischer Verfahren (und die Wahl emissionsärmerer Brennstoffe) gerichtet; damit waren für die Öffentliche Hand weniger Kosten verbunden.

Bei der kostenintensiven Gewässerreinhaltung wurden die Ziele vor allem in verbesserten Entsorgungsmaßnahmen gesehen. Gewässerreinhaltung bedeute

- die Gewässer, die bisher nicht oder nur wenig verschmutzt seien, in diesem Zustand zu erhalten und
- den Zustand erheblich verschmutzter Gewässer zu verbessern.

Dies sollte im wesentlichen durch bessere Entsorgungsmaßnahmen geschehen. Folgerichtig sah das Umweltprogramm in seinen finanzpolitischen Überlegungen auch den Schwerpunkt zukünftiger Umweltschutzinvestitionen im Bereich des Gewässerschutzes. Zwei Drittel der geschätzten öffentlichen Investitionen für Umweltschutz in den Jahren 1971–1975 sollten allein auf diesen Bereich entfallen.[193]

Da in dem Umweltprogramm der Bundesregierung nicht nur realistische Teilziele, sondern auch eine Reihenfolge von Problemlösungsstufen projektiert waren, konnte die Bonner Bürokratie nun, nachdem das Programm vorgelegt war, mit der Produktion von Gesetzesinitiativen und Verordnungen beginnen. Im entscheidenden Unterschied zu den beiden früheren Phasen der Umweltpolitik in der Bundesrepublik wurde die dritte politisch überwiegend von der Ministerialbürokratie und der Regierung geprägt. Initiative und Sachkompetenz hatten es in der Legislative schwerer als früher, sich gegen die Steuerung der Exekutive durchzusetzen.

Die Bildung des unabhängigen „Rates von Sachverständigen für Umweltfragen" durch Erlaß vom 28. 12. 1971 konnte, obwohl nützlich und hilfreich für die umweltpolitische Urteilsfindung, die Verschiebung der politischen Gewichte nicht aufhalten, da seine Untersu-

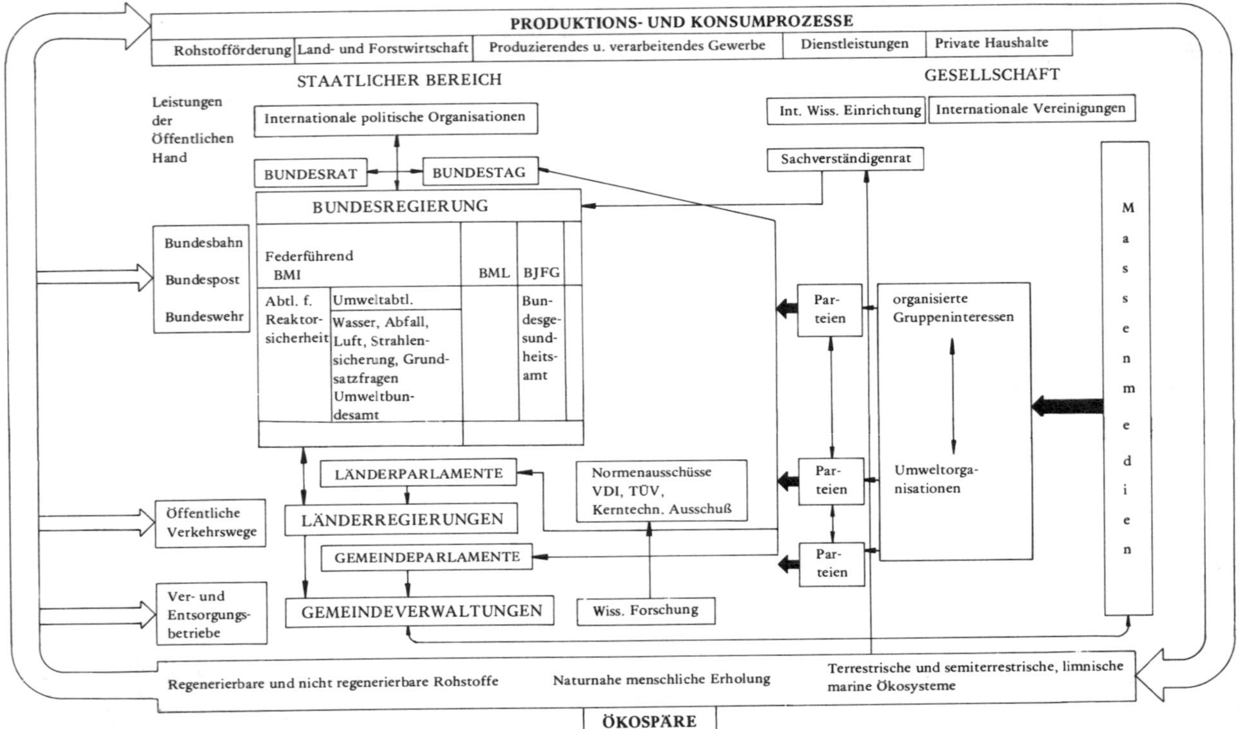
PRODUKTIONS- UND KONSUMPROZESSE
Rohstofförderung
Land- und Forstwirtschaft
Produzierendes u. verarbeitendes Gewerbe
Dienstleistungen
Private Haushalte
STAATLICHER BEREICH
GESELLSCHAFT
Leistungen der Öffentlichen Hand
Internationale politische Organisationen
Int. Wiss. Einrichtung
Internationale Vereinigungen
BUNDESRAT
BUNDESTAG
Sachverständigenrat
BUNDESREGIERUNG
Federführend BMI
BML
BJFG
Abtl. f. Reaktorsicherheit
Umweltabtl.
Wasser, Abfall, Luft, Strahlensicherung, Grundsatzfragen Umweltbundesamt
Bundesgesundheitsamt
Bundesbahn
Bundespost
Bundeswehr
Par-teien
organisierte Gruppeninteressen
Umweltorganisationen
Massenmedien
LÄNDERPARLAMENTE
LÄNDERREGIERUNGEN
GEMEINDEPARLAMENTE
GEMEINDEVERWALTUNGEN
Normenausschüsse VDI, TÜV, Kerntechn. Ausschuß
Wiss. Forschung
Öffentliche Verkehrswege
Ver- und Entsorgungsbetriebe
Regenerierbare und nicht regenerierbare Rohstoffe
Naturnahe menschliche Erholung
Terrestrische und semiterrestrische, limnische marine Ökosysteme
ÖKOSPÄRE

chungsergebnisse eher von der Exekutive als der Legislative aufgenommen wurden.

3.4.2. Die legislativen Prozesse

Die intensiven Bemühungen um die Verbesserung des Immissionsschutzes seit Ende der sechziger Jahre bewirkten zunächst einen Erfolg hinsichtlich der Kompetenzverteilung zwischen Bund und Ländern. Durch Ergänzung des Grundgesetzes Art. 74 durch Abs. 24 wurde dem Bund die Rahmengesetzgebung für Abfallbeseitigung, Luftreinhaltung und Lärmbekämpfung zugestanden. Zugleich konnte das Immissionsschutzgesetz in der sechsten Legislaturperiode vorgelegt und in erster Lesung behandelt werden; damit wurde der erste Punkt des Sofortprogramms der Bundesregierung vom September 1970 der Erledigung näher gebracht.

Intensive Ausschußberatungen folgten. Dabei zeigte sich, daß die grundlegenden Intentionen des „Grundgesetzes des Umweltschutzes", wie es bei seiner Verabschiedung genannt wurde, weniger umstritten waren als die Details, in denen Belastungsgrenzen, Beweisverfahren und Kontrollmöglichkeiten geregelt wurden. Das grundsätzliche Neue in den Entwürfen und im späteren Gesetz war, daß im Gegensatz zur Gewerbeordnung nicht nur gefährliche Großanlagen als genehmigungspflichtig und überwachungsbedürftig angesehen wurden, sondern beabsichtigt war, Menschen, Lebewesen und „andere Sachen" „vor schädlichen Umwelteinwirkungen", vor Gefahren, erheblichen Nachteilen und erheblichen Belästigungen zu schützen und *„dem Entstehen schädlicher Umwelteinwirkungen vorzubeugen"*. Zentraler Angelpunkt war damit der Begriff der schädlichen Umwelteinwirkung, mit dessen Einführung in das Gesetz die Konsequenzen aus der wissenschaftlichen Debatte um das Ökologiekonzept gezogen wurden und eine radikale Neuorientierung der Umweltpolitik festgeschrieben wurde. Unter schädlichen Umwelteinwirkungen im Sinne des Gesetzes waren Immissionen von Luftverunreinigungen, Geräuschen, Erschüt-

◄ *Abbildung 4:* Gegenwärtiges Entscheidungssystem der Umweltpolitik (*Quelle:* Hdb. f. Planung, Bd. IV, S. 140 f.)

terungen, Licht, Wärme, Strahlen und „ähnlichen Umwelteinwirkungen“ zu verstehen, von denen Allgemeinheit oder Nachbarn betroffen sein konnten. Die bisherigen Erfahrungen mit Immissionsschutzproblemen und die vorliegenden wissenschaftlichen Untersuchungen legten es nahe, die Schutzregelungen gleichermaßen anlagebezogen, gebiets- und flächenbezogen sowie produktbezogen (s. Benzin) zu gestalten. Insgesamt war intendiert, eine Verschärfung der bisherigen gewerberechtlichen Bestimmungen für Großemittenten und eine Ausdehnung des Schutz gegen die Emissionen von kleinen Anlagen zu erreichen.[194]

Die Auseinandersetzung zwischen den verschiedenen Interessentengruppen und den politischen Parteien und Institutionen konzentrierte sich sehr schnell auf die Fragen:

- Definition und Messung dessen, was als schädlich anzusehen war/ist,
- Ausmaß und Art der schadensverhütenden Einrichtungen, also der berühmte Stand der Technik,
- Durchführung der gesetzlichen Bestimmungen,
- Beteiligung der „Öffentlichkeit“ an Planungs- und Kontrollmaßnahmen.

Dem ersten Problem ging man im Gesetzgebungsverfahren dadurch aus dem Wege, daß § 40 des Entwurfs (später § 48 BImschG) den Erlaß von entsprechenden Rechtsverordnungen nach Anhörung der „beteiligten Kreise“ und mit Zustimmung des Bundesrates vorsah. Entgegen den Vorstellungen des DGB, der den Kreis der Anzuhörenden genau zu definieren vorschlug – und dabei bezeichnenderweise die Umweltschutzverbände ausschloß –, und entgegen den Vorstellungen des DNR, der natürlich die Beteiligung der Umweltschutzorganisationen festgeschrieben haben wollte, hielten Entwurf und später das Bundesimmissionsschutzgesetz den Kreis der Anzuhörenden offen. Ebensowenig konnte die Forderung der Industrie bzw. des Deutschen Industrie- und Handelstages (DIHT) berücksichtigt werden, daß „der wesentliche Inhalt der Verordnungsentwürfe bereits während des Gesetzgebungsverfahrens mitgeteilt wird“. Nur dann würden sich die Auswirkungen des Gesetzes ermessen lassen. Bedenken hatte der DIHT auch wegen der vorgesehenen Möglichkeit, durch Verordnungen der Länder besondere Belastungsgebiete zu bestimmen, in denen erleichterte Bedingungen gelten sollten. Der DIHT sah hierdurch zu Recht die Rechtseinheitlichkeit, ein Hauptanliegen des Gesetzes, gefährdet. Der Verdacht liegt allerdings nahe, daß der DIHT mit dieser

Kritik insgesamt mildere Grenzwerte erreichen wollte; diese Strategie wurde in der Tat später von einzelnen Ländern im Interesse ihrer Wirtschaft betrieben. Diese Bemühungen, die zeitlich erheblich später liegen (1977/79), konnten aber bisher erfolgreich abgewehrt werden.

Was die zweite Problematik, den „Stand der Technik" betrifft, war der Wunsch aller Interessentengruppen vorhanden, mit einer exakteren Definition als im Entwurf der Bundesregierung zukünftige Streitigkeiten zu vermeiden. Hier konnte sich der DNR gegen die Industrieverbände mit seiner Vorstellung durchsetzen, daß unter „Stand der Technik" im Sinne des Gesetzes jeweils der Stand zu verstehen sei, der möglichst nah am Stand der wissenschaftlichen Erkenntnis sei: D. h. in der Praxis, sobald ein Verfahren im großtechnischen Versuch erprobt sein würde, könnte es zur Grundlage genehmigungsrechtlicher Verfahren gemacht werden. Nicht durchsetzen konnte sich allerdings der DNR mit seiner umweltschützerisch gesehen bestechenden Forderung, die Beweislast für die Umweltunschädlichkeit einer Anlage umzukehren, sie nämlich dem Genehmigungssuchenden aufzutragen, ihn zu verpflichten, auch später immer nach dem letzten Stand der Wissenschaft zu handeln, und den Ermessensspielraum der Genehmigungsbehörde einzuengen.

Das Problem der Durchführung der neuen Bestimmungen wurde nicht nur vom DNR zu Recht als besonders schwerwiegend angesehen. Die Lösungsvorschläge des DNR müssen hier aber in ihrer Praktikabilität sehr kritisch gesehen werden. Wenn der DNR forderte, daß keine Behörde unterhalb der Bezirksebene (Regierungspräsidien) für Genehmigungsverfahren zuständig sein sollte und zur Vermeidung von Kompetenzstreitigkeiten die Umweltschutzämter des Bundes und der Länder für die Durchführung des Gesetzes zuständig sein sollten, unterschätzte der DNR damit rechtliche und administrative Beharrungstendenzen und überschätzte damit die Möglichkeiten organisatorischer Neuordnungen. Allerdings waren die Bedenken des DNR und auch des DGB angesichts der DIHT-Forderungen völlig verständlich. Das „gewerberechtliche Genehmigungsverfahren in der bisherigen Weise bei(zu)behalten . . ., damit die Erfahrungen genutzt werden können, die von den Gewerbeaufsichtsämtern bisher . . . gesammelt wurden", erschien denn doch zu deutlich als der Versuch, überkommene und wenig effektive Strukturen im Interesse laxerer Aufsicht und Kontrolle aufrechtzuerhalten. Der DGB legte deshalb die Betonung auf eine öffentliche Kontrolle, wenn er feststellte:

„Die Wahrung der Interessen an einem wirksamen Umweltschutz ist zu einem ganz überwiegenden Teil der staatlichen Exekutive überlassen ... Die an Umweltschutzmaßnahmen praktisch interessierte Öffentlichkeit ist demgegenüber auf Einwendungen beschränkt ..., ohne diesen Einwendungen weiteren Nachdruck verleihen zu können: Eine Einschaltung der Gerichte kann nur – abgesehen von der Geltendmachung privatrechtlicher Ansprüche, in deren Rahmen ein Schutz der Gesundheitsinteressen nicht vorgesehen ist – gegenüber der Versagung von Genehmigungen erfolgen, nicht jedoch, um erteilte Genehmigungen zu überprüfen und gegebenenfalls zu beseitigen ... (Es) ist zu befürchten, daß der Öffentlichkeit die Informationen, die sie zur Verfolgung ihrer umweltpolitischen Interessen benötigt, nach der Konzeption des Entwurfs überwiegend vorenthalten bleiben. Die Schwächung der rechtlichen wie der politischen Position der durch Umweltbelastungen betroffenen Öffentlichkeit hat zur Folge, daß der ohnehin vorhandene Druck wirtschaftlicher Interessen auf die für Genehmigung und Überwachung zuständigen Behörden sich nahezu einseitig, da ohne ausreichendes Gegengewicht, wird auswirken können."

Da auch der DGB keine anderen Gegenvorschläge machen konnte, als eine schärfere Anwendung von Rechtsverordnungen gesetzlich zu ermöglichen, blieb in diesem entscheidenden Punkt die Regelung der Durchführung des BImschG unbefriedigend und eine Belastung für die Zukunft. Trotzdem darf davon ausgegangen werden, daß mit der Verabschiedung des BImschG eine zukunftsorientierte Gesetzgebung gelang, deren Umsetzung in praktischen Schutz die eigentliche Zukunftsproblematik darstellte.[195]

In diesem Zusammenhang erwies sich vor allem § 13 BImschG als zukunftsorientiert, indem die baurechtliche Zulässigkeit mit der immissionsschutzrechtlichen verknüpft wurde. Auf diese Weise konnte der Aspekt der Vorsorge gegen schädliche Umwelteinwirkungen besser als früher zur Geltung gebracht werden; die Bauleitplanung und die Bebauungspläne erhielten damit eine erhebliche Bedeutung für genehmigungsrechtliche Verfahren nach dem Immissionsschutzgesetz. Die Lage bestimmter Baugebietsarten zueinander, z. B. Entfernung eines Industriegebietes zu einem Wohngebiet, konnte von nun an ausschlaggebende Bedeutung für eine Genehmigungsversagung bekommen.

Auch die Vorschriften über die Überwachung der Luftverunreinigung im Bundesgebiet und die Aufstellung von Luftreinhalteplänen, die durch das BImschG möglich wurden, dokumentierten den ernsthaften Willen der Politiker aller Fraktionen, die Voraussetzungen für Verbesserungen in der Luftqualität zu schaffen, mindestens aber die Erhaltung des status quo zu garantieren. Daß sich diese Erwartungen schon bald als zu hoch geschraubt erweisen würden, kann nicht durch die Mängel des Gesetzes erklärt werden.[196]

Während das Sofortprogramm die Verwirklichung einiger zusätzlicher Umweltschutzmaßnahmen binnen kurzer Zeit versprochen hatte, erwiesen sich Gesetzgebung und Durchführung der Maßnahmen als erheblich schwieriger und zeitraubender als zunächst erwartet. Durch die außenpolitischen Kontroversen der Regierung Brandt/Scheel einerseits und die Opposition der CDU andererseits litten die innenpolitischen Vorhaben. Bis zum vorzeitigen Ende der Kanzlerschaft Brandts gelang es dem Bund lediglich, das Benzinbleigesetz von 1971, das Abfallbeseitigungsgesetz von 1972 und das BImschG von 1974 durchzusetzen.

Beim Abwasserproblem bestanden die alten Sorgen hingegen weiter.[197] Nachdem in dem Jahrzehnt zuvor von der Möglichkeit der Reinhalteverordnung nach § 27 WHG kein Gebrauch gemacht worden war, wurde ein Versuch in dieser Richtung gar nicht erst unternommen. Statt dessen schlug die Bundesregierung dem Bundesrat eine Änderung des § 26 WHG vor mit dem Ziel

1. nicht oder nur unerheblich verschmutzte Gewässer durch Nichterteilen einer Erlaubnis zur Abwassereinleitung zu schützen,
2. bereits verschmutzte Gewässer dadurch zu sanieren, daß Anforderungen und Grenzwerte bezüglich der eingeleiteten Stoffe festgelegt werden sollten,
3. Anforderungen an Abwässer hinsichtlich der Reinigungsart und des -grades zu stellen.

Im Jahre 1974 versuchte die Bundesregierung auf einem neuen Wege, das dritte genannte Ziel zu erreichen. Durch den Entwurf zu einem Abwasserabgabengesetz wurde versucht, ein finanzielles Sanktions- bzw. Anreizsystem für Abwasserkläranlagen zu schaffen. Je nachdem, wie weit eine Kläranlage eines industriellen oder kommunalen Verschmutzers vom möglichen absoluten Reinigungsgrad entfernt bleiben würde, sollte eine unterschiedliche Abwasserabgabe erhoben werden. Die Einnahmen sollten zweckgebunden für den Gewässerschutz verwendet werden. Da das Gesetz zeitlich und finanziell lange Übergangsfristen und allmähliche Steigerungen vorsah, konnte es tatsächlich am 1. 1. 1978 in Kraft treten; ab 1981 sollen die Abgaben erhoben werden. Wieweit bis dahin allerdings die Abwassereinleitung tatsächlich durch die Sanktionsdrohung verbessert sein wird, bleibt abzuwarten. Zumindest zum Zeitpunkt der Verabschiedung des Gesetzes erschien es vielen Sachverständigen so, als handele es sich beim Abwasserabgabengesetz eher um einen Mißerfolg der Bundesregierung im Kampf um größere Wasserreinhaltung. So sprach man eher von Rückschlag als von Fortschritt; von seiten der Bundesregierung wird ein Rückschlag jedoch bis heute bestritten.[198]

Im Rahmen ihrer ersten Überlegungen zur Verbesserung des Umweltschutzes war die Bundesregierung recht bald zu dem Entschluß gekommen, durch eine Änderung des Grundgesetzes dem Bund die Möglichkeit zur Vollregelung des Naturschutzes und des Landschaftsschutzes zu verschaffen. Ein entsprechender Gesetzentwurf, der dem Bund die konkurrierende Gesetzgebung in diesem Bereich zuschrieb, wurde am 15. 5. 1970 den Gesetzgebungsorganen zugeleitet. Da die Länder und die CDU-Opposition im Bundestag einer solchen Änderung ablehnend gegenüberstanden, hatte die Initiative keine Zukunft. Der auf dieser Basis geschaffene Referentenentwurf eines Bundesnaturschutzgesetzes war damit selbstverständlich ebenfalls gescheitert, auch wenn beide Gesetzentwürfe im VII. Bundestag erneut eingebracht wurden. Folge dieser Bemühungen der Bundesregierung war nun eine geradezu hektische Betriebsamkeit auf Länderebene. In den folgenden Jahren bis 1976 bemühten sich alle Länder, eine eigene Regelung der Materie herbeizuführen. Basis aller Gesetze bzw. der Entwürfe war dabei die Anwendung des ökologischen Prinzips, d. h. Sicherung der Leistungs- und Nutzungsfähigkeit des Naturhaushaltes, Wiederherstellung und planvolle Gestaltung der Landschaft wurden als leitende Ziele in die Gesetze eingebracht. Zusätzlich wurden meist die sozialen Pflichten von Grundstückseignern und Naturbenutzern geregelt. So führte das Bemühen der Bundesregierung um eine einheitliche Gesetzgebung im Gegenteil zu einer stärkeren Zersplitterung des Rechts im Detail, als dies bei den früheren Ländergesetzen im Gefolge des alten RNG der Fall gewesen war.

Trotzdem bemühte sich die Bundesregierung weiter um die parlamentarische Durchsetzung ihrer Gesetzesinitiativen. Schließlich standen sich im Frühjahr 1973 drei verschiedene Gesetzentwürfe gegenüber, ein inoffizieller des DNR und je einer der Bundesregierung und der CDU/CSU. Die beiden ersten basierten auf der Vorstellung einer erweiterten Bundeskompetenz über den bisherigen Rahmen hinaus; hingegen beharrte der Entwurf der CDU/CSU auf der bisherigen

Aufgabenverteilung zwischen Bund und Ländern. Weitere Unterschiede in den Entwürfen bestanden hinsichtlich der Regelung von Enteignungen, die die CDU dem Landesgesetzgeber überlassen wollte, und hinsichtlich der Strafen und Sanktionen bei Verstößen gegen Gesetz und Verordnungen. Hier forderte der Entwurf des Naturschutzringes Freiheitsstrafen bis zu zwei Jahren, während sich die anderen Entwürfe mit der Androhung von Geldbußen begnügten.

Gemeinsam war allen Entwürfen die Festschreibung und Vereinheitlichung der bestehenden Regelungen, wozu als wesentliches Element das Instrument der Landesplanung als zukunftsträchtigstes Instrumentarium für Risikoverminderung und Belastungsbeschränkungen treten sollte.

Mit der Mehrheit der CDU/CSU-regierten Länder lehnte der Bundesrat im Frühjahr 1973 den Entwurf der Bundesregierung ab, jedenfalls soweit die darin vorgesehene Vollkompetenz des Bundes angesprochen war. Obwohl das Berliner Programm der CDU (Ziff. 112) eine einheitliche Regelung auf Bundesebene befürwortete, wurde ein positiver Beschluß zur Vollkompetenz verhindert. Die fadenscheinige Begründung lautete, man wolle erst die Ergebnisse einer Enquetekommission zu Änderung des verfassungsrechtlichen Verhältnisses zwischen Bund und Ländern abwarten. Obwohl der Naturschutzring und alle Experten in dieser Frage mit der Bundesregierung einer Meinung waren, setzte die CDU/CSU in diesem Punkte ihren Widerstand fort und erzwang schließlich den Verzicht auf die Vollkompetenz. Als das Gesetz am 20. 12. 1976 in Kraft trat, war immerhin erreicht, daß der Schutz von Arten und Gebieten um den Schutz einzelner Landschaftsteile erweitert, eine Landschaftsplanung zwingend vorgeschrieben, ein Betretungsrecht für Erholungssuchende und bei Eingriffen in die Natur das Verursacherprinzip sowie zur Landschaftspflege das Duldungsprinzip eingeführt wurden.[199]

Im Verlauf der siebziger Jahre zeigte sich immer deutlicher die Begrenztheit einer medial strukturierten Umweltpolitik. Das Problem der umweltwirksamen Chemikalien, um ein Beispiel zu nennen, ließ sich nicht länger auf die Wirkungen auf Wasser, in der Luft und in der Landschaft beschränken und dadurch regeln, daß man Richt- und Grenzwerte für Gewässerbelastung, Luftbelastung oder Anwendungsvorschriften für den Gebrauch erließ. Deshalb beschloß die Bundesregierung am 13. 12. 1978 Grundzüge einer Chemikaliengesetzgebung, die Vorsorgemaßnahmen gegen die komplexen Einwirkungen gefährlicher chemischer Stoffe ermöglichen sollten. Dieser Beschluß verlangte eine produktbezogene präventive Politik, die nicht auf einzelne Umweltmedien wie Luft oder Wasser, sondern stoffbezogen sein sollte. Ein entsprechender Gesetzentwurf sah als wesentliches Mittel einer solchen Politik den Nachweis einer Prüfung neuer Chemikalien vor, in der das Ob und Wie der Umweltgefährlichkeit des neuen Stoffes geklärt werden sollte.

Leider wiederholte sich auch in diesem Gesetzgebungsverfahren das bekannte Muster der Konfliktregelung. Intensiv vorgebrachte Einwendungen der Interessenvertreter der Industrie ließen viele Formulierungen des Gesetzes so „weich" ausfallen, daß auch mit dem neuen stoffbezogen umweltpolitischen Ansatz keine grundlegende Veränderung in dem Sinne zu erwarten wäre, daß die Risiken prinzipiell geringer würden. Als „umweltpolitisch enttäuschend" hob der Rat von Sachverständigen für Umweltfragen vor Verabschiedung des Gesetzes besonders die Tatsache hervor, daß das Gesetz die Gefahr des Inverkehrbringens neuer Chemikalien nicht insofern begrenzte, daß wenigstens die bereits als gefährlich erkannten Stoffklassen in neuen Stoffkombinationen verboten wären. Zudem verblieb der Bundesregierung ein unbegrenzter Ermessensspielraum für den Erlaß von Erlaubnisverfahren für bestimmte Stoffklassen, und „ökotoxische" Stoffklassen waren – im Gegensatz zu krebserzeugenden, fruchtschädigenden oder erbgutverändernden – erst gar nicht einer Erlaubnispflicht unterworfen.[200]

3.4.3. Das „Vollzugsdefizit"

Welche Ergebnisse erzielten die bis dahin beispiellosen Anstrengungen der Bundesregierung, der Länder und Gemeinden in den siebziger Jahren? Wurde die Verschlechterung der Umweltqualität gestoppt oder gar umgekehrt? Welche Maßnahmen sind in der Zukunft noch dringend notwendig?

In ihrer Antwort auf eine Große Anfrage der SPD und der FDP zur Umweltpolitik meinte die Bundesregierung, selbstbewußt feststellen zu können:

„Das im vergangenen Jahrzehnt geschaffene Instrumentarium von Gesetzen, Rechtsverordnungen und allgemeinen Verwaltungsvorschriften hat sich bewährt. Es bildet eine gute Grundlage für eine noch stärker ökologisch ausgerichtete Umweltpolitik der achtziger Jahre. Die Bundesregierung wird diese Grundlage in enger Kooperation mit den Ländern weiterentwickeln und ausbauen."

Dieser Feststellung aus dem Jahre 1980 kann in ihrer Allgemeinheit nicht widersprochen werden. Gleichwohl enthält sie auch einen entscheidenden Ansatz zur Kritik der Umweltpolitik der siebziger Jahre. Sie war in ihrer Gesamtheit zu wenig ökologisch angelegt, d. h. nicht genügend auf den inneren Zusammenhang zwischen Naturhaushalt und anthropogenen Umwelteinwirkungen ausgerichtet. Erheblich vorsichtiger als die Bundesregierung hatte sich dementsprechend 1978 der Rat von Sachverständigen für Umweltfragen geäußert. Hier war die Rede von einem „breiten gesetzlichen Sockel für den Umweltschutz", der „in Teilbereichen auch bereits zu Stabilisierungserfolgen geführt hat". Doch wurde klar darauf hingewiesen, daß „noch keineswegs alle rechtlichen und strategischen Probleme" gelöst seien.[201]

Diese doch insgesamt positiven Wertungen der Gesetzesinstrumentarien können auf dem Hintergrund der tatsächlichen feststellbaren quantitativen und qualitativen Umweltsituation allerdings kaum Bestand haben. Eher drängt sich der Eindruck auf, daß nur das Notwendigste geschehen ist, um einer weiteren Verschlechterung vorzubeugen. Wo dies nicht durch die gesetzlichen Formeln und Normen begründet ist, ist die Problematik des Vollzugs der Gesetze für die insgesamt bescheidenen Ergebnisse verantwortlich. Obwohl in allen Bereichen Umweltschutzbehörden gegründet oder ausgebaut wurden,[202] zeigen die vorhandenen Daten, daß zwischen prognostiziertem, d. h. als notwendig angesehenem Aufwand und tatsächlichen Aufwendungen eine erhebliche Lücke blieb.

So wurden in den Jahren 1970–1974 nur insgesamt rund 67 Mrd. DM oder 1,5% des Bruttosozialprodukts für den Umweltschutz ausgegeben. Mit vornehmer Zurückhaltung befand der Sachverständigenrat:

„Auch im internationalen Bereich gehört die Bundesrepublik Deutschland mit diesen Quoten nicht zu den am stärksten mit Umweltschutzausgaben belasteten Ländern."

Wie die geringe finanzielle Belastung vermuten läßt, erweist sich der tatsächliche Zustand der Umwelt in der Bundesrepublik nach zehn Jahren intensiver Bemühungen um eine bessere Umweltpolitik als immer noch höchst bedenklich.

Diese geringen finanziellen Belastungen ergeben sich bei den Staatsausgaben vor allem aus ungenügender Sach- und Personalmittelausstattung für den Umweltschutz. Wie eine vom Sachverständigenrat beauftragte Forschungsgruppe feststellte, hielten 75% der untersuchten Behörden des Immissionsschutzes und 85% der Wasserschutzbehörden ihren Personalstand für nicht ausreichend angesichts der ihnen übertragenen Aufgaben. Während die Immissionsschutzbehörden zudem ihre eigenen Informationsdefizite gegenüber Emittenten bemängelten, verwiesen die Wasserschutzbehörden vor allem auf das Fehlen von Spezialisten wie z. B. Verfahrenstechnikern.

Der zweite entscheidende Mangel, der für das Vollzugsdefizit ursächlich ist, liegt in der organisatorischen Einbindung der Umweltschutzbehörden in die Länderverwaltungen, die nach dem Grundgesetz für die Durchführung der Gesetze verantwortlich sind. Wie auch in früheren Zeiten üblich, blieb die organisatorische Trennung von rechtlicher Entscheidungskompetenz und technischem Fachwissen grundsätzlich auch für den Vollzug der neuen oder verbesserten Gesetze erhalten. Einzig Nordrhein-Westfalen wählte für den Immissionsschutz die Organisationsform der Sonderverwaltung, in der die Trennung aufgehoben ist. Darin spiegelt sich die lange Erfahrung dieses Bundeslandes mit Immissionsproblemen wider.

Die übliche Trennung in der Organisation bewirkt, daß die technisch zuständigen Behörden wie die Gewerbeaufsicht und oberen Wasserbehörden der Regierungsbezirke sich häufig in informellen Vorverhandlungen mit Anlagenbetreibern befinden, ehe überhaupt rechtlich wirksame Anträge an die Genehmigungsbehörden gestellt werden.

Die offensichtlich allgemein verbreitete Praxis der Vorverhandlungen bei Genehmigungsverfahren und der informellen Absprachen bei Sanierungsbemühungen und Sanktionierung von Verstößen gegen Auflagen und Vorschriften sind Ausdruck verschiedener Schwierigkeiten und schaffen zugleich neue. Einerseits wird durch solche Absprachen die schwache rechtliche Durchsetzungskraft der Behörden überspielt, Konflikte mit Anlagenbetreibern werden vermindert oder umgangen, wirtschaftliche und soziale Überlegungen, die in der Einstellung der Behörden eine wichtige Rolle spielen, können leichter zum Zuge kommen. Andererseits konterkarieren die Behörden wesentliche Zielbestimmungen ihres Aufgabenfeldes: Bestehender gesetzlicher Spielraum für Emissions- und Abwässereinleitungsbegrenzungen wird nicht ausgeschöpft, lange Fristsetzungen können zwischenzeitlich zu beträchtlichen ökologischen Schäden führen, Einspruchsrechte der Bürger werden vorab unterlaufen. Ob eine rigidere Verwaltungspraxis allein zu einer besseren Umweltqualität führen würde, muß allerdings zweifelhaft erscheinen. Rechtliche und politische Veränderungen in den Rahmenbedingungen der Umweltpolitik müßten sicherlich hinzutreten.

Neben der Praxis des „Tauschhandels" (bargaining) mit Anlagenbetreibern erscheint bedenklich, daß die Kontrollen von Abwassereinleitungen und Emissionen in den Tätigkeiten der Behörden zeitlich viel zu kurz kommen (20% bzw. 17% des Zeitbudgets). Infolgedessen können die Behörden ohne die Mitwirkung beschwerdeführender Bürger kaum auskommen, da häufig erst die Aufmerksamkeit von Bürgern oder Bürgerinitiativen behördliches Eingreifen anregt. Diese von den Vollzugsbehörden begrüßten Anregungen schaffen Handlungsdruck, können den Widerstand der Verschmutzer mindern helfen und sind somit eine wertvolle Hilfe für die Behörden. Weil allerdings für Bürger Verschmutzungen des Wassers meist schwerer zu erkennen sind als Emissionen, gibt es in der Häufigkeit der Beschwerden bei den zwei Bereichen deutliche Unterschiede zu Lasten des Gewässerschutzes.

Auch das Vorsorgeprinzip darf nicht als ausreichend durch Verwaltungspraxis gesichert gelten. Zwar funktioniert die Zusammenarbeit der Behörden in der Bauleitplanung inzwischen relativ gut, schlechter steht es aber um die großräumige Belastungsplanung. Das Fehlen entsprechender Daten und Bestandspläne führt zusammen mit der einzelfallbezogenen Verfahrensweise zu einer ungenügenden Berücksichtigung der bestehenden Vorbelastungen und damit potentiell zu Überforderungen der betroffenen Ökotope.[203]

Die bisher erreichten Ergebnisse der Umweltpolitik können deshalb insgesamt nicht überzeugen und nur als Herausforderung zum Handeln gelten. Trotz der weiterhin bestehenden methodischen und wissenschaftlich-technischen Untersuchungsprobleme, die oftmals nur wenig gesicherte Aussagen zulassen, kam der Sachverständigenrat für Umweltfragen 1978 zu der Beurteilung, daß „im aquatischen Bereich ... nach wie vor ein relativ großer Anteil der Ökosysteme überbelastet" sei und „die Schadstoffbelastung der Landökosysteme durch Immissionen industrieller Herkunft ... sich im Bezugszeitraum (1972–1976) aufs Ganze gesehen nicht wesentlich verändert" habe. Da im öffentlichen Bereich von 1972 bis 1976 immerhin 5,09 Mrd. DM für den Kläranlagenbau ausgegeben wurden und auch industrielle Unternehmungen ihre Anstrengungen verstärkt hatten, konnte 1978 die Wasserverschmutzung durch leicht abbaubare Stoffe als gemindert bzw. gleichgeblieben beurteilt werden. Hingegen mußte zumindest in Teilbereichen eine Belastungszunahme für die schwer abbaubaren Stoffe und Schwermetalle befürchtet werden. Die dafür zumeist verantwortliche Industrie drohte überdies, im Vergleich mit den kommunalen Anstrengungen beim Kläranlagenbau qualitativ zurückzubleiben. Die Tatsache, daß ein Auseinanderklaffen zwischen öffentlichen und privaten Wasserreinhaltungsbemühungen festzustellen war, unterstrich nur einmal mehr die immer noch bestehenden Probleme, durch staatliche Eingriffsmaßnahmen die Industrie zur dringend notwendigen Abkehr ihrer Brems- und Sabotagepolitik zu zwingen.

„Das bis zum Jahre 1976 geltende Wasserrecht des Bundes und der Länder hat in seiner praktischen Anwendung durch die zuständigen Behörden nicht zu verhindern vermocht, daß die Verschmutzung unserer Gewässer durch das Einleiten von nicht oder nur ungenügend geklärten Haus-, Gewerbe- und Industrieabwässern durchweg schlimmer geworden ist“,

urteilte ein Sachkenner.
Die Lage in der Luftreinhaltung war ebenfalls nur in Teilbereichen besser geworden; vor allem hoch belastete Räume waren divergierenden Entwicklungstendenzen ausgesetzt. Während einerseits die Staubemissionen (z. B. auch Blei) von 1965 noch 2,16 Mio. t auf 1975 0,56 Mio. t abnahmen, stagnierten die Werte gleichzeitig in einzelnen hoch belasteten Räumen. Zudem muß die unterschiedliche Gefährlichkeit einzelner Feinstäube berücksichtigt werden, für die z. T. wie bei Cadmium und Blei noch nicht einmal Höchstwerte durch die TA Luft vorgeschrieben werden. Einer nahezu konstant gebliebenen Schwefeldioxidbelastung stand eine steigende Stickoxidbelastung gegenüber, so daß vor allem, wie der Sachverständigenrat meinte „mit synergistischen Effekten im Sinne einer Steigerung der Wirkung des Schadstoffgemischs gegenüber der Wirkung der Einzelkomponenten gerechnet werden muß“.

Sowohl in der Wasserreinhaltung wie dem Immissionsschutz waren und sind die wissenschaftlichen und meßtechnischen Probleme ein Hemmnis für die weitere Entwicklung von Verbesserungsmaßnahmen. Die noch nicht gelösten Fragen der Risikobewertungen bei einzelnen Belastungsarten und ihrer synergetischen Wirkung kann wohl kaum durch eine einfache Anhebung bzw. Verschärfung der Grenzwerte gelöst werden. Selbst dem Laien ist klar, daß erheblich abweichende

Risikobewertungen allein durch die unterschiedliche Größe von Meßfeldern etwa für Immissionen zustande kommen; ob in einem Feld von 4 × 4 km oder von 1 × 1 km gemessen wird, ist angesichts vieler Unwägbarkeiten der äußeren Umstände schon von erheblicher Bedeutung. Fragwürdig ist auch das gesamte Konzept einer Umweltpolitik, die sich im wesentlichen als „Entsorgungspolitik" begreift.

„Kurzfristig kann die Entsorgungsstrategie . . . erfolgreich sein. Sie ist auch als zeitweilige Komponente in einem umweltpolitischen „Strategiemix" durchaus sinnvoll. Zumindest drei Aspekte lassen es aber als sehr plausibel erscheinen, daß nicht nur langfristig die erreichten Erfolge gefährdet sind, sondern daß auch die alten „Sorgen" auf einem höheren Niveau wieder auftauchen werden: 1. Wachstumsbedingte Restschadstoffakkumulation . . . 2. Kostenbelastung . . . 3. Problemverschiebung (zur Entsorgung aufgefangener Schadstoffe)".[204]

Werden im Bereich der Entsorgung gerade Mechanismen deutlich, mit deren Hilfe umweltpolitische Zielkonflikte von den politisch verantwortlichen Lenkungsorganen in die administrative Ebene verlagert werden, so kann nicht immer davon ausgegangen werden, daß administrative Erfahrungen im notwendigen Umfang in neue gesetzliche Regelungen einmünden. Weder sind die Spitzen der Exekutive immer bereit, den Erkenntnissen ihr unterstellter Praktiker oder wissenschaftlicher Einrichtungen zu folgen, noch schaffen sie in allen Fällen die optimale Organisation für die Vollzugskompetenz. Ein relativ geringes Entdeckungsrisiko bei Verstößen gegen umweltschützende Bestimmungen war bisher noch allzu oft gekoppelt mit ineffizienter Verfolgung und Ahndung entdeckter Verstöße. Verwaltungsaufwand und Ahndung von Verstößen standen offensichtlich auch in der jüngsten Vergangenheit noch in einem so krassen Mißverhältnis, daß davon eine Demotivierung der Kontrollbehörden zu befürchten war.[205]

Der Natur- und Landschaftsschutz ist trotz aller gesetzlichen Maßnahmen noch immer ziemlich mangelhaft. Insbesondere der Flächenutzungswandel gibt unter ökologischen Gesichtspunkten zu großen Sorgen Anlaß. Ökologisch wertvolle Flächen sind auch in den siebziger Jahren in rasantem Tempo verlorengegangen, die Zerstörung von Biotopen ging im wesentlichen ungehindert weiter. Bestehende Naturschutzgebiete sind meist zu klein, um nicht durch ungehinderte Benutzung und Gefährdung durch die sie umgebenden Gebiete beeinflußt zu werden. Selbst dort, wo Nationalparks gegründet wurden (Bayerischer Wald, Königsee), erwiesen sich die konkurrierenden Flächennutzungsansprüche aus Tourismus, Forstwirtschaft und Jagd als schwerwiegende Beeinträchtigung der eigentlichen Zielsetzung. „Die unzureichende Durchsetzungskraft des amtlichen Naturschutzes“, konstatierte der Sachverständigenrat nüchtern, „bringt erhebliche Vollzugsprobleme bei der Realisierung von Schutz- und Pflegemaßnahmen mit sich“. Gerade der Vollzug als Aufgabe der Länder scheint sowohl in personeller als materieller Hinsicht grundlegend verbesserungsbedürftig. Die positiven Trends in Natur- und Landschaftspflege faßte der Deutsche Rat für Landespflege so zusammen:

1. In Methodik und Systematik der Landschaftsplanung ist „ein erfreulicher Stand erreicht worden“. Probleme bestehen allerdings hinsichtlich der Rechtsverbindlichkeit der Landschaftspläne und der unzureichenden Pflege und Betreuung der nunmehr geschützten Landschaftsbestandteile.
2. Zahl und Umfang der geschützten Gebiete haben zugenommen, ebenso das allgemeine öffentliche Interesse am Artenschutz. Nach wie vor sind aber Bewußtseinstand über die Gefährdungen und die Pflege der Schutzgebiete unzulänglich. Die Gebiete sind meist zu klein, störende Nutzungen aus Land- und Forstwirtschaft sowie durch Erholungsverkehr bieten große Probleme.
3. Erhebliche Fortschritte sind beim Ausgleich von störenden Eingriffen in den Landschaftshaushalt erreicht worden, allerdings läßt die Anwendung des Prinzips der „Umweltverträglichkeitsprüfung“ noch zu wünschen übrig. Eingriffe werden noch zu selten auf ein Minimum begrenzt.

Aus diesem Resumee zieht der Deutsche Rat für Landespflege die Folgerungen, daß

- die zuständigen Verwaltungen personell und materiell noch besser als bisher ausgestattet werden müssen und als eigenständige Fachgebiete geführt werden müssen,
- größere finanzielle Inputs für Pflege und Entschädigungen für Nutzungsverzicht etc. von nöten sind,
- alle Gesetze und Planungen in Bund und Ländern auf ihre Umweltverträglichkeit hin geprüft werden müssen.[206]

3.4.4. Kernenergie – Kernfrage der Umweltpolitik?

„Noch nie in der Menschheitsgeschichte“, schrieb *Der Spiegel* Anfang 1977, „ist eine so teure und gefährliche Technologie unter so windigen

Voraussetzungen entstanden ... und noch nie hat die Menschheit – von Rüstungsausgaben abgesehen – soviel Geld für eine Entwicklung ausgegeben, die nach den Gesetzen der Vernunft eine Fehlentwicklung sein muß." Nur 20 Jahre vorher klangen die Urteile über die Kernenergie, soweit es ihre friedliche Nutzung anging, einhellig positiv; der gesamte zukünftige Fortschritt der Menschheit wurde von einigen Enthusiasten mit der Entwicklung dieser neuen Technologie verknüpft.

Erst sehr spät wurden Bedenken gegen die von Staat, Großindustrie und Wissenschaftlern durchgesetzte Strategie der nuklearen Energieversorgung so laut vorgetragen, daß die politisch Verantwortlichen glaubten, reagieren zu müssen. Noch zu Beginn der siebziger Jahre gab es selbst unter engagierten Umweltschützern kaum jemanden, der sich intensiv mit den Problemen der Kernenergienutzung befaßt hätte. Erst Erfolge von Umweltschützern in den USA und der allgemeine kritischere Trend in der Bundesrepublik seit Ende der sechziger Jahre schufen hier Wandel. So konnte sich – weitgehend ungehindert von jeglicher politischer oder wissenschaftlicher Opposition – die zivile Nutzung der Kernenergie zu einem besonders prägnanten Beispiel für die von Menschen selbst geschaffenen Umweltprobleme entwickeln. Wie sonst bei keiner Umweltproblematik (mit Ausnahme gewisser Chemieproduktionen) verdichten sich hier die Fragen nach Nutzen, Risiken, internationalen und innergesellschaftlichen Auseinandersetzungen und der Notwendigkeit technischen Fortschritts schlechthin. Binnen 25 Jahren produzierten die führenden Industrienationen der Welt mit ungeheuren Investitionen einen potentiell nicht immer beherrschbaren Komplex von technologischen Anwendungen wissenschaftlicher Erkenntnisse, der gleichzeitig nur mit Milliardenaufwand und unkalkulierbaren gesellschaftlichen Kosten zu einem „Restrisiko" heruntergesichert werden kann.

Die Einigkeit in dem Bestreben, die friedliche Nutzung der Kernenergie in der Bundesrepublik zu fördern, reichte quer durch alle Parteien und gesellschaftlichen Gruppen, trotz oder gerade wegen der Ablehnung und Angst von/vor militärischer Nutzung der Atomenergie durch andere Staaten. Diese Einigkeit schlug sich im unumstrittenen „Atomprogramm" der Bundesregierung nieder, das drei Stufen vorsah:

1. Förderung der Atomforschung und des wissenschaftlichen Nachwuchses,

2. Entwicklung von Versuchsreaktoren,
3. Entwicklung von Leistungsreaktoren.

Diese drei Stufen sollten allerdings nicht nacheinander, sondern nebeneinander verfolgt werden. Darin zeigte sich die Entschlossenheit bestimmter Kreise, den technologischen Rückstand der Bundesrepublik auch zu Lasten der Sicherheit aufzuholen. In rechtlich weitgehend ungeklärten Räumen traf die Bundesregierung mit den verantwortlichen Atomministern Strauß (Oktober 1955 bis Oktober 1956) und Siegfried Balke (bis Dezember 1962) schwerwiegende Entscheidungen über die zukünftige Atompolitik. Dies betraf zunächst vor allem die Entscheidung über Bau und Standort des ersten deutschen Forschungsreaktors, der in Karlsruhe entstehen sollte.[207]

Kontrovers diskutiert wurde von den Parteien allerdings recht bald die Art und Weise, wie die damals bereits bekannten Sicherheitsprobleme behandelt werden sollten. „In der Öffentlichkeit besteht leider eine weitgehende Verwirrung über die Gefahrenquellen und ihre Ursachen“, mußte Atomminister Balke schon im Februar 1957 zugeben. „Es ist kein Geheimnis, daß in weiten Kreisen der Bevölkerung der Eindruck besteht, gewisse Gefahren, die mit der Atomenergieverwertung verbunden sind, sollten aus irgendwelchen Gründen verheimlicht werden. Ich fühle mich oder mein Ministerium deshalb aber nicht in den Anklagezustand versetzt,“ erklärte Balke weiter, da die möglichen Gefährdungen alle öffentlich zugänglich in wissenschaftlicher Literatur erörtert würden. Diese grundsätzlich wenig verantwortungsbewußte Einstellung, nämlich dem Bürger selbst die eigene Aufklärung über Gefahren zuzumuten, die von anderen geschaffen wurden, wurde ergänzt durch den Grundsatz, daß man „ebenso wie bei der Beurteilung der Energielücke auch bei den Schutzmaßnahmen einen Mittelweg suchen (müsse), der den aus Sicherheitsgründen erforderlichen Schutzaufwand in Einklang hält mit wirtschaftlichen Notwendigkeiten“. Demgegenüber verlangte die SPD eine „ruhige und sachliche Auseinandersetzung“ mit den Problemen des Gefährdungspotentials: „Wir müssen die Dinge offen ansprechen. Wir müssen dafür Sorge tragen, daß nichts, aber auch nichts verheimlicht wird. Nur dann wird es möglich sein, das unerläßliche Klima des Vertrauens in der Bevölkerung zu schaffen.“ Zu diesem Zweck verlangte die SPD die Schaffung einer „unabhängigen Kommission zum Schutze der Bevölkerung vor Radioaktivität“. Die SPD führte in ihrer Begründung für diese Forderungen an, daß die widersprüchlichen Aussagen führender Wissenschaftler durch Erklärungen des Atomministeriums und der interessierten Industrie für die Bevölkerung nicht weniger beunruhigend gemacht würden. An einer Reihe von Vorfällen wies die SPD überdies nach, daß warnende Stimmen aus der Wissenschaft durch Vertreter des Atomministeriums abgewertet oder lächerlich gemacht wurden, so daß sich Beobachtern der Eindruck aufdrängte, „daß unser Atomministerium in dieser Beziehung nur Optimisten in seinen Reihen hat“.

Die Warnung des SPD-Abgeordneten Ratzel vor einem „Atomrausch“, in dem die künftige Sicherheit verspielt werden könne, wurde vom Parlament nicht in eine Politik der optimierten Sicherheit vor Kernkraftrisiken umgesetzt, weil sich die Atomwirtschaft weitgehend unter dem Deckmantel des wissenschaftlich-technischen Fortschritts die Legitimation für eine ad hoc-Planung und nicht für eine durchdachte, öffentlich diskutierte Forschungspolitik verschaffte. Letztere hätte neben dem Reaktorbau unbedingt die Probleme des Brennstoffkreislaufes vollständig umfassen müssen.[208]

Das umweltgefährdende Potential der Kernkraftwerke ergibt sich aus:

1. ionisierender (radioaktiver) Strahlung beim
   - Uranbergbau,
   - Brennstoffkreislauf incl. der Wiederaufarbeitung und des Transports radioaktiver Stoffe,
   - Betrieb von Kernkraftwerken, wobei wiederum zwischen Normalbetrieb, Störfällen und Unfällen zu unterscheiden ist. Der Übergang ist i. d. R. schwierig abzugrenzen.
2. Freisetzung ionisierender Strahlung durch externe Einflüsse, z. B. Kriegseinwirkungen, Terroranschläge, Flugzeugabstürze, Erdbeben.
3. Mißbrauch der Nebenprodukte des Kernspaltungsprozesses, insbesondere von Plutonium für die Waffenherstellung.
4. Belastung der Umwelt durch die hohen Abwärmeabgaben und die Raumansprüche der Kernkraftwerke.

Aufgrund dieses insgesamt hohen Gefährdungspotentials der Kernkraftwerke im Vergleich zu herkömmlichen Formen der Elektroenergiegewinnung wurden von wissenschaftlicher und staatlicher Seite von Anbeginn der friedlichen Nutzung der Atomenergie besondere Forderungen an Sicherheits- und Überwachungsniveau der Anlagen gestellt, die sich selbstverständlich in einem ungünstigeren Kosten/Nutzenverhältnis niederschlugen. Hierbei war es offensichtlich so, daß man gegenüber anderen historischen Technologieentwicklungen nicht allein ein System von *trial and error* für die Sicherheitsforderungen zugrunde legte, sondern sich zumindest um antizipatorische Risikoerkenntnis in höherem Maße als bis dahin üblich bemühte. Dies schließt nicht aus, daß die Bemühungen zum Teil doch nicht ausreichend waren und häufig nur gegen beträchtlichen Widerstand der Kernkraftwerksbetreiber aus der Energiewirtschaft durchgesetzt werden konnten.

Von den in Kernreaktoren ablaufenden Prozessen werden trotz umfangreicher Sicherheits- und Schutzvorrichtungen ein kleiner Teil der gebildeten strahlenden Radionuklide an die Umwelt abgegeben; im wesentlichen handelt es sich dabei um radioaktive Edelgase, Jod und das Wasserstoffatom Tritium, die zwar durch die Abluft- und Abwasseranlage zu einem erheblichen Teil zurückgehalten, aber z. T. eben doch emittiert werden. Diese zwangsläufigen Folgen des Normalbetriebs von Kernreaktoren sind durch Rechtsvorschriften entsprechend dem Stand der Wissenschaft begrenzt; im allgemeinen unterschreiten die tatsächlichen Emissionen die vorgeschriebenen Grenzwerte beträchtlich.

Skeptiker und Kritiker der Kernenergienutzung betonen zu Recht immer wieder, daß die künstlich abgegebene Radioaktivität aus Brennstoffkreislauf und Normalbetrieb von Kernkraftwerken keiner Toleranzschwelle unterliegt, unterhalb derer biologische Veränderungen und Schäden nicht eintreten. Neben der Krebsgefährdung seien vor allem genetische Schadensmöglichkeiten unzureichend, d. h. vor allem ohne Langzeitbeobachtung erforscht. Besonders die Wirkungen der in großen Mengen emittierten Radionuklide Kohlenstoff-14 und Tritium, die leicht in Organismen eingebaut werden können, würden ebenso unterschätzt wie die synergistischen Effekte.

Die Strahlendosisbehandlung bei Störfällen und Unfällen hat in einigen Fällen bzw. muß die zulässigen Belastungsgrenzen überschritten/überschreiten. Risikostudien haben sich insbesondere mit den Folgen eines Größten Anzunehmenden Unfalls (GAU) beschäftigt in der Absicht, Wahrscheinlichkeit und Umfang der Risiken eines GAU zu kalkulieren. Die Unfallauswirkungen eines GAU, der durch Schmelzen des Reaktorkerns oder Bersten des Sicherheitsbehälters und der umgebenden Betonhülle ausgelöst werden könnte und dessen Auftreten nicht mit absoluter Sicherheit ausgeschlossen werden kann, würden weitgehend vom Zeitablauf der Ereignisse, den Wetterverhältnissen und der Besiedlung abhängen. Die amerikanische „Rasmussen-Studie“

kam zu dem Ergebnis, daß ein GAU mit einer Wahrscheinlichkeitsrate von 20000 Reaktorbetriebsjahren eintreten könnte, die den deutschen Verhältnissen besser angepaßte „Deutsche Risikostudie“ ermittelte eine Häufigkeit der Kernschmelze von rund einmal in 10000 Jahren und als größten Schaden 104000 Tote aus Spätschäden im Verlauf von 30 Jahren einmal in zwei Milliarden Betriebsjahren.

Von erheblich größerer praktischer Bedeutung sind in der Gegenwart diejenigen Strahlenemissionen, die durch Uranbergbau und Brennstoffkreislauf freigesetzt werden. Die Bewertung beider Emissionsquellen ist heftig umstritten, doch steht fest, daß insbesondere die Wiederaufarbeitung der Kernbrennstoffe besondere Risiken enthält. Da vor allem wegen der Knappheit des spaltbaren Urans eine Wiederaufarbeitung der Brennstoffe von den Befürwortern der Kernenergie für unumgänglich gehalten wird, sind bei Verwirklichung vorhandener Pläne für Wiederaufarbeitungsanlagen erhebliche Sicherheitsrisiken vor allem durch die nahezu unkontrollierte Abgabe von Jod 129 und Krypton 85 sowie durch die bisher technisch im Großversuch ungelöste sichere Endlagerung der hochaktiven Abfälle zu erwarten.

Die Aufnahme der Strahlenbelastung durch Menschen, Tiere und Pflanzen erfolgt über bestimmte Pfade, nämlich: durch Abregnen (Submersion) werden die Aufnahme von radioaktiven Partikeln über die Nahrungskette (Ingestion) und das Einatmen (Inhalation) gefördert; allerdings können Ingestion und Inhalation auch direkt durch Wasseraufnahme und Einatmen geschehen.

Nicht zu vernachlässigen sind die allgemeinen Umweltbelastungen, die von Kernkraftwerken durch Abwärme und Eingriffe in das Landschaftsbild ausgehen. Der hohe Bedarf an Kühlung und das Anliegen, einerseits die vorhandenen Risiken für die Bevölkerung zu minimieren und andererseits energiepolitische Überlegungen wie Nähe zum Abnehmer führten dazu, daß Kernkraftwerke häufig dort geplant wurden/werden, wo aufgrund relativ geringer Siedlungsdichte bei gleichzeitiger Nähe zu Ballungsräumen die allgemeinen ökologischen Belastungen der Landschaft bis dahin relativ gering waren/sind und die landschaftliche Eigenart in der Nähe fließender Gewässer als besonders schön gelten konnte/kann. Beispielhaft dafür sind etwa die Standorte bei Wyhl am Rhein und Brokdorf in der Elbmarsch; ähnliches gilt für mögliche Standorte von Wiederaufbereitungsanlagen wie etwa Gorleben.

Erst die massive Kritik von seiten der Umweltschutzorganisationen und Kernkraftgegner hat dazu geführt, daß die anfänglich recht bedenkenlos geplante Abwärmeabfuhr über die Flüsse ökologisch weniger gravierenden Lösungen (Kühltürme im Naß- oder Trockenverfahren) weichen mußten.[209]

Es wäre übertrieben, die Nutzung der Kernenergie zur Kernfrage des Umweltschutzes erklären zu wollen; denn neben den politisch zu verantwortenden Gefährdungen durch diese Energiegewinnung bedrohen die chemische Industrie und der allgemeine Landschaftsverbrauch ebenso wie die Wärme- und Elektroenergiegewinnung aus fossilen Brennstoffen die Umwelt in annähernd gleichen Maßen. Lediglich die Heftigkeit der Auseinandersetzung um die Gefährdungen ist erheblich größer.

Dies beruht zum einen auf der Novität der Atomenergie im Vergleich zu weitgehend bereits akzeptierten Risiken etwa der chemischen Produktion und zum anderen auf den Durchsetzungsstrategien der Atomenergiebefürworter und -gegner. Auf der Seite der Befürworter, der Industrieverbände, Anlagenbauer und Großkonzerne der Elektrizitätswirtschaft herrschte eine risikobereite Wachstumseuphorie vor, bei den Gegnern steigerten sich viele in apokalyptische Untergangsphantasien antimodernistischer Prägung. Die Verantwortung für die teilweise irrationalen Formen der Auseinandersetzung muß aber in erster Linie der autoritären, antidemokratischen, weil partizipationsfeindlichen Praxis der Kernenergieanwender gegeben werden.[210] So wurden Widernisse, Risiken, Unfälle in Kernkraftwerken jahrelang heruntergespielt, wurde einer zugegebenermaßen nur beschränkt diskussionsfähigen Öffentlichkeit bzw. veröffentlichten Meinung nur das Verständnis locker abgefaßter Pro-Kernenergie-Broschüren zugetraut. Unterstützt wurde dieses Verhalten der Industrie durch die Politik der Bundesregierungen jeglicher Couleur. Beispielhaft dafür, wie die bereits von Minister Balke skizzierte Sicherheitsstrategie auch von späteren Bundesregierungen angewendet wurde, ist die Antwort der Bundesregierung auf eine Große Anfrage der SPD und der FDP am 16. 7. 1975, eine Antwort voller Widersprüche: Zum Problemkreis „Brennstoffkreislauf" wird etwa festgestellt: „Für die hochaktiven Abfälle *befinden sich* mehrere Verfahren derzeit *in Entwicklung* . . . (Es) *kann* damit gerechnet werden, daß eine weitere Reduzierung der Emissionen *möglich sein wird* . . .

(Auch wenn die Entsorgung) noch nicht endgültig im industriellen Maßstab gelöst ist, *ist . . .* in diesem Bereich ***keine** Gefährdung der Umwelt zu befürchten.*" (Hervorh. d. Verf.) Obwohl also klar zugegeben wurde, daß es sich bei vielen Problemen erst um erwartete Lösungsmöglichkeiten handelte, sah die Bundesregierung ihre Option für die Kernenergienutzung als gerechtfertigt an. Als Beruhigung gedacht war auch, was im Rückblick höchst unruhig machen mußte: der Hinweis, daß am 25. 5. 1973 die Reaktorsicherheitskommission, am 19. 4. 1974 die Strahlenschutzkommission, am 15. 9. 1974 der Kerntechnische Ausschuß als Diskussionsforum für Sicherheitstechnik gegründet wurden. Was, so mußte sich der Leser fragen, war eigentlich vorher in Fragen der Reaktorsicherheit los, wenn auf die Notwendigkeit einer Personalverstärkung in den Kernkraftgenehmigungsbehörden der Länder „am 30. November 1973 erstmalig in aller Deutlichkeit" vom Bundeskanzler hingewiesen wurde?[211]

Bis zum Beweis des Gegenteils muß leider davon ausgegangen werden, daß Sicherheitsfragen bis zum Beginn der siebziger Jahre eine untergeordnete Rolle in der Atompolitik spielten. Das Verdienst, „das Streben, möglichst schnell Reaktoren zu bauen, und die Verpflichtung, darauf zu achten, daß die Reaktoren auch sicher sind", wenigstens organisatorisch getrennt zu haben, kommt dem parteilosen Forschungsminister Leussink (1969–72) zu. Konsequente Fortentwicklung einer Reaktorsicherheitspolitik war dann die Eingliederung der entsprechenden Abteilung in das Bundesinnenministerium im Jahre 1972. Erst danach kam die Reaktorsicherheitsforschung durch ein Forschungsprogramm richtig in Gang. Daß erst in der 4. Novelle zum Atomgesetz (1974) ein politisches Entsorgungskonzept vorgelegt wurde, muß gleichfalls als ein schwerwiegendes Versäumnis der Atompolitik gelten. Angesichts solcher leichtfertigen Handhabung so potentiell gefährlicher Politikbereiche verwundert allenfalls, wie spät erst eine Massierung der Proteste von Kernkraftgegnern erfolgte. Erfreulich ist immerhin, daß diese Proteste in ihrer rational-argumentativen Spielart politisch aufgegriffen wurden und zur kontinuierlichen Fortentwicklung der Sicherheitstechnik beigetragen haben.

Unbestreitbar hat die Sicherheitstechnik und die entsprechende politische Kontrolle in der Bundesrepublik einen erheblich höheren Stellenwert als in manchem anderen Land. Das prinzipiell nicht aufhebbare Spannungsverhältnis zwischen Sicherheit und Wirtschaftlichkeit von Kernkraftwerken erfordert aber immer wieder gespannte Aufmerksamkeit, ob tatsächlich alle möglichen Verbesserungen der Sicherheit frühestmöglich und ob tatsächlich alle Sicherheitsbegutachtungen möglichst Betreiber-unabhängig vorgenommen werden. Zweifel daran haben jedenfalls auch verantwortliche Politiker, nicht nur Atomkraftgegner. Wie anders ist es zu erklären, daß 1977 in der Strahlenschutzverordnung Höchstwerte für Strahlendosen eingeführt wurden, die weit unter denen der internationalen Strahlenschutzkommission und von Euratom liegen? Wie ist sonst die Frage von Staatssekretär Hartkopf zu verstehen, der nach dem Unfall in Harrisburg (USA) und der anschließenden Aufstockung der finanziellen und personellen Mittel für die Reaktorsicherheit in der Bundesrepublik sagte: „(Ich will) die Frage offen lassen, ob Förderungsforschung und Sicherheitsuntersuchung schon in einem ausgewogenen Verhältnis zueinander stehen."

Schließlich ist das Dilemma, das die Atompolitik mit anderen Aspekten der Umweltpolitik teilt, nämlich die Abhängigkeit vom technischen Urteil industrie-beeinflußter Experten nach wie vor nicht gelöst. Hierzu stellte eine knappe Minderheit der Enquete-Kommission des Bundestages 1980 in aller Deutlichkeit fest:

> „Regelsetzungsgremien im nuklearen Sicherheitsbereich sind bislang so besetzt, daß gegen das Votum wirtschaftlicher Interessengruppierungen dort keine sicherheitstechnische Regel verabschiedet werden kann. Demgegenüber sind andere Gruppierungen, deren Interessen durch die Regelsetzung ebenfalls betroffen werden, nicht oder nur unzureichend vertreten."[212]

Unter umweltpolitischen Kriterien erscheinen die angeschnittenen Fragen insofern von geringerer Relevanz, als weder der Nutzung der Kernenergie noch der fossilen Energieträger eine eindeutige Präferenz zuerkannt werden kann. Alle diese Energiequellen sind, wie z. T. auch die regenerativen Energiequellen, mit großen Umweltbelastungen verbunden. Daher stellt sich prinzipiell die Frage, ob eine expansive Angebotsstrategie im Energiesektor umweltpolitisch noch vertretbar ist. Für die dicht besiedelte und hoch belastete Bundesrepublik stellt sich diese Frage noch nachdrücklicher als für die meisten anderen Staaten.

Der Rat von Sachverständigen für Umweltfragen kam daher 1981 zu dem Schluß, daß bei der gegenwärtigen Kernkrafttechnologie eine Expansion über die bereits genutzten und ernsthaft geplanten Standorte hinaus umweltpolitisch nicht zu verantworten sei. Energieeinsparung sei daher ein sicherer, neue Reaktortechnologien ein perspektivisch möglicher Weg zur Sicherung der Umweltqualität. Dies schließt fortgesetzte Bemühungen ein, durch naturgesetzlich wirksame Sicherheitseigenschaften von Reaktoranlagen die Unsicherheiten menschlichen Fehlverhaltens in Mensch/Maschine-System zu reduzieren.[213]

4. Zusammenfassung: Lange gute Tradition und die Zukunft der Umweltpolitik

Aus der deskriptiven Problemskizze über Bedingungen und Entwicklung der Umweltpolitik in Deutschland lassen sich einige Ergebnisse bereits jetzt, trotz noch weithin dürftigen historischen Kenntnisstandes in allgemeiner Form darstellen:

1. Rechtsnormen und Verwaltungspraxis staatlichen Handelns, das aus heutiger Sicht als Umweltpolitik bezeichnet werden darf, entwickelten sich in Deutschland in historischen „Schüben". Nachdem in der Regel ein Problemstau zu geschärftem „öffentlichen" Bewußtsein geführt hatte, entwickelten sich zwar meist zu spät, aber dann endlich doch adäquate Rechtsnormen, die mittelfristige dramatische Verschlechterungen der Umweltsituation verhinderten. Die Verspätung in der Entwicklung der Rechtsnormen und dann in der Verwaltungspraxis ist großenteils direktes Ergebnis a) der besonderen verfassungsrechtlichen Situation des jeweiligen deutschen Staatssystems, b) der besonderen deutschen politischen Kultur mit ihrer bis in die jüngste Zeit schwachen parlamentarischen Ausprägung einerseits und der Dominanz staatlicher Bürokratie und dem starken Einfluß wirtschaftlicher Interessenverbände andererseits. Bis auf den heutigen Tag stehen die verfassungsrechtlichen Strukturen des Föderalismus, die direktes Entwicklungsprodukt einer tausendjährigen deutschen Geschichte sind, in starkem Widerspruch zu den Anforderungen ökologisch orientierter Umweltpolitik. Ob im Wasser-, Naturschutz- oder Immissionsrecht – legislativer und administrativer Reibungsverlust waren und sind für Deutschlands Umweltpolitik typische Begleiterscheinungen.

2. Umweltpolitische Entscheidungen wurden während des gesamten Untersuchungszeitraumes mit der meist unausgesprochenen Maßgabe getroffen, eine politische Wertung der Umweltschädlichkeit einzelner Eingriffe zu vermeiden. Der ökonomisch bedingte Grundwiderspruch zwischen Nutzung und (kostenintensiver) Schonung und Vorsorge

wurde entsprechend neuzeitlicher Denktradition als ein wissenschaftlich-technisches Definitionsproblem behandelt. Für diese Art der Konfliktbeschwichtigung waren die politischen Lenkungsorgane immer zu finanziellen Opfern beschränkten Umfangs und mäßig erfolgreichen administrativen Organisationsänderungen bereit. Waren es vor dem Zweiten Weltkrieg vor allem die staatlichen Forschungseinrichtungen, denen z. T. im ihnen zugestandenen Freiraum zukunftsweisende umweltpolitische Ansätze gelangen, so verlagerte sich nach 1945 der Schwerpunkt allmählich zu den staatlichen Eingriffsbehörden. Diese stehen heute zu Recht im Mittelpunkt des Interesses, wenn von effizienterer technologischer Umweltpolitik die Rede ist.

3. Die Kontinuität der Umweltpolitik in Deutschland wurde nicht nur durch diese strukturellen Probleme gefährdet, sondern vor allem durch die prozessualen Gegebenheiten der deutschen Geschichte geprägt. Höchst vielversprechende Ansätze in einzelnen Bereichen sind immer wieder durch die Kriegsereignisse und die damit zusammenhängenden wirtschaftlichen Sonderentwicklungen gestört worden. Neben den personellen und finanziellen Einschränkungen, die durch diese Ereignisse begründet wurden, ist vor allem die enorme ökologische Belastung des Gebietes der Bundesrepublik infolge der dramatischen Bevölkerungsverschiebung am Ende des Zweiten Weltkrieges zu erwähnen. Hinzu trat die aufgrund der politischen Krisen entstandene sozialpsychologische Bewußtseinslage der Bevölkerung, der ein schonender und vorsorglicher Umgang mit natürlichen Ressourcen als Alternative zum möglichst unbegrenzten Wachstum der Wirtschaft nur schwerlich zu vermitteln war.

4. Die Fortschritte, die trotz aller Einschränkungen unzweifelhaft gemacht wurden, erklären sich durch drei Faktoren: Auch wenn die politischen Parteien nur in Ansätzen zu einem ökologischen Konzept fanden, erwiesen sich besonders die Parteien der Mitte und der Linken bei offensichtlichen Problemlagen als responsiv. Relativ früh wurde von ihnen, oft verdunkelt und wenig konkret, der Zusammenhang zwischen dem Zustand der äußeren Lebenswelt und dem inneren physischen und psychischen Zustand erahnt und der Versuch unternommen, die Verschlechterung der Lebensbedingungen zu mildern, ohne daß insgesamt eine Verminderung der umweltbedingten Lebensrisiken möglich geworden wäre. Der zweite Faktor war der konse-

quente Einsatz subjektiv und objektiv Betroffener, der sich von einzelnen klageerhebenden Bürgern über die Naturschützervereine und diversen sonstigen Interessenvereinigungen bis zu den Bürgerinitiativen moderner Prägung erstreckt. Drittens muß auf das soziale Ethos der im Grunde zwar paternalistischen, aber objektiv oft „fortschrittlichen“ deutschen Bürokratien verwiesen werden. Es wäre ein vermessener Ansatz, die Aktivitäten dieser Bürokratie mit dem jeweils möglichen Maximum an umweltpolitischem Handeln vergleichen zu wollen; und sicherlich gab es mehr gegenläufige umweltschädigende bürokratische Initiativen als umweltschonende, wie sich am Beispiel von Straßen- und Wasserbau leicht zeigen ließe. Dennoch läßt unsere Untersuchung nur den Schluß zu, daß viele der entscheidenden umweltpolitischen Initiativen, von der Emschergenossenschaft bis zum Immissionsschutzgesetz, durch das Verantwortungsbewußtsein einzelner Beamter zustande gekommen sind.

„Waren die siebziger Jahre“, so wertete die SPD-Kommission für Umweltfragen die Ökologie Anfang 1981, „im Ökologiebereich das Jahrzehnt des Aufspürens ökologischer Versäumnisse und des Versuchs, mit dem Verursacherprinzip die Hauptproblembereiche der Umweltverschmutzung einzudämmen, so müssen die achtziger Jahre das Jahrzehnt werden, in dem Ökologiefragen in die Kreisläufe unserer wirtschaftlichen Entwicklung von vornherein miteingebaut werden. Vorsorge statt Nachbehandlung im Ökologiebereich heißt seit langem die Herausforderung.“[214] Diese richtige Charakterisierung zukünftiger Entwicklungsziele der Umweltpolitik läßt außer acht, daß die schöpferische Aufarbeitung der bisherigen Geschichte der Umweltpolitik bisher weder theoretisch noch praktisch soweit gelungen wäre, daß das Aufspüren der Versäumnisse bereits hinfällig oder das Aufgespürte hinreichend sicher entschärft worden wäre. Bevor die Forderung „Vorsorge statt Nachbehandlung“ wie andere umweltpolitische Forderungen vorher von den Technokraten der Produktionsmaschinerie für die eigenen Legitimierungsbedürfnisse usurpiert wird, darf nicht das Fragen danach aufhören, wie unsere gewachsenen verfassungsrechtlichen Strukturen in Einklang mit ökologischen Erfordernissen gebracht und wie unsere Parteien und Politiker empfindsamer für die Belange des Umweltschutzes gemacht werden können, wie das Engagement von einzelnen und Gruppen aus der Bürgerschaft ermutigt statt gehemmt, gefördert statt abgewürgt werden kann, wie die Durchsetzungschancen der Umweltschutzadministrationen verbessert werden können; und vor allem muß die Diskussion darüber erst beginnen, zu welchen Konsum- und Produktionsniveaus sich unsere Gesellschaft bewußt entschließen will. Deshalb ist die Forderung Georg Pichts nach verstärkter wissenschaftlicher Politikberatung, und das gilt gerade auch für die historisch orientierte Methode, nach wie vor ein höchst aktueller Beitrag zu einer bewußteren Gestaltung unserer Umwelt in den kommenden Jahrzehnten.

Dabei ist allen, die sich auch nur mit den Grundstrukturen der Problematik vertraut gemacht haben, klar, daß ein weiterer Fortschritt im Umweltschutz nicht allein von Anstrengungen in der Bundesrepublik, sondern von gesamteuropäischen und weltweiten Bemühungen abhängig ist. Die besten einzelstaatlichen Maßnahmen müssen Stückwerk bleiben, wenn die weltweite Problematik der Schwefelregen und des Herbizidgebrauchs – um nur zwei Beispiele zu nennen – nicht in mittelfristigen Zeitspannen gelöst werden können.

Neben den großenteils noch ungelösten Problemen der internationalen Zusammenarbeit im Umweltschutz stellt sich somit im nationalen Rahmen das entscheidende Problem in der Durchführung und vollen Anwendung der bestehenden Gesetze. Besonders enttäuschend ist dabei, daß oftmals die wichtigen Beiträge und Gutachten der Sachverständigenräte und Forschungsinstitute, die von den politischen Lenkungsorganen als Hilfen herangezogen werden, leider nur eine Alibifunktion haben. Dieses Urteil mag hart klingen, drängt sich aber auf angesichts der Tatsache, daß bei einer Reihe festgestellter Defizite der Umweltpolitik die berechtigte Kritik nur zögernd und unvollständig aufgenommen wird oder gänzlich unbeachtet bleibt.

Anmerkungen

Die Zitierweise beschränkt sich bei selbständigen Schriften auf Autor und/oder Kurztitel und Seitenangabe, der genaue bibliographische Nachweis ist dem Literaturverzeichnis zu entnehmen. Für Abkürzungen in den Quellenangaben sei auf das entsprechende Verzeichnis der Quellenlage verwiesen.

1 Picht, G., Wissenschaftliche Politikberatung und Umweltschutz, in: Merkur, 1972, S. 309 ff., hier S. 316 f.

2 Diese Definition der Umweltpolitik folgt derjenigen des „Umweltprogramms" der Bundesregierung von 1971, vgl. BT D VI 2710, S. 6. Zum folgenden siehe die Literatur zum zweiten Kapitel (Anm. 10 ff.).

3 Nach Umfragen waren 1970 44% der Befragten zu persönlichen Opfern für den Umweltschutz bereit, 1977 stieg der Wert bereits auf 7%. So kamen die Wissenschaftler Fietkau und Kessel neulich in einer Arbeit für das Bundesinnenministerium zu dem Ergebnis, daß Umweltpolitik durch eine positive Grundeinstellung der westdeutschen Bevölkerung getragen wird. Der Umweltschutz müsse daher nicht länger in allgemeiner Form propagiert werden. Es fehle aber in der Bevölkerung eine Gesamtsicht der Wirkung ökologischer Zusammenhänge und deren Auswirkungen auf soziale Strukturen. Damit stellt sich heute als entscheidendes Problemfeld die Umsetzung von Bewußtsein in geänderte Verhalten. Vgl. Bild der Wissenschaft, 4/1980, S. 101 ff. Außerdem ergibt sich zwingend, daß die Bevölkerung nach wie vor nur in rudimentären Ansätzen die notwendige Kontrolle der Experten leisten kann.

4 So werden die ebenfalls bedeutsamen Komplexe Müllbeseitigung, Lärm und Energiegewinnung hier nicht mit eigenen Abschnitten berücksichtigt. In allen drei Bereichen ist die Quellenlage äußerst schwierig – z. T. weil es sich um ehemals überwiegend kommunale Zuständigkeiten handelte, ist das Quellenmaterial sehr verstreut gelagert, z. T. ist das Material wegen der Novität der Ereignisse noch nicht zugänglich. Zur Orientierung über diese Bereiche der Umweltpolitik siehe das grundlegende Werk von Buchwald, K., und Engelhardt, W., ed., Handbuch für Planung . . ., 1978 ff.

5 Die Literatur zu dieser Frage ist mittlerweile kaum mehr zu übersehen. Verwiesen sei deshalb hier auf einige anregende und grundsätzliche Beiträge, die in „Aus Politik und Zeitgeschichte, Beilage zur Zeitschrift ‚Das Parlament'" erschienen sind, und zwar: Zweigert, K. u. V. Gessner, Der Umweltschaden, 30/1975, S. 20 ff.; Zellentin, G., Risiko und politische Verantwortung, 7/1980, S. 13 ff.; Voigt, R., Umweltschutz zwischen Politik, Ökonomie und Recht, 17/1980, S. 3 ff.; Weidner, H., Von der Schadstoffbeseitigung zur Risikoverhinderung, 44/1977, S. 34 ff. Im übrigen grundlegend: Buchwald, K. u. W. Engelhardt, ed., Handbuch für Landschaftspflege und Naturschutz, 1968, und dies., Handbuch für Planung, Bd. I, 1078 ff., wichtigste Literatur zum Thema. Leicht zugänglich und populär geschrieben, gleichwohl gründlich ist Gruhl, Planet,

passim, und Nicholson, Umweltrevolution, passim. Sehr wichtig: Umweltgutachten 1978, hrsg. vom Rat der Sachverständigen.

6 Die Abb. nach Buchwald/Engelhardt, Hdb. f. Planung, Bd. 1, S. 4 u. 12.

7 Ebenda, S. 3.

8 Vgl. Hasl, Geschichte, S. 6–21. Nicholson, Umweltrevolution, S. 138 ff. Schoenichen, Naturschutz, S. 63 ff. Gebhardt, Hdb. d. dtsch. Geschichte, Bd. IV, Teil 11. Für die Zeit bis zum Ende des 19. Jahrhunderts sehr informativ und mit weiterführender Literatur: Bayerl, G., Materialien zur Geschichte der Umweltproblematik, in: Technologie und Politik, Das Magazin zur Wachstumskrise, Bd. 16, Reinbek 1980, S. 180–219.

9 Vgl. Engelsing, Sozial- u. Wirtschaftsgeschichte, S. 143 ff. Landes, Prometheus, S. 187, 211, 275. Hohorst, Arbeitsbuch, S. 45. Stier, Atlas, S. 142 f.

10 Wehler, Kaiserreich, passim. Huber, Verfassungsgeschichte, Bd. 2.

11 Das älteste Beispiel einer Naturschutzmaßnahme reicht allerdings in weit frühere Zeiten zurück und war noch nicht wissenschaftlich begründet. Die Schutzverordnung des Herzogs Rudolf August von Braunschweig für die Baumannshöhle im Harz erging im Jahre 1668. Nachdem diese Tropfsteinhöhle bereits Mitte des 16. Jahrhunderts in der Literatur (Georg Agricola) erwähnt und beschrieben worden war, hatte ein Besucherstrom eingesetzt, der die so oft üblichen Beschädigungen von Höhlen durch Souvenirsammler zur Folge hatte. Die herzogliche Verordnung stellte die Höhle unter Aufsicht eines Bergmannes, verbot Beschädigungen und regelte den Zugang. Erst zu Beginn des 19. Jahrhunderts folgten dann weitere qualitative Fortschritte im Naturschutz. Auf Privatinitiative romantischer und naturästhetisch gesinnter Bürger wurde 1836 der Drachenfels im Siebengebirge das erste Naturschutzgebiet Deutschlands. Vgl. dazu Buchwald/Engelhardt, Hdb. f. Landschaftspflege, S. 97 ff. Ant, H., 300 Jahre Naturschutz im Harz, in: Natur und Landschaft, 1969, S. 15 f.

12 Kirk, G., Säugetierschutz vor 300 Jahren und heute, in: ebenda, S. 197 ff. Erz, W., 50 Jahre Deutsche Sektion des Internationalen Rates für Vogelschutz, in: ebenda, 1973, S. 54 ff.

13 Vgl. König, Reinigung, S. 1 ff. Internationaler Verein, 1878, S. 5 u. 8.

14 Gaffga, P., Anfänge des Umweltschutzes in Oberschlesien, in: Geographische Rundschau, 1978, S. 485 f. Wislicenus, H., Rauchschäden, in: Escales, Chemie, S. 165 f. Halliday, Geschichte, S. 1 ff.

15 S. Mieck, I., Umweltschutz in Alt-Berlin, in: Der Bär von Berlin, 1973, S. 7 ff. Ders., „Aerem corrumpere non licet", in: Technikgeschichte, 1967, S. 36 ff. Die Gewerbeordnung, erläutert von Dr. Hoffmann, S. 34 ff. Hdb. d. preuß. Verwaltung, Art. Gewerbeordnung, Bd. 1, S. 725. Beyendorff, Geschichte der Reichsgewerbeordnung, passim.

16 Verhandl. des Reichstags, 1901, Sp. 902 B.

17 Vgl. Escales, 197 ff., König (1899), Kloess (1921) passim, alle mit weiteren Literaturangaben.

18 Sammlung von Gutachten über Flußverunreinigung, Mannheim, passim.

19 Tab. n. Abhandl. d. Preuß. Abgeordnetenhauses, 1910, D 611 B, Anl. 8.

20 Prof. C. Weigelt an Geheimrat Theobald, 26. 8. 1903, und Bayer + Co an Theobald, 12. 2. 1904, Reg. Düss. 34293; C. Duisberg an Dr. Wichern, 10. 12. 1913, mit Anlagen, Reg. Düss. 48472. Sammlung von Gutachten über Flußverunreinigung, Mannheim, S. 368 ff.

21 Archiv des Deutschen Landwirtschaftsrates, 1903, S. 399 ff. Immerhin besaßen zu diesem Zeitpunkt z. B. Österreich und England ein einheitliches Wasserrecht, auch wenn es bei einem Beobachter hieß: „Allgemein klagt man darüber, daß die Vorschriften über Verunreinigung der Gewässer in England gewohnheitsmäßig übertreten würden, da sie zum Ruin der Industrie führen müßten, wenn sie strikt angewendet würden." Vgl. Bauke, L., Bemerkung über die Abwässerfrage in rechtlicher Hinsicht, in: Die Chem. Industrie, 1902, S. 30 ff.

22 Unterstützt wurde die Forderung nach einem einheitlichen deutschen Wasserrecht auch vom Deutschen Anwaltsverein auf seiner Tagung 1899. Vgl. Bauke, a. a. O., S. 33. Verhandl. d. Reichstages 1900–03, D-A 137, S. 862. Ebenda, 1904, S. 773 ff. Duisbergs Äußerung in: Die Chem. Industrie, 1912, S. 729.

23 Verhandl. d. Reichstages, 1904, D-A 356, S. 2028 ff. Zu einem anderen Ergebnis als Bumm kam der Industriegutachter Prof. Weigelt 1904 in einer Denkschrift, die vom einflußreichen „Bund der Industriellen" veröffentlicht wurde: Es müsse möglich sein, nach einem einheitlichen Plan „Wasserbücher" zusammenzustellen, wonach man für die einzelnen Industriegebiete entsprechend der natürlichen Eigenart ihrer Gewässer zu allgemeinen Vorschriften über die Behandlung der Abwässer gelangen könne. Eine Reichsanstalt, meinte Weigelt, solle sich darüber hinaus intensiv mit der Abwässerfrage befassen. Die Durchführung dieser Vorschläge hätte sicherlich dem verbreiteten Bedürfnis der Industrie nach rationalen Kriterien und kalkulierbaren Risiken Rechnung getragen und gleichzeitig indirekt ökologischen Gesichtspunkten einen gewissen Rang eingeräumt. Vgl. Die Chem. Industrie, 1907, S. 498.

24 Preuß. Min. f. Handel u. Gewerbe an Reichskanzler, 23. 4. 1912; Sitzungsprotokolle der kommissarischen Beratungen, 21. 12. 12, 22. 12. 13, in BA/R 86–2479.

25 Verhandl. d. Reichstages, 1912, Sp. 845; 1913, Sp. 3456 f.

26 Verhandl. d. Reichstages, 1925, Bd. 384, S. 744; D 96, Bd. 397; D 1586, Bd. 405; D 2359, Bd. 409. Reichsministerium des Inneren an Landwirtschaftsministerium, 9. 3. 1925, Protokoll „Fortsetzung einer Besprechung über den Entwurf eines Reichsabwassergesetzes", 2. 5. 1925, GStA Berlin, Rep. 87, 5570. „Stellungnahme der Länder", 1914/1924, u. Sitzungsprotokoll, 5. 12. 1925, in BA/R 86–2479.

27 Vgl. BA/R 43 II/226 a.

28 Verhandl. d. Preuß. Abgeordnetenhauses, 1912/3, D 9 B, S. 677. Kloess (1913), S. 1–5. Zu den Epidemien s. Naumann, 60 Jahre, S. 4. Einen Überblick über die wasserrechtlichen Bestimmungen in den wichtigsten anderen deutschen Bundesstaaten bietet: Z. f. d. ges. Wasserwirtschaft, 1912, S. 445 ff.

29 Verhandl. d. Preuß. Abgeordnetenhauses, 1901, S. 855.

30 So äußerte sich der Liberale Wolff: „Wir gehen nämlich von der Ansicht aus, daß die Verunreinigung der Ströme und Bäche in viel größerem Maße durch die Zuführung der Abwässer der Städte und Gemeinden in die Flüsse stattfindet, als es durch die industriellen Werke der Fall ist." Ebenda, S. 855.

31 Ebenda, S. 865 ff.

32 Preuß. Ministerialblatt, 1901, S. 91 ff.

33 Ebenda, S. 98 f. „Wie man sieht, lassen die gesetzlichen Grundlagen in Preußen der Judikatur den weitesten Spielraum", urteilte denn auch ein Sachverständiger über das Verhältnis von Legislative, Exekutive und Jurisdiktion. Vgl. Bauke, a. a. O., S. 30.

34 Archiv des Deutschen Landwirtschaftsrates, 1903, S. 434 ff. Vgl. auch 1905, S. 368.

35 Verhandl. d. Preuß. Abgeordnetenhauses, 1901, S. 3229 ff., 1903, S. 3297 ff.

36 Ebenda, 1904, D 183. 25 Jahre Emschergenossenschaft, S. 1–7. Reg. Düss. 34296 und Reg. Düss. Präs. 527.

37 Archiv des Deutschen Landwirtschaftsrates, 1903, S. 434 ff., und 1905, S. 368.

38 Zeitschrift für die gesamte Wasserwirtschaft, 1906, S. 24. Auf verschiedenste Weise versuchte die Industrie ihren Einfluß auf den Entscheidungsprozeß in wasserrechtlichen Fragen zu erweitern. Der Verein zur Wahrung der Interessen der chemischen Industrie bildete einen entsprechenden Beirat, „um sich den Einfluß bei Regelung der Abwässerfrage zu sichern." (Z. f. d. ges. Wasserwirtschaft, 1906, S. 191.) Der Wasserwirtschaftliche Verband der westdeutschen Industrie versuchte seit 1907, den Gewerbetreibenden durch Beratung Hilfe in ihren Auseinandersetzungen mit Behörden zu geben. Dazu unterhielt der Verband mehrere Jahre lang ein eigenes Büro (ebenda, 1907, S. 322 f.) Wegen der Unterhaltungskosten wurde die Arbeit später eingestellt und stattdessen eine Kooperation mit der Emschergenossenschaft vereinbart. Die Genossenschaft stellte ihre Dienste gegen Entgelt den Gewerbebetrieben zur Verfügung (ebenda, 1909, S. 240).

39 Ebenda, S. 240–244.

40 Die Chem. Industrie, 1910, S. 523 ff.

41 Typisch für den landwirtschaftlichen Interessenstandpunkt war die Petition des Westfälischen Bauernverbandes, die auf der Jahrestagung 1909 verabschiedet wurde. Viele Mitglieder des Verbandes waren ja durch die Entwicklung im östlichen Teil des Ruhrgebietes sehr stark von den Problemen betroffen. In der Petition hieß es: Der Verein „hält jedoch die bisher nicht vorgesehene zusammenfassende Regelung der Rechtsverhältnisse, welche sich auf die unterirdischen Gewässer (Grundwasser) und auf die Reinhaltung der Gewässer beziehen, für unbedingt erforderlich; insbesondere sind gesetzliche Bestimmungen darüber zu treffen, welche Stoffe (im festen und flüssigen Zustande) den Privatflüssen nicht zugeleitet werden dürfen, bzw. in welchen Mengen und in welcher Zusammensetzung sie zugeleitet werden dürfen." Vgl. Verhandl. d. Preuß. Abgeordne-

tenhauses, 1910, D 322, S. 3608. Im Gegensatz zu den Bestrebungen der Landwirtschaft hatte die Industrie durch den Wasserwirtschaftlichen Verband zwei Forderungen an ein neues Wassergesetz, die zu Lasten der Landwirtschaft und der Landschaft gehen konnten. Von seiten der Industrie wandte man sich vor allem gegen den Vorschlag, die Kreisausschüsse als untere Genehmigungsbehörde für wasserrechtliche Verleihungen zuzulassen, da der Einfluß landwirtschaftlicher Interessenvertreter in diesem Gremium als zu stark angesehen wurde. Um die politischen Interessenvertreter der Landwirtschaft und die konservative Mehrheit im Preußischen Abgeordnetenhaus zu beeindrucken und im Sinne der Industrie zu beeinflussen, wurde sogar die Bedrohung der traditionellen Ordnung durch die Sozialdemokratie als Argument für einen Interessenausgleich zwischen Industrie und Landwirtschaft herangezogen. Dabei stellte der Verband die zweite Forderung, daß „der Industrie, dem Handel, dem Gewerbe und der Schiffahrt . . . gegenüber den anderen Wasserinteressenten diejenige Rechtsstellung zu geben (sei), welche ihrer tatsächlichen Bedeutung für das gesamte Wirtschaftsleben der Nation entspricht." Vgl. Z. f. ges. Wasserwirtschaft, 1909, S. 240 ff., und 1910, S. 372 f.

42 Vgl. Verhandl. d. Preuß. Abgeordnetenhauses, 1912/3, D 988.

43 Ebenda, S. 677 ff. und 712 ff. Z. f. d. ges. Wasserwirtschaft, 1912, S. 61 f.

44 Verhandl. d. Preuß. Abgeordnetenhauses, 1912/3, D 611 A, S. 4373 ff.

45 Ebenda, S. 4380. Z. f. d. ges. Wasserwirtschaft, 1912, S. 421 ff., und 1913, S. 124 ff.

46 Verhandl. d. Preuß. Abgeordnetenhauses, 1912, S. 6506 ff.

47 Ebenda, S. 8535.

48 Verhandl. d. Preuß. Landtages, 1922, D 2933, und 1924, S. 21344. Im Jahre 1927 war allerdings auch die DNVP zu der Erkenntnis gekommen, daß angesichts der „nicht mehr zu ertragenden Verheerungen" der Flußläufe eine Sachverständigenkommission mit der Überprüfung des PrWG beauftragt werden müßte. Ein entsprechender Antrag der DNVP wurde auch vom Hauptausschuß des Landtages zur Annahme empfohlen, doch verlief die Sache im Sande. Vgl. Verhandl. d. Preuß. Landtages, 1925, D 6606, und S. 25185.

49 Ebenda, 1929, S. 6827 f. Runderlaß d. Min. f. Landwirtschaft usw., f. Handel usw., f. Volkswohlfahrt, 1. 10. 1930, Amtsblatt d. Min. f. Volkswohlfahrt, 1931, S. 17.

50 Vgl. Archiv des Deutschen Landwirtschaftsrates, 1903, S. 448 u. 468. Arbeiten aus dem Kaiserl. Gesundheitsamt, Sammlung von Gutachten über Flußverunreinigungen, passim. Preuß. Min. f. Handel usw. an Reichskanzler, 23. 4. 1912, in BA/R 86–2479.

51 Verhandl. d. Reichstages, 1912, S. 858 f.

52 Ebenda, 1922, S. 6957.

53 Vossen, L., Rechtsfragen (Wasser und Abwasser), in: Escales, Chemie, S. 215. Vgl. auch Reg. Düss. 34294.

54 Zu diesem Vorgang s. Reg. Düss. 34294 .

55 Vgl. Naumann, 60 Jahre, S. 4 ff. Verhandl. d. Preuß. Abgeordnetenhauses, 1901, S. 3329 ff., u. 1903, S. 3297 ff. Klut, H., Wasser und Abwässer, in: Escales, S. 201.

56 Vgl. die Gutachten der Landesanstalt in Reg. Düss. 34294 und 34293.
57 Duisbergs Äußerung in: Die Chem. Industrie, 1912, S. 721 ff.
58 Vgl. die Stellungnahme in Reg. Düss. 48594.
59 Naumann, 60 Jahre, S. 42. Kisker, Das Wasserrecht, in: Sympher, H., Wasserwirtschaft, Bd. 2, S. 202 ff.
60 Naumann, 60 Jahre, S. 11 und 41 ff.
61 Landesanstalt an Preuß. Min. f. Volkswohlfahrt, 16. 9. 1925, u. Min. an Landesanstalt, 26. 11. 1926, in BA/R 154–1004. Landesanstalt an Verein Deutscher Ingenieure, 26. 9. 1930, in BA/R 154–311.
62 Naumann, 60 Jahre, S. 55 f.
63 Helbing, Emschergenossenschaft, S. 105 ff. Heinrichsbauer, Wasserwirtschaft, S. 40 ff. Fünfzig Jahre Emschergenossenschaft, S. 238 ff.
64 Helbing, Emschergenossenschaft, S. 93, 95, 105. Verhandl. d. Preuß. Landtags, 1925, S. 7566.
65 Fünfzig Jahre Emschergenossenschaft, S. 256 f. Heinrichsbauer, Wasserwirtschaft, S. 53 f.
66 Vgl. den entsprechenden Schriftwechsel in Reg. Düss. 48471. Fünfzig Jahre Emschergenossenschaft, S. 256. Helbing, Emschergenossenschaft, S. 12. 25 Jahre Emschergenossenschaft, S. 105 ff.
67 Helbing, Emschergenossenschaft, S. 108. Fünfzig Jahre Emschergenossenschaft, S. 55 f., 118 ff.
68 Ebenda; s. a. S. 264.
69 Zusammenfassend zu den übrigen Genossenschaften Heinrichsbauer, Wasserwirtschaft. Zur Niers: 50 Jahre Niersverband, passim. Zur Lippe: Imhoff, H., Der geplante Lippeverband, in: 25 Jahre Emschergenossenschaft, S. 361 ff. Verhandl. d. Preuß. Landtages, 1925, D 27, D 1376 und S. 7566 ff.
70 Gutachten der Kgl. Versuchsanstalt, 18. 11. 1905, 22. 5. 1907 und 16. 2. 1910, in Reg. Düss. 48594, und vom 29. 1. 1914, in Reg. Düss. 48595.
71 Zusammenfassender Bericht der Düsseldorfer Regierung an Min. f. Volkswohlfahrt, 9. 7. 1920 und 28. 11. 1923, in Reg. Düss. 48595. Imhoff, H., Der geplante Wupperverband, in: 25 Jahre Emschergenossenschaft, S. 384 ff.
72 Generalanzeiger für Solingen und Umgebung, 23. 10. 1919. Verein Bergischer Heimatschutz an Min. f. Volkswohlfahrt, 16. 7. 1920, und der folgende Schriftwechsel in Reg. Düss. 48595.
73 Bergisch-Märkische Zeitung, 3. 9. 1921. Remscheider Generalanzeiger, 1. 9. 1921. Cronenberger Anzeiger, 30. 8. 1921. Bergische Arbeiterstimme, 21. 10. 1921.
74 Anweisung der Regierung Düsseldorf an Oberbürgermeister Wuppertal, 1. 11. 1921, in Reg. Düss. 48595. Solinger Zeitung, 1. 9. 1921, Barmer Zeitung, 3. 9. 1921. Märkische Zeitung, 13. 7. 1922. Solinger Tageblatt, 28. 6. 1922. Min. f. Landwirtschaft usw. an Regierung Düsseldorf, 18. 8. 1922 und 17. 10. 1922, in Reg. Düss. 48595.
75 Durchschrift des Vergleichs vom 23. 11. 1922, in Reg. Düss. 48595.
76 Min. f. Landwirtschaft usw. an Regierung Düsseldorf 24. 10. 1923 und Antwortschreiben vom 28. 11. 1923. Niederschrift über die Vorbespre-

chungen vom 16. 9. 1924 und 28. 10. 1924. Regierung Düsseldorf an Min. f. Volkswohlfahrt, 6. 12. 1924, in Reg. Düss. 48596.

77 Verhandl. d. Preuß. Landtages, 1927, D 5138. Regierung Düsseldorf an Min. f. Landwirtschaft usw., 11. 4. 1927. Niederschrift über Besprechungen, 1. 10. 1927, 29. 10. 1927, 23. 11. 1927, in Reg. Düss. 48597.

78 Verhandl. d. Preuß. Landtages, 1929, D 3895, bes. S. 3370f. Regierung Düsseldorf an Min. f. Landwirtschaft usw., 12. 1. 1929, in Reg. Düss. 48598.

79 Min. f. Landwirtschaft usw. an Regierung Düsseldorf, 4. 10. 1929, in Reg. Düss. 48599. Verhandl. d. Preuß. Landtages, 1929, D 3895, bes. S. 3375ff. und Sitzungsprotokoll, S. 9331ff.

80 Vgl. Reg. Düss. 48601. Niederschrift über Besprechung, 26. 10. 1932, in Reg. Düss. 48419. Zum Geschehen seit 1933 s. Reg. Düss. 48602, bes. Niederschrift über die Verbandssitzungen vom 24. 1. und 24. 5. 1944.

81 Denkschrift vom 6. 2. 1941, BA/R 154–1004.

82 Ebenda. Naumann, 60 Jahre, S. 55.

83 RMdI an Preuß. Landesanstalt, 12. 3. 1940, BA/R 154–1004, und Nolte an Weldert, 27. 3. 1944, ebenda. Naumann, a. a. O.

84 Zitiert nach Verhandl. d. Preuß. Abgeordnetenhauses, 1901, S. 1993f.

85 Dazu allgemein Buchwald/Engelhardt, Hdb. f. Planung, passim, bes. Kap. 5, Bd. 2. Für die zeitgenössische Problemsicht: Ost, H., Der Kampf gegen schädl. Industriegase, in: Z. f. angew. Chemie, 1907, S. 1689ff., hier S. 1692. Wislicenus, H., Rauchschäden, in: Escales, Chemie, S. 167ff. Meldau, Industriestaub, S. 4ff.

86 Ost, S. 1962. Meldau, Industriestaub, S. 14.

87 Wislicenus, Rauchschäden, S. 189ff. Die Entwicklung des Luftfilters, hrsg. Deutsche Luftfilter Baugesellschaft, Berlin o. J., passim. Zur Entwicklung der Luftforschung im internationalen Rahmen bis in unsere Zeit: Halliday, Geschichte der Luftverschmutzung, S. 1ff.

88 Paragraph 10 II 17 des ALR lautet: „Die nöthigen Anstalten zur Erhaltung der öffentlichen Ruhe, Sicherheit und Ordnung, und zur Abwendung der dem Publico, oder einzelnen Mitgliedern desselben, bevorstehenden Gefahr zu treffen, ist das Amt der Polizei." Nach § 16 II 17 ALR blieben die Grenzen der Polizei- und der Straf- und bürgerlichen Gesetzgebung durch Provinzialgesetze und Polizeiordnungen zu bestimmen, wodurch der Auslegung der Polizeigewalt hohe Bedeutung zukam.

89 Zitiert nach Bauke, Bemerkungen über die Abwässerfrage, a. a. O., S. 26.

90 Jurisch, K., Luftrechtliche Studie, in: Die Chem. Industrie, 1903, S. 162 und 1904, S. 2. Nach §§ 16, 18 GWO waren Anlagen genehmigungspflichtig, die für Nachbarn (Besitzer oder Bewohner) oder das „Publikum" erhebliche Gefahren, Nachteile oder Belästigungen herbeiführen konnten. Nach § 18 hatte die zuständige Gewerbebehörde auch dann die Möglichkeit, solche Folgen des Gewerbebetriebes zu prüfen, wenn keine Einwendungen von seiten des „Publikums" gegen den Betrieb erhoben wurden. Wesentlich war allerdings, daß nur aufgrund nachteiliger physischer Einwirkungen der Anlage, nicht aber möglicher wirtschaftlicher Nachteile die Genehmigung zu Errichtung und Betrieb des Gewerbes versagt

werden konnte. Die wichtigsten Fälle besonders umweltrelevanter Gewerbearten wurden durch die Technische Anleitung von 1895 (s. u.) noch gesondert geregelt.

91 Die TA von 1895 in: Die Gewerbeordnung, erläut. v. Dr. Hoffmann, S. 629 ff. Vgl. a. Ausführungsanweisung zur GWO vom 1. 5. 1904, in: Preuß. Ministerialblatt, 1904, S. 203 ff. Die Bestimmungen für die Rauchabgabe von Dampfkesselanlagen wurden am 16. 2. 1909 in neuer, verschärfter Fassung im Ministerialblatt d. Preuß. Handelsministeriums, S. 555, veröffentlicht.

92 Vgl. Verhandl. d. Preuß. Abgeordnetenhauses, 1907, S. 1627 ff.

93 Ebenda, 1901, S. 1995.

94 Ebenda, 1907, S. 1631 ff., S. 1644 ff., und 1901, S. 1995 f.

95 Ebenda. Meldau, Industriestaub, S. 281.

96 Die staatlichen Anlagen sollten durch „sachkundige Bedienung des Feuers, durch gehörige Aufsicht über das Heizerpersonal und durch die Wahl des Brennmaterials“ möglichst umweltfreundlich arbeiten. Zusätzlich sollten verstärkt Heizerkurse durchgeführt werden. Verfügung vom 5. 2. 1901, Preuß. Ministerialblatt, 1901, S. 88 ff. Der Erlaß zur Umfrage über Rauchschäden und die Antworten der Lokalbehörden in Reg. Düss. 38752.

97 Wislicenus, Grundsätzliches, S. 2. Die Entwicklung des Luftfilters, S. 3 f. Preuß. Landesanstalt an Min. fl. Volkswohlfahrt, 13. 5. 1927, BA/R 154–9.

98 Berliner Tageblatt, 16. 11. 1924. Berliner Lokalanzeiger, 27. 4. 1924 und 21. 1. 1925. Vgl. den Schriftwechsel zwischen den Berliner Ortsbehörden und dem Min. f. Volkswohlfahrt, abschriftl. in BA/R 154–64. Reichsgesundheitsamt an Bezirksamt Neustadt a. d. Aisch, 22. 3. 1927, BA/R 86–2332.

99 Aktenvermerk über Gespräch mit einem Redakteur des 8-Uhr-Abendblatt, 5. 5. 1927, in BA/R 154–64. Groß-Duisburger Anzeiger, 9. 8. 1928; Kölnische Volkszeitung, 5. 10. 1928 und 24. 5. 1929.

100 Bericht des Regierungspräsidenten Schleswig an Min. f. Volkswohlfahrt, 27. 1. 1927. Dass. an Betriebsrat der Jutefabrik Schiffbeck, 20. 10. 1927. Dass. an RMdI, 28. 6. 1927, alle in BA/R 86–2332. Min. f. Volkswohlfahrt an Staatsamt für Auswärtige Angelegenheiten Hamburg, 18. 2. 1929; Regierungspräsident Schleswig an Min. f. Volkswohlfahrt, 20. 1. 1929. Gutachten der Preuß. Landesanstalt vom 22. 10. 1929, als Anlage zum Schreiben Min. f. Volkswohlfahrt an Staatsamt f. Ausw. Angelegenheiten Hamburg, 26. 11. 1929, BA/R 86–2332.

101 Zu Gründung und Aufgaben des SVR siehe unten 2.3.3.

102 Vgl. „Bisherige Tätigkeit des Ausschusses für Rauchbekämpfung beim SVR“, hrsg. Verbandsdirektor des SVR, Essen 1928. Helmig, Wald, S. 86 ff.

103 Verhandl. d. Preuß. Landtages, 1928, D 209 und D 215, und Meldau, Industriestaub, S. 283.

104 Vgl. Amtsblatt d. Min. f. Volkswohlfahrt, 1931, S. 7071. „Vertrauliches Rundschreiben der Wirtschaftsgruppe Metallindustrie zu Erfahrungsaustausch über Rauchschäden“, 11. 3. 1940, in BA/R 154–31.

105 Die Denkschrift (ca. 1920) und Schriftwechsel zur Ausdehnung der Tätigkeit der Anstalt in BA/R 154–64. Naumann, 60 Jahre, S. 59. Verhandl. d. Preuß. Landtages, 1921, D 970.

106 Landesanstalt an Min. f. Volkswohlfahrt, 11. 2. 1928, BA/R 154–9. Landesanstalt an Verein Deutscher Ingenieure, 26. 9. 1930, BA/R 154–311.

107 V. Meyeren, G., Die Rechtslage bei der Bekämpfung der Luftverunreinigung, in: Kl. Mitteilungen d. Preuß. Landesanstalt, Jg. 6, Nr. 11/12, S. 310ff. Landesanstalt an Arbeitsgemeinschaft Schadenverhütung, 20. 8. 1936, BA/R 154–17. Landesanstalt an RMdI, 18. 8. 1937, BA/R 154–12.

108 Für Beispiele der Beratung einzelner Gewerbeaufsichtsämter s. BA/R 154–66 und 154–12. „Aktenvermerk über Besprechung zwischen Oberregierungsrat Kuhl, Gewerberat Böttcher, Dr. Liesegang und Löbner“, 16. 6. 1941 bzw. 21. 6. 1941, BA/R 154–48. Naumann, 60 Jahre, 61 ff. Zur Umwandlung in eine Reichsanstalt s. BA/R 154–414, Zitat aus „Aktenvermerk“, 20. 4. (1942?). Nach 1945 wurde die Reichsanstalt zu einer Abteilung des Bundesgesundheitsamtes abgewertet.

109 Vgl. Heese, Landschaftswandel, S. 39ff., 51 ff., 56ff. Helmig, Wald, S. 66f. u. 70f. Siedlungsverband Ruhrkohlenbezirk, 1920–1970, S. 51 ff.

110 Nicholson, Umweltrevolution, S. 121 ff. Klose, Fünfzig Jahre, S. 11. Küppers, Umweltforschung, S. 28f.

111 Zitiert nach Schoenichen, Naturschutz, S. 150.

112 Vgl. Conwentz, Gefährdung, passim. Schoenichen, Naturschutz, S. 116ff. Conwentz, Bericht, passim, bes. S. 42ff. Klose, Fünfzig Jahre, S. 13ff.

113 Preußische Gesetzessammlung (GS) 1907, S. 260. Preuß. Ministerialblatt, 1907, S. 281 ff.

114 Für die USA s. Parkins, Our Natural Ressources, 1 ff. u. 575ff. Hays, Conservation, passim.

115 Diese Wertung im Gegensatz zu Buchwald, K., Geschichtliche Entwicklung von Landschaftspflege und Naturschutz in Nord-, West- und Mitteleuropa, in: ders. u. Engelhardt, Hdb. f. Landschaftspflege, S. 106.

116 Ebenda. Klose, Fünfzig Jahre, S. 20ff. Schoenichen, Naturschutz, S. 287ff. Weber, Recht, S. 95.

117 Zweiter Deutscher Naturschutztag, S. 30ff.

118 Klose, Fünfzig Jahre, S. 19.

119 Zweiter Dtsch. Naturschutztag, S. 71. Verhandl. d. Preuß. Landtages, 1921, D 815, D 1008 und D 1590. Für den Widerstand der Agrarier s. u. den Abschnitt zu praktischen Maßnahmen u. Hasl, Geschichte, S. 86ff. Klose, Fünfzig Jahre, S. 26ff. Zweiter Dtsch. Naturschutztag, S. 82ff., Zitate S. 135 u. S. 66.

120 Ebenda, S. 80ff., Zitat S. 91. Klose, Fünfzig Jahre, S. 26ff. Als Beispiel für einen authentischen Bericht über die praktischen Schwierigkeiten s.: Nachrichtenblatt der Staatl. Stelle für Naturdenkmalpflege in Preußen, 1924, Nr. 4, mit dem Bericht über die 12. Jahreskonferenz für Naturdenkmalpflege, S. 21 ff.

121 Bei den Initiatoren des SVR handelte es sich um Regionalpolitiker, denen die Umweltprobleme, vor allem was die Flächennutzung anging, aus

hautnaher Erfahrung vertraut war, nämlich: dem damaligen (1911) Regierungspräsidenten von Düsseldorf, Kruse, der die Vorarbeiten sehr gefördert hatte, Regierungsrat Wever, dem Essener Beigeordneten R. Schmidt und dem Essener Oberbürgermeister und späteren Reichskanzler H. Luther. Wie bei den Wassergenossenschaften erwies sich die Dynamik der Peripherie gegenüber der des Zentrums als größer, wenngleich die Berliner Politik in der Endphase den Ausschlag für die Gestaltung des Gesetzes gab. Vgl. Siedlungsverband Ruhrkohlenbezirk 1920–1970, S. 9ff. Protokoll der Ministerialbesprechungen, 31. 10. 1919, GStA Rep. 191–142.

122 Protokoll der Besprechung von Vertretern der Kommunen, 2. 12. 1919, GStA Rep. 191–142. Polizeiverordnung vom 18. 12. 1920, GStA Rep. 191–144.

123 Landrat Osthavelland an Min. f. Volkswohlfahrt, 7. 10. 1921, leitet die Eingaben einer „Arbeitsgemeinschaft für Wandern und Heimatpflege" zwecks Walderhaltung weiter. Der Regierungspräsident Düsseldorf an Min. f. Volkswohlfahrt, 28. 11. 1921, berichtet über die Schwierigkeiten im Düsseldorfer Raum (Neandertal, Ittertal), Naturschutzgebiete zu errichten bzw. zu unterhalten, besonders was die Walderhaltung angeht. S. a. Eingaben des „Volksausschusses Frohnau" und der „Wanderbünde des Jugendringes Groß-Berlin", 19. 3. 1921 bzw. 3. 5. 1921. Der „Vorwärts", 25. 9. 1921, alle in GStA Rep. 191–178. Zitate nach Hasl, Geschichte, S. 97ff.

124 Vgl. dazu: „Die Tätigkeit des Siedlungsverbandes Ruhrkohlenbezirk in den Jahren 1920–1927, o. O., o. J., in GStA Rep. 191–150, und ebenda den „Verwaltungsbericht des SVR für das Kalenderjahr 1928". „Verwaltungsbericht . . . 1929", GStA Rep. 191–157; Vorlage zur 12. Verbandsversammlung, 29./30. 1. 1931, und „Verwaltungsbericht . . . 1932", in GStA Rep. 191–159. Helmig, Walderhaltung, S. 75ff.

125 Verhandl. d. Preuß. Landtages, 1921, D 2908, und Sitzungsberichte, S. 11450ff. Min. f. Volkswohlfahrt an die Regierungspräsidien, 6. 7. 1922, gibt einen Tag nach der Dritten Lesung des Baumschutzgesetzes die Anweisung, Polizeiverordnungen nach § 13 des Gesetzes zu erlassen, um Abholzungen vor Durchführung des Gesetzes zu verhindern. Vgl. a. „Vorwärts", 10. 7. 1922. GStA, Rep. 191–178. Vom Standpunkt der Waldbesitzer: „Die Walderhaltung und das Baumschutz-Uferwege-Gesetz im rheinisch-westfälischen Industrie- und Großstadtgebiet" (von Landforstmeister a. D. König, ca. August 1925); Oberpräsident Rheinprovinz (ORR v. Dungern) an Min. f. Volkswohlfahrt, 21. 7. 1926; Erlaß des Min. f. Volkswohlfahrt, 18. 2. 1927, „Durchführung des Gesetzes zur Erhaltung des Baumbestandes", alle in GStA Rep. 191–179. Verhandl. d. Preuß. Landtages, 1927, D 5403, und 1925, D 683. Aktenvermerk vom 9. 4. 1926; Preuß. Hauptlandwirtschaftskammer an Min. f. Volkswohlfahrt, 18. 1. 1926, GStA Rep. 191–179.

126 Vgl. Bracher u. a., Machtergreifung, Bd. II, S. 283f.

127 Reichsjustizministerium an alle Reichsministerien, 15. 2. 1935; Reichsministerium f. Wissenschaft usw. an RJM, 20. 2. 1935; RMdI an RJM, 25. 2. 1935; RM f. Wissenschaft usw. am RJM, 6. 3. 1935, alle in BA/R 43 II 227.

128 Reichsforstmeister an Reichsministerien, 15. 6. 1935; RMdL an Reichskanzlei, 22. 6. 1935; Reichsforstmeister an Reichskanzlei, 25. 6. 1935; Auszug aus Protokoll der Sitzung des Reichskabinetts, 26. 6. 1935, alle in BA/R 43 II 227. Klose, Fünfzig Jahre, S. 33 ff. Mrass, Organisation, S. 3 ff.

129 „Völkischer Beobachter", 13. 3. 1940, zitiert nach Schoenichen, Naturschutz als völkische . . . Aufgabe, S. 55.

130 Kose, Fünfzig Jahre, S. 40 f. Mrass, Organisation, S. 16 ff.

131 Klose, Fünfzig Jahre, S. 34 f. Weber, Recht, S. 99 ff.

132 Klose, Fünfzig Jahre, S. 35. Olschowy, G., Welche Bereiche der Landespflege sollen eine gesetzliche Grundlage erhalten?, in: Jahrbuch f. Naturschutz u. Landschaftspflege, 1971, S. 35.

133 Vgl. Küppers, Umweltforschung, S. 37 und 98 ff. Die Bedeutung des US-amerikanischen Einflusses zeigt sich z. B. darin, daß in der Denkschrift „Maßnahmen des Bundes zur Förderung der Wasserwirtschaft" in einem Anhang die wesentlichen Punkte der Untersuchung der „President's Water Ressources Policy Commission" (1950) wiedergegeben wurden. Vgl. Maßnahmen, S. 20 und 93 ff.

134 Küppers, S. 102 f.

135 Hergt, Parteiprogramme, S. 38 u. 49.

136 Ehmke, Perspektiven, S. 109, 140 f., 142 f.

137 Vorstand der SPD, Orientierungsrahmen, Nr. 4.5. Vogel, H. J., Grundlagen des Demokratischen Sozialismus (Mai 1974), in: Hergt, Parteiprogramme, S. 78 ff.

138 Geradezu drastisch ökonomisch wird Eppler, wenn er sagt: „Schon die Definition von Technik als der produktiven Beherrschung und Verwertung der Natur durch den Menschen stößt auf Widerstand, denn die Umweltdiskussion hat gezeigt, daß wir die Natur in einer Weise beherrschen, die ein antiker Sklavenhalter für unrationell gehalten hätte, denn er hat seine Sklaven wenigstens so ausgebeutet, daß sie dabei gesund und arbeitsfähig blieben, während wir jahrzehntelang ökologische Kreisläufe durcheinandergebracht und zerstört haben, als könnten wir notfalls auch ohne natürliche Lebensgrundlagen auskommen." Eppler, Ende oder Wende, S. 41, 43 f., 87 ff.

139 Hergt, Parteiprogramme, S. 138 f. Gunst, Biopolitik, S. 132 f., gibt ein eindrucksvolles Beispiel für die Differenz zwischen Theorie und Praxis bei den Christlichen Parteien.

140 Hergt, Parteiprogramme, S. 233 ff.

141 Ertl, J., Bleibt nur das bloße Überleben?, in: „liberal", Okt. 1971, S. 763 ff. „Kieler Thesen", hrsg. Liberal Verlag, 3. Abschnitt. Genscher, H. D., Umweltschutz – eine gemeinsame Sorge der Menschheit (Rede UN-Umweltkonferenz, 9. 6. 1972), in: Natur und Landschaft, 1972, S. 239 f.

142 BDI, Jahresbericht, 1966, S. 140.

143 BDI Jahresbericht, 1966, S. 142, 1967, S. 127 ff., 1968, S. 143.

144 Ebenda, S. 144 u. 1969, S. 178.

145 Vgl. Ewringmann, D., u. Zimmermann, K., Umweltpolitische Interessenanalyse der Unternehmen, Gewerkschaften und Gemeinden, in: Jänicke, Umweltpolitik, S. 77f. Nach dem Lebensqualität-Kongreß der IG Metall (11.–14. 4. 1972 in Oberhausen) verabschiedete der Bundesvorstand des DGB am 29. 5. 1972 die „Leitsätze des DGB zum Umweltschutz". Darin postulierte der DGB auch im Rahmen des Umweltschutzes eine politische Gestaltungsaufgabe für den DGB; faktisch übernahm der DGB im wesentlichen die Programmpunkte des Umweltprogramms der Bundesregierung (s. u. Kapitel 7). Indem der DGB im Punkt 10 seiner „Leitsätze" die „Erhaltung des ökologischen Gleichgewichts" als gleichrangiges Ziel der Wirtschaftspolitik neben Vollbeschäftigung, Preisstabilität und außerwirtschaftlichem Gleichgewicht zu stellen forderte, gab er zu erkennen, daß Folgekosten einer Schutzpolitik volkswirtschaftlich als notwendige Belastung getragen werden müßten.

146 Aufgabe Zukunft. Qualität des Lebens, Bd. 4, Umwelt, S. 151f., 154f., 167f. Umweltprogramm des DGB, S. 23. Zur Kritik s. auch Gotz, Ch., „Wir waren schon vor den Grünen da", Frankfurter Rundschau, 2. 2. 1980.

147 Vgl. „Stellungnahme der Berufsgruppe ‚Arbeitnehmer'", in: Das Umweltforum, 1979, S. 94. Deutlich wird dies auch in der Argumentation der Gewerkschaften zum Umweltchemikaliengesetz (vgl. unten 3.4.2). Die Diskussion über dieses Gesetz wurde maßgeblich von DGB und IG Chemie mitgestaltet; dabei wurde von seiten der Gewerkschaften ständig der Gesundheitsschutz der Arbeitnehmer und der Bevölkerung argumentativ verflochten; eine ökologische Gesamtwertung wurde zwar gefordert, trat aber in der gewerkschaftlichen Argumentation ganz zurück. Vgl. die Stellungnahme von G. Albrecht, Leiter der Abteilung Umweltschutz beim Hauptvorstand der IG Chemie, in: Frankfurter Rundschau, 2. 5. 1979.

148 „Besondere Aktivitäten des Deutschen Naturschutzringes e. V.", in: Natur und Landschaft, 1975, S. 20f.

149 Olschowy, Landschaft, S. 29ff. „Abriß der Tätigkeit des Deutschen Rates für Landespflege", in: Natur und Landschaft, 1975, S. 18f. Kolodziejcok, K. G., Die Entwicklung des Naturschutzrechts in der Bundesrepublik Deutschland, ebenda, S. 3ff.

150 Vgl. die wohl zur Zeit beste Sekundäranalyse: Rüdig, W., Bürgerinitiativen im Umweltschutz, in: Bürgerinitiativen in der Gesellschaft, S. 119ff., sowie die Beiträge von Jäger, Guggenberger, Haungs und Zilleßen, in: Bürgerinitiativen und repräsentatives System.

151 Ebenda und Zilleßen, H., Aufgaben des Bundesverbandes Bürgerinitiativen Umweltschutz, in: Natur und Landschaft, 1973, S. 148f.

152 Orientierungspapier des Bundesverbandes Bürgerinitiativen Umweltschutz, in: Bürgerinitiativen in der Gesellschaft, S. 341ff.

153 Vgl. Art. 75, Nr. 4 GG.

154 Bei der Emschergenossenschaft dauerte es bis ca. 1950, bevor der Vorkriegsstand der Abwässerreinigung wieder erreicht war. Verbesserungen konnten also etwa 10 Jahre lang überhaupt nicht durchgeführt werden. Vgl. Fünfzig Jahre Emschergenossenschaft, S. 263ff.

155 Vgl. Maßnahmen des Bundes zur Förderung der Wasserwirtschaft, S. 9ff. Bundesverband der Deutschen Industrie (BDI), Jahresbericht 1952/3, S. 139f.

156 Maßnahmen des Bundes, S. 24f. BDI, Jahresbericht 1954/55, S. 83.

157 Bundesrat (BR) I, Sitzung 25. 4. 1952, und II, Sitzung 20. 1. 1956, und D 3536. BDI, Jahresbericht, 1954/55, S. 83.

158 BT D II 3536, S. 20f. BT II, S. 12799ff. Von 1950–60 hatten die Gemeinden und Stadtstaaten insgesamt ca. 2,5 Mrd. DM für Kläranlagen und Kanalisationen ausgegeben. Das entspricht etwa einem Fünftel der Summe, die für diesen Zweck von 1961–70 ausgegeben wurde. Vgl. Umweltprogramm 1971, BT D VI 2170, S. 36f.

159 BDI, Jahresbericht 1961, S. 141, und 1960, S. 162f.

160 Wasserhaushalt und Landwirtschaft, Flugschriften der Dtsch. Landwirtsch. Gesellschaft, Bd. 24, 1956, S. 5ff.

161 BDI, Jahresbericht 1966, S. 141. BT D IV 3140 und 3522. BR IV, Sitzung 9. 7. 1965.

162 BT D III 1572, 1765, 2225, 2754.

163 Bundesraumordnungsbericht, BT D V/3958, S. 23.

164 Vgl. BT V, Sachregister, S. 690ff. Das Dritte Änderungsgesetz zum WHG wollte vor allem die Überlastung der Vollzugsbehörden dadurch abmildern, daß allgemeine Reinhaltungsgrundsätze für alle Bundesländer einheitlich erlassen und angewendet werden sollten. Das Änderungsgesetz wurde zwar vom Bundestag verabschiedet, scheiterte jedoch als zustimmungspflichtiges Gesetz im Bundesrat. Vgl. BT D IV 3522.

165 Fünfzig Jahre Emschergenossenschaft, S. 264ff. Fünfzig Jahre Niersverband, Synopse.

166 BDI, Stellungnahme zum Entwurf eines Gesetzes zur Reinhaltung der Luft in Industriegebieten, S. 5. Dieser Vorschlag von Sturm-Kegel fügte sich zeitlich genau in die Intensivierung der internationalen Diskussion Anfang der 50er Jahre ein. Durch die Katastrophe in Donora, Pennsylvania, (1948) und in London (1952) wurden in den USA und in England die Bemühungen um eine bessere Luftreinhaltung erheblich intensiviert. Vgl. Halliday, Geschichte der Luftverschmutzung, S. 22ff.

167 BDI, Stellungnahme zum Entwurf eines Gesetzes zur Reinhaltung der Luft in Industriegebieten, S. 6. Der Vorschlag, Luftreinhaltegenossenschaften zu bilden, wurde später noch einmal von der Kommunalpolitischen Vereinigung der CDU aufgegriffen, fand aber ebensowenig Gegenliebe wie Kegels Vorschlag. Vgl. Hillmann, H., Luftreinhaltung aus rechtlicher und kommunalpolitischer Sicht, in: Lufthygiene in Dortmund, S. 19.

168 LT NRW, Dokumentation zur Entstehung des Landesimmissionsschutzgesetzes von 1961 (weiter zit. Dok. LImschG), S. 517ff.

169 Der CDU-Antrag als LT NRW, III D 261, die Debatte in LT NRW, III, S. 839ff. Die Antworten der Regierungen LT NRW, III D 558, und BT 3757.

170 Vgl. BT III, S. 4852ff.

171 Ebenda. Glagow, Umweltverschmutzung und Umweltschutz, S. 10f.

172 Als Beispiel für eine frühe Veröffentlichung in den Medien, entstanden in Reaktion auf die Mainauer Erklärung (s. o. 3.2.2): Sünden an der Natur, eine Vortragsreihe des Bayerischen Rundfunks.

173 Dok. LImschG, S. 144f. LT NRW, IV, S. 2483ff. und S. 2888ff.

174 Schmitt, O., Mehr Auslöser für Smog-Alarm, in: Umwelt, 1975, S. 38ff. Umweltschutz in Nordrhein-Westfalen, S. 70.

175 BDI, Jahresbericht 1961, S. 58f.

176 BDI, Jahresbericht 1966, S. 142, und 1967, S. 129.

177 Glagow, Umweltverschmutzung und Umweltschutz, S. 11ff., 16ff.

178 Glagow, S. 15f.

179 Klose, Fünfzig Jahre, S. 45.

180 Klose, Fünfzig Jahre, S. 42f. u. 46ff., für die spätere Entwicklung der Bundesanstalt s. S. 55f. und 60ff. Zur Fortgeltung des RNG, Hofmann, Grundlagen, S. 62ff.

181 Klose, S. 47ff.

182 Ebenda, S. 61. Jahrbuch f. Naturschutz und Landschaftspflege, 1971, S. 17.

183 Weber, Recht, S. 112.

184 Vgl. Bernard, E., 25 Jahre Landespflege in Westfalen, in: Natur und Landschaft, 1972, S. 275ff. Olschowy, G., Über die Arbeit der Bundesanstalt für Vegetationskunde, Naturschutz und Landschaftspflege in den letzten 10 Jahren, in: Natur und Landschaft, 1975, S. 7ff. Keppel, H. D., 20 Jahre Naturparkprogramm, in: Natur und Landschaft, 1978, S. 130ff. Die Bundesanstalt für Naturschutz und Landschaftspflege wurde im Jahre 1962 umbenannt in Bundesanstalt f. Vegetationskunde, Naturschutz und Landschaftspflege, nachdem sie mit der vorher selbständigen BA f. Vegetationskartierung zusammengelegt worden war. Eine erneute Reorganisation erfolgte 1976, es entstand die Bundesforschungsanstalt für Naturschutz und Landschaftsökologie. Vgl. Hdb. f. Planung, Bd. IV, S. 151.

185 Bundesanstalt f. Vegetationskunde, Die Belastung der Landschaft, passim.

186 Die Ankündigung Brandts in seiner Regierungserklärung vom 28. 10. 1969, daß „dem Schutz der Natur, von Erholungsgebieten, auch dem Schutz der Tiere", mehr Aufmerksamkeit geschenkt werden solle, kann für sich genommen nicht als Hinweis für zukünftige gesteigerte Aktivitäten im Umweltschutz gewertet werden. Vgl. BT V, S. 28. Auch der Antrag der CDU/CSU-Fraktion betr. Umweltfrage vom 20. 5. 70 (BT D VI 795) ist eher als Anlaß, denn als Ursache zu werten. Der Antrag stellt im wesentlichen einen Katalog von Forschungsmöglichkeiten und finanziellen Förderungsmöglichkeiten verbunden mit der Forderung nach Vorschlägen für eine wirkungsvollere Umweltschutzgesetzgebung dar. Eine ausführliche Begründung für den Antrag fehlte, doch wurde allgemein auf die zunehmende Umweltbelastung und die Notwendigkeit eines Gesamtkonzepts zur Problemlösung verwiesen. Ein besonderer politischer Druck ging von diesem Antrag nicht aus.

187 Küppers, Umweltforschung, S. 127ff.

188 Ebenda, S. 129ff. und 135ff. Auch wenn der Staatssekretär des BMdI Hartkopf die Forderung nach ökologischer Politikorientierung z. B. 1979 in einem Vortrag in den Mittelpunkt seiner Überlegungen stellte, kann nicht davon ausgegangen werden, daß diese Argumentation heute stärker die Praxis der Exekutive steuert als damals. Vgl. Hartkopf, „Für mich geht Gesundheit vor Gewinn", Frankfurter Rundschau, 30. 3. 1979.

189 Küppers, S. 133ff.

190 Interwiew mit Staatssekretär Hartkopf, Bundesinnenministerium, in: Bild der Wissenschaft, 4/1980, S. 115ff.

191 Ebenda. Benzinbleigesetz, Umweltbrief 15, passim.

192 Umweltprogramm der Bundesregierung, 1971, BT D VI 2710, S. 9.

193 Ebenda, S. 9, 11, 37, 44.

194 Vgl. Hdb. f. Planung, Bd. IV, S. 125ff.

195 Umweltschutz II, Protokolle der öffentlichen Anhörungen. Reihe „Zur Sache", ed. Presse- und Informationsamt des BT, S. 184ff.

196 Hdb. f. Planung, Bd. IV, S. 126f. Vgl. auch die Tabelle 2 oben.

197 Ebenda, S. 130ff., und Gunst, Biopolitik, S. 116ff.

198 Die Abwasserabgabepflicht beträgt je Schadeinheit

ab	DM/Jahr	ab	DM/Jahr
1. 1. 1981	12	1. 1. 1984	30
1. 1. 1982	18	1. 1. 1985	36
1. 1. 1983	24	1. 1. 1986	40

Vgl. Hdb. f. Planung, Bd. IV, S. 132. Wieweit dadurch tatsächlich eine Verbesserung erreicht wird bleibt abzuwarten; nach Meinung der Autoren des Hdb. f. Planung ist diese Regelung jedenfalls ein Beweis dafür, daß „offenbar auch von den auf die Abwasserbeseitigung bezogenen Neuregelungen des Wasserhaushaltsgesetzes (1976) . . . keine grundlegende Besserung erwartet wird". Ebenda.

199 Ebenda, S. 131ff. Natur und Landschaft, 1975, S. 3ff. Hdb. f. Planung, Bd. IV, S. 111f.

200 Vgl. Umweltchemikalien, Umweltbrief Nr. 19, S. 23ff. und 69f. Erst recht war keine durchgängige Prüfung der „Altstoffe" vorgesehen. Trotzdem hielt der Geschäftsführer des Verbandes der Chemischen Industrie das Gesetz für das „schärfste Chemikaliengesetz der Welt", das nach Schätzungen des Umweltbundesamtes die chemische Industrie jährlich ca. 20 Mio. DM für Prüfverfahren kosten wird. Vgl. „Köder für die Grünen", Die Zeit, 27. 6. 1980. „Zum Wohle von Mensch und Umwelt Gift im Griff", Frankfurter Rundschau, 25. 6. 1980.

201 Umweltpolitik – Aufgabe der Gegenwart und Zukunft, S. 25. Kurzfassung des Umweltgutachtens 1978, Umweltbrief 17, S. 10. Unsere skeptische Einschätzung wird selbst von Regierungsmitgliedern in „weniger öffentlichen" Erklärungen bestätigt. So sagte Hartkopf 1979: „. . . nach diesen ersten Erfolgen (wird) ein Mangel immer deutlicher: Es wurde und wird . . . kaum berücksichtigt, welche Rolle ökologische Zusammenhänge spielen." Vgl. Frankfurter Rundschau, 30. 3. 1979.

202 Die wichtigsten Umweltschutzbehörden des Bundes sind gegenwärtig das Bundesinnenministerium mit den Abteilungen Umweltangelegenheiten

und Reaktorsicherheit/Strahlenschutz und das Landwirtschaftsministerium mit seiner Unterabteilung Umwelt und Naturschutz. Daneben, aber den Bundesministerien unterstellt, existieren folgende Behörden:

- das Umweltbundesamt. Eingerichtet durch Gesetz vom 22. 7. 1974, nimmt das Amt folgende Aufgaben wahr:
  1. Wissenschaftliche Beratung und Unterstützung des BMI in allen Fragen des Immissionsschutzes und der Abfallwirtschaft, von der Grundlagenforschung bis zur Erarbeitung von Rechtsvorschriften.
  2. Dokumentation und umfassende Informationssammlung zu Umweltfragen (UMPLIS-System).

  Leider fehlen im Aufgabengebiet des Amtes die Sachbereiche Wasserwirtschaft und Strahlungsschutz. Entsprechend der Verfassung, die den Vollzug der Gesetze den Ländern überträgt, hat das Amt keinerlei Vollzugsbefugnisse, kann also keine Genehmigungen erteilen oder Verbote aussprechen. Ende 1977 betrug der Personalbestand 377 Mitarbeiter.
- die Bundesforschungsanstalt für Naturschutz und Landschaftsökologie. (Vgl. a. 3.3.3 Anmerkung 184). Die Anstalt soll wissenschaftliche Grundlagen als Entscheidungshilfen für Probleme des Naturschutzes und der Landespflege erarbeiten, insbesondere soweit die ökologischen Grundlagen, Methodik und Systematik der Landschaftsplanung, Arten- und Flächenschutz betroffen sind. Vgl. Hdb. f. Planung, Bd. IV, S. 143ff.

203 Ebenda, S. 132. Kurzfassung des Umweltgutachtens 1978, S. 10. Ausführlich zur Frage der Kostenbelastung: Hdb. f. Planung, Bd. IV, S. 85ff. Mayntz, Vollzugsprobleme, S. 31–79.

204 Kurzfassung des Umweltgutachtens 1978, S. 13, 16f., 18f. Vgl. a. „Können wir wieder aufatmen?“, in: Bild der Wissenschaft, 7/1980, S. 102ff. Umweltpolitik-Aufgabe . . ., S. 59ff. Weidner, H., Von der Schadstoffbeseitigung, vgl. Anm. 5, Teil 1.2.

205 Kurzfassung des Umweltgutachtens 1978, S. 20f., 36ff. Vgl. auch die offensichtlich aus intimer Kenntnis der Exekutive entstandene Äußerung von Staatssekretär Hartkopf zu diesem Thema, Frankfurter Rundschau, 30. 3. 1979.

206 Ebenda, S. 31f. Natur und Landschaft, 1980, S. 304ff.

207 Der Spiegel, 1/2 1977, S. 32ff., Zitat S. 34. Prüß, Kernforschungspolitik, S. 31–106. Zur weiteren Orientierung nützlich: Technologie und Politik, passim; Hallerbach, Kernspaltung; Mez, Atomkonflikt, S. 29ff. und 339ff. Bild der Wissenschaft, 4/1977, S. 113ff., und 5/1977, S. 94ff. Zur Reaktion der Parteien zu Beginn der Atompolitik die Debatte vom 22. 2. 1957, BT III, S. 11049ff.

208 Ebenda, S. 11057f. und 11066ff.

209 Zum Gefährdungspotential ist die Literatur reichhaltig. Der aktuellste politische Beitrag im Bericht der „Ueberhorst“ Enquete-Kommission, BT VIII D 4341 vom Sommer 1980, bes. S. 151.

210 Dazu vgl. Staatssekretär Hartkopf, „Über die Sicherheit der Kernkraftwerke heute", Vortrag auf dem 6. Dtsch. Atomrechts-Symposium, 1979, Pressemitteilung des Innenministeriums, S. 31 f.

211 BT VII D 3871, S. 19, 29f., 32.

212 Leussink-Zitat nach Bild der Wissenschaft, 5/1977, S. 102. Harrisburg-Bericht, Umweltbrief 18, S. 36ff. Hartkopf, „Über die Sicherheit...", S. 23. BT VIII/D 4341, S. 142.

213 Ebenda. Energie und Umwelt, Schlußfolgerungen und Empfehlungen des Rates von Sachverständigen für Umweltfragen, Umweltbrief 23, S. 16ff.

214 Zitiert nach Frankfurter Rundschau, 24. 9. 1980. Vgl. a. Die Zeit, 9. 1. 1981. Ob die jüngsten wirtschaftlichen Schwierigkeiten die Umweltpolitik nicht behindern werden, mag dahingestellt bleiben. Tatsache ist aber, daß trotz zunehmender kritischer Bewertung der umweltpolitischen Ergebnisse der 70er Jahre und neuen programmatischen Grundlegungsversuchen von seiten der SPD der Widerstand industrieller Interessengruppen eher härter zu werden scheint. Vgl. dazu Hartenstein, L., Umweltpolitik am Wendepunkt, Frankfurter Rundschau vom 21. 9. 1981, und Kommission für Umweltfragen beim SPD-Parteivorstand, Ökologiepolitische Orientierungen, Frankfurter Rundschau, 17./18./23. 12. 1981, einerseits und die Meldungen zur Neufassung der TA Luft in derselben Zeitung andererseits (FR vom 23. bzw. 25. 11. 1981). Vgl. a. Der Spiegel, 47–49/1981, mit der Serie: Das stille Sterben, Säureregen zerstört den deutschen Wald.

Quellen und Literatur

Quellen

ungedruckt:
- im *Bundesarchiv Koblenz* (zit. BA) befinden sich verschiedene Aktenbestände von Interesse, so
  BA R 43 Reichskanzlei
  BA R 86 Reichsgesundheitsamt
  BA R 113 Reichsstelle für Raumordnung
  BA R 156 Reichsanstalt für Wasser und Luftgüte, hervorgegangen aus der ehemaligen Preußischen Landesanstalt f. Wasser-, Boden- und Lufthygiene
- im *Geheimen Staatsarchiv Berlin-Dahlem* (zit. GStA) sind folgende Aktenbestände ehemaliger preußischer Behörden relevant
  Rep. 87 Ministerium für Landwirtschaft, Domänen und Forsten
  Rep. 191 Ministerium für Volkswohlfahrt
- im *Hauptstaatsarchiv Düsseldorf-Kalkum* (zit. Reg. Düss.) befinden sich die Akten der Bezirksregierung Düsseldorf, d. h. des Regierungspräsidenten und seiner Fachdezernenten.

gedruckt:
- neben zeitgenössischer Literatur und Zeitschriften (s. die folgenden Verzeichnisse) sind vor allem hervorzuheben die Protokolle der
- Verhandlungen des Reichstages
- Verhandlungen des Preußischen Abgeordnetenhauses bzw. der Verfassunggebenden Landesversammlung bzw. des Landtages
- der Sitzungen des Bundestages
- der Sitzungen des Bundesrates
- des Landtages von Nordrhein-Westfalen

außerdem:
Dokumentation des Landtages von Nordrhein-Westfalen zum Landesimmissionsschutzgesetz, Archiv des Landtages
Umweltbrief, Nr. 1–23, Dokumentationen, herausgegeben vom Bundesinnenministerium

Zeitschriften, periodische Schriften

Amtsblätter der Preußischen Ministerien
Archiv des Deutschen Landwirtschaftsrates
Aus Politik und Zeitgeschichte, Beilage zur Zeitschrift „Das Parlament"
Bild der Wissenschaft

Die Chemische Industrie
Geographische Rundschau
Jahrbuch für Naturschutz und Landschaftspflege
Kleine Mitteilungen der Preußischen Landesanstalt für Wasser-, Boden- und Lufthygiene
Liberal
Nachrichtenblatt der Staatl. Stelle für Naturdenkmalpflege in Preußen
Natur und Landschaft
Preußisches Ministerialblatt
Technikgeschichte
Umwelt
Umweltforum
VDI-Nachrichten
Zeitschrift für angewandte Chemie
Zeitschrift für die gesamte Wasserwirtschaft

Selbständige Schriften

Das Allgemeine Landrecht, Nachdruck Berlin 1970
Aufgabe Zukunft. Qualität des Lebens. Bd. 4 Umwelt. Beiträge zur vierten intern. Arbeitstagung der IG Metall, Frankfurt 1973
Beyendorff, R., Die Geschichte der Reichsgewerbeordnung, Leipzig 1901
Bracher, K. D., u. a., Die nationalsozialistische Machtergreifung, Ullstein Tb., Frankfurt/Berlin 1974
Buchwald, K., u. W. Engelhardt, ed., Handbuch für Landschaftspflege und Naturschutz, München 1968
–, Handbuch für Planung, Gestaltung und Schutz der Umwelt, 4 Bd., München 1978–1980
Bürgerinitiativen in der Gesellschaft, Villingen 1980
Bürgerinititiativen und repräsentatives System, s. Guggenberger, G.
Bundesanstalt für Vegetationskunde, ed., Zur Belastung der Landschaft, Bonn-Bad Godesberg 1969
Bundesverband der Deutschen Industrie, Jahresberichte, 1951–1979
–, Stellungnahme zum Vorschlag eines Gesetzes zur Reinhaltung der Luft in Industriegebieten, 1955
Conwentz, H., Bericht über die Staatliche Naturdenkmalpflege in Preußen im Jahre 1906, Beiträge zur Naturdenkmalpflege, H. 1, Berlin 1907
–, Die Gefährdung der Naturdenkmäler und Vorschläge zu ihrer Erhaltung, Berlin 1904
Deutscher Gewerkschaftsbund, Leitsätze zum Umweltschutz, Düsseldorf 1972
–, Umweltprogramm, Düsseldorf 1974
Eckart, K., u. W. Habrich, Umweltproblem und Umweltschutz, Stuttgart 1976
Ehmke, H., Perspektiven, Sozialdemokratische Politik im Übergang zu den siebziger Jahren, Erläutert von 21 Sozialdemokraten, Reinbek 1969
Engelhardt, W., 252. Umweltschutz, München 1980

Engelsing, R., Sozial- und Wirtschaftsgeschichte Deutschlands, Göttingen 1973
Eppler, E., Ende oder Wende, München 1975
Escales, R., ed., Industrielle Chemie, Stuttgart 1912
Feldhaus, G., Umweltschutz, Luftreinhaltung, Lärmbekämpfung, Köln 1971
–, ed., Bundesimmissionsschutzgesetz, 2. Aufl. Wiesbaden 1979
Fünfundzwanzig Jahre Emschergenossenschaft 1900–1925, hrsg. Helbing, Essen (1925)
Fünfzig Jahre Emschergenossenschaft, hrsg. A. Ramshorn, Essen 1957
Fünfzig Jahre Niersverband, hrsg. Niersverband, Viersen 1978
Gebhardt, Handbuch der deutschen Geschichte, 4 Bd., Stuttgart 1970ff.
Gerstein, R., Der Ruhrverband in Essen, Essen 1912
Die Gewerbeordnung, hrsg. Dr. Hoffmann, 6. Aufl. Berlin 1907
Glagow, M., u. A. Murswiek, Umweltverschmutzung und Umweltschutz in der Bundesrepublik Deutschland, in: Aus Politik und Zeitgeschichte, 1971, H. 27, S. 1ff.
Global 2000, Der Bericht an den Präsidenten, Frankfurt 1980
Gruhl, H., Ein Planet wird geplündert, Frankfurt 1975
Guggenberger, G., u. U. Kempf, ed., Bürgerinitiativen und repräsentatives System, Opladen 1978
Gunst, D., Biopolitik zwischen Macht und Recht, Mainz 1978
Hallerbach, J., ed., Die eigentliche Kernspaltung, Darmstadt 1978
Halliday, E. C., Zur Geschichte der Luftverunreinigung, in: Die Verunreinigung der Luft, hrsg. World Health Organisation, Weinheim 1964, S. 3ff.
Handbuch für Landschaftspflege, s. Buchwald, K.
Handbuch für Planung, s. Buchwald, K.
Handbuch der Preußischen Verwaltung, hrsg. Bitter, 2 Bd., Leipzig 1906
Hasl, K., Zur Geschichte der Forstgesetzgebung in Preußen, Frankfurt 1974
Hays, S. P., Conservation and the Gospel of Efficiency: The Progressive Conservation Movement, 1890–1920, Cambridge USA 1959
Heese, M., Der Landschaftswandel im Mittleren Ruhrgebiet seit 1820, Münster 1941
Heinrichsbauer, H., Die Wasserwirtschaft im rheinisch-westfälischen Industriegebiet, 1936
Helbing, H., Emschergenossenschaft und Lippeverband in den Jahren 1925–1930, Essen 1931
Helmig, A., Der Wald und seine Erhaltung im rheinisch-westfälischen Industriegebiet, Leipzig 1932
Hergt, S., ed., Parteiprogramme, Opladen 1975
Hofmann, K., Die rechtlichen Grundlagen des Naturschutzes und ihre besonderen Probleme im Bau- und Wasserrecht, München 1963
Jänicke, M., ed., Umweltpolitik, Opladen 1978
–, Wie das Industriesystem von seinen Mißständen profitiert, Opladen 1979
Kloess, A., Grundriß des preußischen Wasserrechts, Halle 1913
–, Das deutsche Wasserrecht und das Wasserrecht der Bundesstaaten des Deutschen Reiches, Halle 1908
–, Die deutsche Wasserwirtschaft, Grundriß der Wasserwirtschaftslehre, Halle 1912

–, Die Abwasserwirtschaft in Sachsen unter gemeinwirtschaftlichen Gesichtspunkten, Dresden 1921
Klose, H., Fünfzig Jahre staatlicher Naturschutz, Gießen 1957
–, Das westfälische Industriegebiet, Berlin 1919
Kreeb, K. H., Ökologie und menschliche Umwelt, Stuttgart 1979
Küppers, G., u. a., Umweltforschung – die gesteuerte Wissenschaft? Frankfurt 1978
Landes, D., Der entfesselte Prometheus, Köln 1973
Lufthygiene in Dortmund, Dortmund 1965
Maßnahmen des Bundes zur Förderung der Wasserwirtschaft, Bonn 1952
Mayntz, R., u. a., Vollzugsprobleme der Umweltpolitik, Stuttgart 1978
Meldau, R., Industriestaub und seine Bekämpfung, Berlin 1926
–, ed., Handbuch für Staubtechnik, 2 Bd., Düsseldorf 1952
Mez, L., ed., Der Atomkonflikt, 2. Aufl., Reinbek 1981
Mrass, W., Die Organisation des Staatlichen Naturschutzes und der Landschaftspflege im Deutschen Reich und in der Bundesrepublik Deutschland seit 1935, gemessen an der Aufgabenstellung in einer modernen Industriegesellschaft, Stuttgart 1970
Naumann, E., Sechzig Jahre Institut für Wasser-, Boden- und Lufthygiene, Stuttgart 1961
Nicholson, M., Umweltrevolution, München 1972
Olschowy, G., Naturschutz und Umweltschutz in der Bundesrepublik, Hamburg 1978
–, Landschaft im technischen Zeitalter, München 1966
Prüß, K., Kernforschungspolitik in der Bundesrepublik Deutschland, Frankfurt 1974
Ramshorn, A., Der Lippeverband, Dortmund 1951
Der Rat von Sachverständigen für Umweltfragen, ed., Umweltgutachten 1974, Stuttgart 1974
–, ed., Umweltgutachten 1978, Stuttgart 1978, auszugsweise in Umweltbrief 17
Renger, R., u. W. Müller, Wer verteidigt unsere Umwelt, Köln 1973
Sammlung von Gutachten zur Flußverunreinigung, Arbeiten aus dem Kaiserl. Gesundheitsamt, Bd. 20, H. 2, 1903
Schoenichen, W., Naturschutz, Heimatschutz. Ihre Begründung durch Ernst Rudorff, Hugo Conwentz und ihre Vorläufer, Stuttgart 1954.
–, Naturschutz als völkische und internationale Kulturaufgabe, Jena 1942
Siedlungsverband Ruhrkohlenbezirk, 1920–1970, Essen 1970
Stier, H. E., ed., Großer Atlas zur Weltgeschichte, Braunschweig 1972
Sünden an der Natur, Eine Vortragsreihe, München 1963
Sympher, L., Die Wasserwirtschaft Deutschlands und ihre neuen Aufgaben, Bd. 6, 1925
Technologie und Politik, Bd. 7, Der atomindustrielle Komplex, Reinbek 1977
Umweltforschung, Aufgaben und Aktivitäten der DFG 1950–1970, Bonn 1971
Umweltpolitik – Aufgabe der Gegenwart und Zukunft, hrsg. vom Presse- und Informationsdienst der Bundesregierung (= BT D VIII 3713), Bonn 1980
Umweltschutz II, Reihe „Zur Sache“, hrsg. vom Presse- und Informationsamt des Bundestages, 1972

Umweltschutz in Nordrhein-Westfalen, Düsseldorf 1977
Verhandlungen des Internationalen Vereins zur Reinhaltung der Flüsse, Leipzig 1878
Weber, W., Das Recht der Landschaft, in: „Beiträge zum Recht der Wasserwirtschaft und zum Energierecht“, Karlsruhe 1958, S. 95ff.
Wehler, H. U., Das Deutsche Kaiserreich 1871–1918, Göttingen 1973
Wislicenus, H., Grundsätzliches zur technischen Abgas- und Rauchschädenfrage und zu den Aussichten auf ihre Lösung, Berlin 1933
Zwanzig, G. W., Die Fortentwicklung des Naturschutzrechtes in Deutschland nach 1945, Erlangen 1962
Zweiter Deutscher Naturschutztag Kassel 1927, in: Beiträge zur Naturdenkmalspflege, Bd. 12, H. 4, Berlin 1929.